国家电网
STATE GRID

国家电网公司
生产技能人员职业能力培训通用教材

电气试验

国家电网公司人力资源部　　组编
范辉　主编

中国电力出版社
CHINA ELECTRIC POWER PRESS

内 容 提 要

《国家电网公司生产技能人员职业能力培训教材》是按照国家电网公司生产技能人员标准化培训课程体系的要求，依据《国家电网公司生产技能人员职业能力培训规范》（简称《培训规范》），结合生产实际编写而成。

本套教材作为《培训规范》的配套教材，共72册。本册为通用教材的《电气试验》，全书共二十九章，153个模块，主要内容包括电力设备结构及原理，绝缘电阻测试（试验），直流泄漏及直流耐压试验，介质损失角正切值（tanδ）的测量，交流耐压试验，绝缘油试验，变压器绝缘常规试验，变压器感应耐压试验，变压器电压比测量，变压器的极性和组别试验，变压器绕组的直流电阻测量，变压器的短路和空载试验，变压器温升试验，互感器试验，断路器试验，GIS试验，绝缘子试验，电力电缆试验，电容器试验，避雷器试验，输电线路工频参数测量，相序和相位的测量，电力电缆的故障探测，消弧线圈试验和系统有关参数测量，局部放电试验，电气设备在线监测，绝缘工器具试验，高压电气设备的事故案例分析，试验记录及报告的编写等。

本书是供电企业生产技能人员的培训教学用书，也可以作为电力职业院校教学参考书。

图书在版编目（CIP）数据

电气试验/国家电网公司人力资源部组编. —北京：中国电力出版社，2010.5（2025.12重印）

国家电网公司生产技能人员职业能力培训通用教材

ISBN 978–7–5083–9749–8

Ⅰ. ①电… Ⅱ. ①国… Ⅲ. ①电气设备–试验–技术培训–教材 Ⅳ. ①TM64-33

中国版本图书馆 CIP 数据核字（2009）第 211463 号

中国电力出版社出版、发行

（北京市东城区北京站西街 19 号　100005　http://www.cepp.sgcc.com.cn）
北京世纪东方数印科技有限公司印刷
各地新华书店经售
*
2010 年 5 月第一版　2025 年 12 月北京第二十四次印刷
710 毫米×980 毫米　16 开本　19.5 印张　354 千字
定价 80.00 元

《国家电网公司生产技能人员职业能力培训通用教材》
编 委 会

前　言

为大力实施"人才强企"战略，加快培养高素质技能人才队伍，国家电网公司按照"集团化运作、集约化发展、精益化管理、标准化建设"的工作要求，充分发挥集团化优势，组织公司系统一大批优秀管理、技术、技能和培训教学专家，历时两年多，按照统一标准，开发了覆盖电网企业输电、变电、配电、营销、调度等 34个职业种类的生产技能人员系列培训教材，形成了国内首套面向供电企业一线生产人员的模块化培训教材体系。

本套培训教材以《国家电网公司生产技能人员职业能力培训规范》（Q/GDW 232—2008）为依据，在编写原则上，突出以岗位能力为核心；在内容定位上，遵循"知识够用、为技能服务"的原则，突出针对性和实用性，并涵盖了电力行业最新的政策、标准、规程、规定及新设备、新技术、新知识、新工艺；在写作方式上，做到深入浅出，避免烦琐的理论推导和论证；在编写模式上，采用模块化结构，便于灵活施教。

本套培训教材包括通用教材和专用教材两类，共 72 个分册、5018 个模块，每个培训模块均配有详细的模块描述，对该模块的培训目标、内容、方式及考核要求进行了说明。其中：通用教材涵盖了供电企业多个职业种类共同使用的基础知识、基本技能及职业素养等内容，包括《电工基础》、《电力生产安全及防护》等 38 个分册、1705 个模块，主要作为供电企业员工全面系统学习基础理论和基本技能的自学教材；专用教材涵盖了相应职业种类所有的专业知识和专业技能，按职业种类单独成册，包括《变电检修》、《继电保护》等 34 个分册、3313 个模块，根据培训规范职业能力要求，Ⅰ、Ⅱ、Ⅲ三个级别的模块分别作为供电企业生产一线辅助作业人员、熟练作业人员和高级作业人员的岗位技能培训教材。

本套培训教材的出版是贯彻落实国家人才队伍建设总体战略，充分发挥企业培养高技能人才主体作用的重要举措，是加快推进国家电网公司发展方式和电网发展方式转变的具体实践，也是有效开展电网企业教育培训和人才培养工作的重要基础，必将对改进生产技能人员培训模式，推进培训工作由理论灌输向能力培养转型，提高培训的针对性和有效性，全面提升员工队伍素质，保证电网安全稳定运行、支撑和促进国家电网公司可持续发展起到积极的推动作用。

本册为通用教材部分的《电气试验》，由河北省电力公司具体组织编写。

全书第一章、第十二章、第十三章、第二十一章、第二十三章电缆故障探测部分、第二十五章、第二十六章、第二十八章由河北省电力公司陈志勇编写；第四章、第六章、第八章、第十一章、第十四章至第十八章、第二十章、第二十二章、第二十三章接地装置试验部分、第二十四章由河北省电力公司李春耕编写；第二章、第三章、第五章、第七章、第九章、第十章、第十九章、第二十七章、第二十九章由河北省电力公司刘勇编写。全书由河北省电力公司范辉担任主编。陕西省电力公司辛伟担任主审，陕西省电力公司张晓惠、孙杰参审。

由于编写时间仓促，难免存在疏漏之处，恳请各位专家和读者提出宝贵意见，使之不断完善。

国家电网公司
STATE GRID
CORPORATION OF CHINA

国家电网公司
生产技能人员职业能力培训通用教材

目 录

第一章　电力设备结构及原理

模块 1　电力变压器的结构及原理（TYBZ01901001）

【模块描述】本模块介绍电力变压器的基本结构、绝缘、工作原理及其型号含义。通过结构分析和原理讲解，掌握变压器的结构及各部分的作用，掌握变压器的工作原理及其高、低压绕组的电压、电流换算方法，熟悉变压器型号及其符号含义。

【正文】

电力变压器是电力系统中最重要的设备，它利用电磁感应原理将一种电压等级的交流电能转变成另一种电压等级的交流电能，在电网中通过升压和降压，起到输电和配电的作用，广泛应用于国民经济的各部门。

一、变压器基本结构

1. 变压器组成结构

变压器主要由铁心、绕组、引线、调压装置、冷却装置、套管及绝缘介质（油、SF_6、环氧树脂）等部分组成。

变压器外型如图 TYBZ01901001–1 和图 TYBZ01901001–2 所示。

图 TYBZ01901001–1　油浸式电力变压器　　　图 TYBZ01901001–2　干式电力变压器

2. 变压器主要元件的作用

（1）铁心。变压器是根据电磁感应原理生产制造的，磁路是电能转换的媒介。铁心就是变压器的磁路部分，主要作用是导磁，由磁导率很高的电工钢片（硅钢片）制成。它把一次电路的电能转变为磁能，又由自己的磁能转变为二次电路的电能。

铁心及其金属结构件在线圈的交变电场作用下，产生悬浮放电。由于所处的位置不同，感应出的悬浮电位也不同。这种悬浮放电是断续的，断续放电的结果使固体绝缘受损、变压器油分解，导致变压器故障的发生。为避免变压器损坏，铁心及其金属结构件必须接地，使它们同处于零电位。如果铁心有两点或两点以上接地，则铁心中磁通变化时就会在接地回路中感应出环流。这些环流将引起变压器空载损耗增大，铁心温度升高，因此铁心必须接地，且只能一点接地。

（2）绕组。绕组是变压器的电路部分，是由表面包有绝缘的导线绕制而成，套装在变压器的铁心柱上，导线材料可分为铜导线和铝导线两种。变压器绕组应具有足够的绝缘强度、机械强度和耐热能力。

绕组的主绝缘主要有绝缘纸、绝缘纸筒、端绝缘和压板、撑条、垫块、角环、静电屏等。绝缘纸在油浸变压器中常用的是电缆纸。电缆纸在油中有足够的热稳定性，一般作为导线的匝绝缘、层绝缘或导线的覆盖绝缘。

（3）引线。引线是将外部的电能输入变压器，又将传输的电能输出变压器。一般分为三种：绕组线端与套管连接的引出线、各相绕组之间的连接引线以及绕组分接头与分接开关相连的分接引线。

（4）变压器油。变压器油具有比空气高得多的绝缘强度。绝缘材料浸在油中，不仅可提高绝缘强度，还可免受潮气的侵蚀。变压器油的比热大，常用作冷却剂。变压器运行时产生的热量使靠近铁心和绕组的油受热膨胀上升，通过油的上下对流，热量通过散热器散出，保证变压器正常运行。在变压器的有载调压开关上，触头切换时会产生电弧。由于变压器油导热性能好，且在电弧的高温作用下分解了大量气体，产生较大压力，从而提高了介质的灭弧性能，使电弧很快熄灭。

二、变压器绝缘

1. 变压器绝缘分类

变压器绝缘是保证变压器安全运行的基本保障，保证变压器在额定电压下长期运行，且能够耐受电网可能出现的各种过电压，包括系统短路过电压、雷电过电压及操作过电压。通常将变压器油箱以外的空气绝缘称为外绝缘，油箱以内的绝缘，包括绝缘介质以及纸板、垫块等都属于内绝缘。

2. 变压器的绝缘结构

根据绝缘结构，变压器可分为全绝缘变压器和分级绝缘变压器。

绕组线端绝缘水平与中性点绝缘水平相同的称为全绝缘变压器。绕组中性点绝缘水平低于线端绝缘水平的称为分级绝缘变压器。采用分级绝缘的变压器，由于中性点的绝缘水平相对较低，可以简化绝缘结构，节省材料，降低变压器尺寸和制造成本。但分级绝缘的变压器只允许在 110kV 及以上中性点直接接地的系统中使用。

三、变压器工作原理

变压器是根据电磁感应原理制成的，工作原理如图 TYBZ01901001-3 所示。

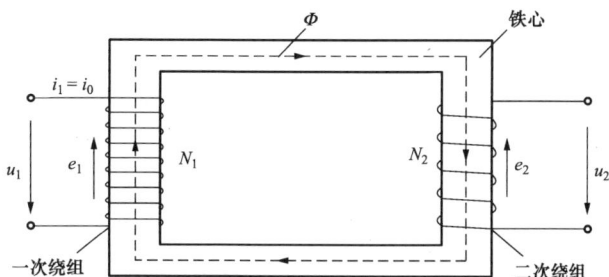

图 TYBZ01901001-3　双绕组变压器工作原理图

变压器两个独立的绕组 N_1、N_2 按照一定的方向套在同一个铁心回路上。N_1 为一次绕组匝数，N_2 为二次绕组匝数。在一次绕组施加交流电压 U_1，产生交变的励磁电流，在铁心中产生交变磁通。该交变磁通在铁心回路中穿过一、二次绕组，称为"主磁通"。根据电磁感应原理，当穿过绕组的磁通发生变化时，绕组就产生感应电动势。一、二次绕组出现的感应电动势为 e_1、e_2。感应电动势的有效值 E_1、E_2 的计算公式分别如式 TYBZ01901001-1、TYBZ01901001-2 所示

$$E_1=4.44fN_1\Phi_m \qquad (\text{TYBZ01901001-1})$$
$$E_2=4.44fN_2\Phi_m \qquad (\text{TYBZ01901001-2})$$

式中　f —— 磁通的变化频率，Hz；

N_1、N_2 ——一、二次绕组的匝数；

Φ_m —— 穿过绕组的磁通幅值，Wb。

一次绕组中感应电动势有效值 E_1 和一次电压有效值 U_1 基本相等，同理，二次绕组中感应电动势有效值 E_2 和二次电压有效值 U_2 基本相等。通过式 TYBZ01901001-1 与 TYBZ01901001-2 计算，得

$$U_1/U_2=E_1/E_2=N_1/N_2=K \qquad (\text{TYBZ01901001-3})$$

K 称为变压器的变压比。

因此，一、二次绕组匝数不同，一、二次电压就不同，实现改变电压大小的目的，这就是变压器改变电压的基本原理。

由于变压器本身的损耗很小，变压器输入和输出功率基本相等，即式 TYBZ01901001-4 如下

$$U_1I_1=U_2I_2 \qquad (\text{TYBZ01901001-4})$$

也得式 TYBZ01901001-5

$$U_1/U_2=I_2/I_1=K \qquad (\text{TYBZ01901001-5})$$

式中 I_1、I_2——表示一、二次绕组的电流有效值，A；

U_1、U_2——表示变压器有负荷时一、二次绕组的电压有效值，V。

式 TYBZ01901001-5 说明，变压器两侧电压的比等于两侧电流的反比。

四、变压器的型号及含义

变压器的型号由两部分组成。第一部分是汉语拼音组成的符号，用以表示变压器的产品分类、结构特征和用途；第二部分是数字符号，斜线前表示额定容量(kVA)，斜线后表示高压侧电压等级(kV)。电力变压器型号表示方法如图 TYBZ01901001-4 所示。

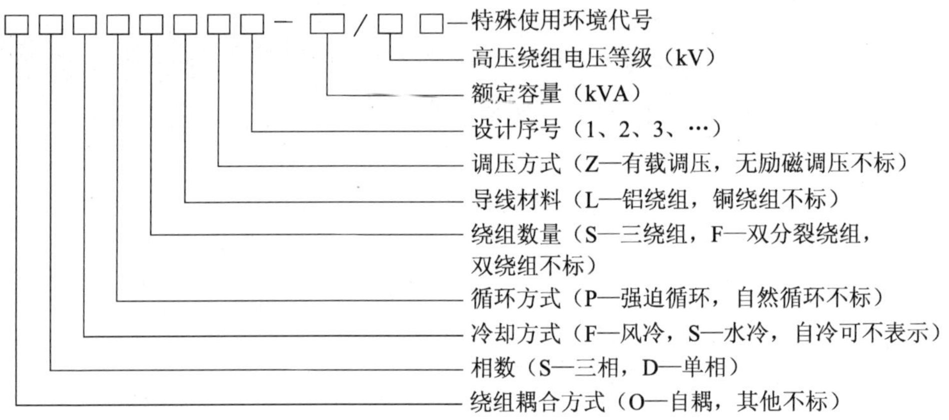

图 TYBZ01901001-4 电力变压器型号表示方法

五、举例

（1）OSSFPD-180000/220，表示为三相油浸三绕组自耦强迫油循环导向风冷却变压器，额定容量为 180 000kVA，高压侧电压为 220kV。

（2）SFSLZ-31500/110，表示为三相油浸风冷三绕组铝线圈有载调压变压器，额定容量为 31500kVA，高压侧电压为 110kV。

【思考与练习】

1. 变压器结构由哪几部分组成？

2. 简述变压器的绝缘分类。

3. 变压器电流、电压与绕组匝数比的关系是什么？

模块 2　电力电容器的结构及原理（TYBZ01901002）

【模块描述】本模块介绍电力电容器的基本结构、工作原理、型式及其型号含义。通过结构分析和原理讲解，掌握电容器的结构和工作原理、极板电容量与电荷量的换算方法，熟悉电容器型号及其符号含义。

【正文】

电力电容器在电力系统是用途较广的设备，主要用于电力系统的载波通信及测量、控制、保护及提高电力系统的功率因数，减少线路损失、改善电压质量、提高系统供电能力等。

一、电力电容器基本结构

电容器通常是由两块中间隔以绝缘材料的导电极板组成，用以隔开极板的绝缘材料叫做绝缘介质。

电力电容器主要由芯子、外壳和出线结构三部分组成。

（1）芯子由若干个元件、绝缘件和紧固件经过压装并按规定的串、并联连接而成。元件由一定厚度及层数的介质（通常是电容器纸和塑料薄膜）和两极板（通常是铝箔）卷绕一定圈数后压扁而成。

（2）电力电容器外部结构主要由外壳和引出线套管组成。

（3）电力电容器内部的浸渍剂主要作用是填充固体绝缘介质的空隙，以提高介质的耐电强度，改善局部放电特性和增强散热冷却的能力。电力电容器常用的浸渍剂有电容器油（常称矿物油）、硅油、麻油以及十二烷基苯等。

二、电容器工作原理

电容器在电场作用下，极板上储存电荷，在极板间的介质中建立了电场，电容器储存了一定量的电荷和电场能量。电容器极板上电荷量的大小，与加在电容器两端的电压的大小成正比。即加在两个极板间的电压越高，两个极板上积储的电荷也越多，电荷量用 q 表示，即

$$q=CU_c \text{ 或 } C=q/U_c \qquad \text{（TYBZ01901002-1）}$$

式中　C——电容量，F；

　　q——电荷量，C；

　　U_c——电容器端电压，V。

电容量 C 是用来表征电容器储存电荷能力的大小，单位是法，用符号 F 表示，实际应用中由于法这个单位太大，通常采用微法（μF）或皮法（pF）做单位。

电容器电容量 C 的大小，决定于电容器本体几何尺寸（极板面积和极间介质厚度）及介质的介电系数，与外界条件（外加电压的高低）无关。在实际工作中，为

满足运行电压或无功容量的要求，常将单台电容器进行串联或并联组成电容器组加以应用。

当工作中所需要的电容量大于单台电容器的电容量时，可使用多台电容器进行并联，并联后的等值总电容为各电容器电容值之和，即

$$C = C_1 + C_2 + C_3 + \cdots \qquad \text{（TYBZ01901002-2）}$$

当单台电容器电压小于运行电压时，将几台电容器串联后使用，以满足电压要求。串联后的等值总电容的倒数等于各串联电容倒数之和，即

$$1/C = 1/C_1 + 1/C_2 + 1/C_3 + \cdots \qquad \text{（TYBZ01901002-3）}$$

三、电容器型式

电力电容器按用途可分为并联电容器、耦合电容器、均压电容器、串联电容器、标准电容器、直流和滤波电容器及脉冲电容器等。并联电容器和耦合电容器外形如图 TYBZ01901002-1 和图 TYBZ01901002-2 所示。

图 TYBZ01901002-1　并联电容器　　　　图 TYBZ01901002-2　耦合电容器

四、电力电容器型号及含义

电力电容器的分类可以从电容器型号进行区分，型号由字母和数字组合表示。电容器型号表示方法如图 TYBZ01901002-3 所示。

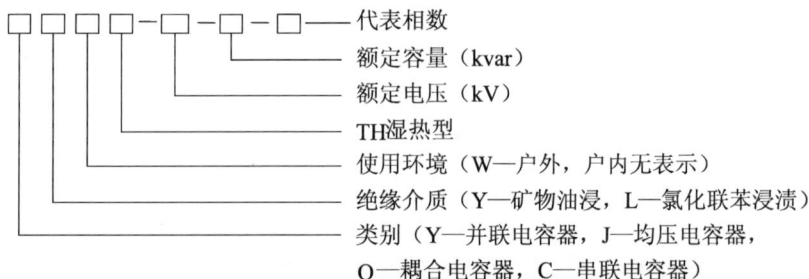

代表相数
额定容量（kvar）
额定电压（kV）
TH湿热型
使用环境（W—户外，户内无表示）
绝缘介质（Y—矿物油浸，L—氯化联苯浸渍）
类别（Y—并联电容器，J—均压电容器，
O—耦合电容器，C—串联电容器）

图 TYBZ01901002-3　电力电容器型号表示方法

例如：电容器型号为 YY0.4-10-3，表示电容器为并联电容器、矿物油浸、户内式、额定电压为 0.4kV、容量为 10kvar、3 相。在单相电容器铭牌上还常标有实测电容量。

【思考与练习】

1. 简述电力电容器的基本结构。

2. 多台电容器串联和并联的计算公式分别是什么？

3. 简述电容器型号中字母和数字代表的意义。

模块 3　电力电缆的结构及原理（TYBZ01901003）

【模块描述】本模块介绍电力电缆的结构和原理。通过结构分析和原理讲解，掌握电力电缆的基本结构、工作原理。掌握电力电缆型号及符号含义，熟悉七种常用国产电缆的型号和用途。

【正文】

电力电缆主要用于分配和输送电能，它与架空线路相比，造价较高，但具有占地少，受外界影响小等优点，在城市供电等电力线路中，其比重正在逐步增加。

一、基本结构

电缆的构造主要包括 3 部分，即电缆芯（导线）、绝缘层和防护层。

1. 电缆芯

电缆芯采用具有高电导率的金属材料，目前主要是用铜或铝。铜易焊接、导电性能和机械强度也都比铝优良；但铝的资源丰富、价格低，且质量小，加工方便，用于油浸电力电缆中，铝对油老化的催化作用也比较小。

为了便于运输和敷设，电缆芯常用多根导线扭绞而成。在单芯电缆或分相铅包电缆中，导电线芯常用圆形芯；而在多芯电缆中，为减小尺寸及质量，有时制成扇形芯。

2. 绝缘层

绝缘层用来隔离导体，使导线和导线间、导线和防护层相互隔离。因此它必须有高的耐电强度和机械强度。另外，在很大的温度范围内应具有柔软性，防止电缆施工时弯曲损伤。

3. 防护层

防护层用来保护绝缘层，使电缆在运输、敷设和运行中不受外力损伤和防止水分、潮气等浸入绝缘层，防护层具有一定的机械强度。塑料或橡皮绝缘电缆常常在外面包以塑料或橡皮层作护套；而油浸纸绝缘电缆常用铅包或铝包的护套，防止绝缘油外流。电力电缆常用铅皮、钢铠等做防护层。

二、电力电缆工作原理

电力电缆的工作原理是通过有传导电流功能的实心单线或绞合组成的导体进行电能的传输，在电缆体外面包覆具有耐受电压的绝缘材料，以保证电力电缆的正常工作。

三、电力电缆的种类

电力电缆品种很多，按电压等级可分为中低压电缆和高压电缆。

中低压电缆（一般指 35kV 及以下）有黏性浸渍纸绝缘电缆、不滴流电缆、塑料绝缘电缆、橡皮绝缘电缆等。

高压电缆（一般指 110kV 及以上）有橡塑绝缘电力电缆、自容式充油电缆、钢管充油电缆等。目前国内采用橡塑绝缘电力电缆越来越多，橡塑绝缘电力电缆是塑料绝缘电缆和橡皮绝缘电缆的总称。塑料绝缘电缆包括聚氯乙烯绝缘、聚乙烯绝缘和交联聚乙烯绝缘电力电缆；橡皮绝缘电缆包括乙丙橡皮绝缘电力电缆等。

四、型号

电力电缆型号中各字母先后为序，其意义如下：

（1）绝缘层，Z—纸绝缘；X—橡皮绝缘；V—聚氯乙烯绝缘；YF—交联聚乙烯绝缘。

（2）导体，L—铝导体（如不加"L"即为铜导体）。

（3）护层，Q—铅护套；L—铝护套；V—聚氯乙烯护套；F—氯丁橡胶护套。

（4）如为滴干或不滴流，分别加 P 及 D；如有分相铅包，加 F；CY—充油。

五、国内常用七种电力电缆结构品种、用途及型号：

1. 黏性浸渍纸绝缘电力电缆

主要应用于交流电网，固定敷设，也用于直流。铅包 Z （L）Q、铝包 Z（L）QF，用于 35kV 及以下电力电缆；ZL、ZLL 用于 10kV 及以下电力输配电线路。

2. 滴干绝缘电力电缆

同黏性浸渍纸绝缘电力电缆，常用于高落差敷设。铝芯 ZLQP（F）、 铜芯 ZQP（F），用于 10kV 及以下电力输配电线路。

3. 不滴流浸渍纸绝缘电缆

同滴干绝缘电力电缆，还可用于热带地区。铜芯 ZQD、铝芯 ZLQD，用于 10kV 及以下电力输配电线路。

4. 橡皮绝缘电力电缆

可供定期移动的装置用。铅包 X （L）Q、聚氯乙烯护套 X （L）V、氯丁橡胶护套 X（L）F，用于 6kV 及以下电力输配电线路。

5. 聚氯乙烯绝缘和护套电力电缆

无敷设位差的限制。铜芯 VV、铝芯 VLV（F），用于 6kV 及以下电力输配电线路。

6. 交联聚乙烯绝缘聚氯乙烯护套电力电缆

同聚氯乙烯绝缘和护套电力电缆，目前广泛应用 35kV 及以下电力输配电线路。与聚氯乙烯电力电缆相比，不仅具有优异的电气性能、机械性能、耐热老化性能、耐环境应力和耐化学腐蚀性能的能力，而且结构简单、重量轻、不受敷设落差限制、长期工作温度高（90℃）等特点。铜芯表示为 YJV（F），铝芯表示为 YJLV（F）。如 YJV/YJLV，表示交联聚乙烯绝缘聚氯乙烯护套电力电缆，固定敷设在空中、室内、电缆沟、隧道或者地下；YJY/YJLY，表示交联聚乙烯绝缘聚乙烯护套电力电缆，固定敷设在室内、电缆沟、隧道或者地下；YJV22/YJLV22，表示交联聚乙烯绝缘钢带铠装聚氯乙烯护套电力电缆，固定敷设在有外界压力作用的场所；YJV23/YJLV23，表示交联聚乙烯绝缘钢带铠装聚乙烯护套电力电缆，固定敷设在常有外力作用的场所；YJV32/YJLV32，表示交联聚乙烯绝缘细钢丝铠装聚氯乙烯护套电力电缆，固定敷设在要求能承受拉力的场所；YJV33/YJLV33，表示交联聚乙烯绝缘细钢丝铠装聚乙烯护套电力电缆，固定敷设在要求能承受拉力的场所；YJV42/YJLV42，表示交联聚乙烯绝缘粗钢丝铠装聚氯乙烯护套电力电缆，固定敷设在水下、竖井或要求能承受拉力的场所；YJV43/YJLV43，表示交联聚乙烯绝缘粗钢丝铠装聚乙烯护套电力电缆，固定敷设在要求能承受较大拉力的场所。

7. 自容式充油高压电缆

型号为 ZQCY，用于交流电网中固定敷设。

【思考与练习】

1. 简述电力电缆的基本结构。

2. 简述七种常用国产电缆的型号和用途。

模块 4 电磁式电压互感器的结构及原理（TYBZ01901004）

【模块描述】本模块介绍电磁式电压互感器的结构和原理。通过结构分析和原理讲解，掌握电磁式电压互感器基本结构和工作原理，熟悉电磁式电压互感器型号及符号含义。

【正文】

为了测量高电压交流电路内的电压，必须使用电压互感器将高电压变换成低电压，利用互感器的变比关系，配备适当的电压表计进行测量。同时电压互感器也是电力系统的继电保护、自动控制、信号指示等方面不可缺少的设备。

一、电磁式电压互感器基本结构

1. 电磁式电压互感器简介

电磁式电压互感器（TV）就是一个小容量的变压器，容量小，结构紧凑，但要求有足够的测量准确度。实际应用中为了使用灵活和制造方便，大部分电磁式电压互感器制造成单相。由于电压互感器的容量较小，只有几十到几百伏安，所以不需要散热器等冷却装置。根据其绝缘方式的不同，分为干式、环氧树脂浇注式、SF_6和油浸式四种。油浸式和干式电压互感器外形如图 TYBZ01901004-1 和图 TYBZ01901004-2 所示。

图 TYBZ01901004-1　油浸式电压互感器 　　　图 TYBZ01901004-2　干式电压互感器

2. 基本结构

电磁式电压互感器按结构原理可分为单级式和串级式两种。

（1）单级式电压互感器。主要应用于 35kV 及以下系统。其铁心与绕组置于接地的油箱内，高压引线通过套管引出。高压引出线有两种方式，一种是只有一个高压套管引出，高压端尾需接地；另一种是有两个高压套管引出，高压尾端可接高压或接地。

（2）串级式电压互感器结构。应用于 60kV 及以上系统。其铁心和绕组均装在瓷箱里，绕组及绝缘全浸在油中，以提高绝缘强度，瓷箱既起高压出线套管的作用，又代替了油箱。它由金属膨胀器、套管、器身、基座及其他部件组成。铁心采用优质硅钢片加工而成，叠成口字形，铁心上柱套有平衡绕组、一次绕组，下柱套有平衡绕组、一次绕组、测量绕组、保护绕组及剩余电压绕组，器身由绝缘材料固定在用钢板焊成的基座上，装在充满变压器油的瓷箱内。一次绕组 A 端由上部接线，其余所有绕组均通过基座上的小套管引出，瓷箱顶部装有金属膨胀器，使变压器油与大气隔离，防止油受潮和老化，并可通过油位窗观测到膨胀器的工作状态。

二、工作原理

1. 单相电压互感器

单相电压互感器常用于 10～35kV 电压等级的户外装置。电压互感器一次绕组的额定电压为系统相电压，由三台电压互感器接成 Y0 接线，中性点接地。二次绕组额定电压一般为 $100/\sqrt{3}\,\text{V}$，接成 y0 接线，中性点接地供测量用。第三绕组接成开口三角形，用于测量零序电压，供系统接地保护用，原理接线图如图 TYBZ01901004–3 所示。

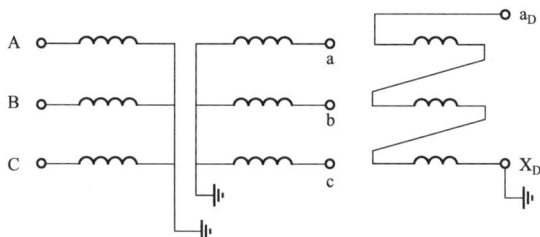

图 TYBZ01901004–3　单相电压互感器原理接线图

2. 三相五柱式电压互感器

三相五柱式电压互感器为了提供零序磁通回路，其铁心具有旁轭。器身浸在油箱中，由套管引出接线，常用于 10kV 及以下电压等级，如图 TYBZ01901004–4 所示。

3. 串级式电压互感器

（1）110kV 电压互感器。110kV 电压互感器采用两级串级式结构，有一个铁心，一次绕组分成两个匝数相同的部分，分别套装在上下两个铁心柱上并相互串联，铁心和一次绕组的中点相连，故铁心对地电位为工作电压（相电压）的一半。

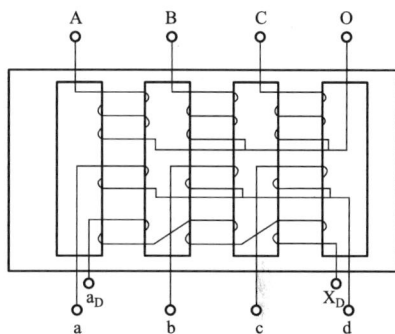

图 TYBZ01901004–4　三相五柱式
电压互感器原理接线图

为了加强上下两个绕组的磁耦合，在铁心柱上还绕有平衡绕组。平衡绕组对上铁心柱起去磁作用，对下铁心柱起助磁作用，从而平衡了上下两个一次绕组所分配的电压，也就增强了上铁心柱上的一次绕组和下铁心柱上的二次绕组间的耦合。110kV 电压互感器绕组位置图和原理接线图如图 TYBZ01901004–5 所示。

（2）220kV 电压互感器。220kV 电压互感器采用四级串级式结构，有两个铁心，一次绕组分成四个匝数相同的部分，分别绕在两个铁心的上下铁心柱上；两个铁心被支撑在绝缘支架上，铁心对地分别处于 3/4 和 1/4 的工作电压，一次绕组最末一个静电屏（共有 4 个静电屏）与末端"X"相连接，"X"点运行中直接接地。另外，在两个铁心的上下铁心柱上绕有平衡绕组，上下铁心之间还绕有连耦绕组，其作用是保持上下铁心的磁势平衡并传递能量。

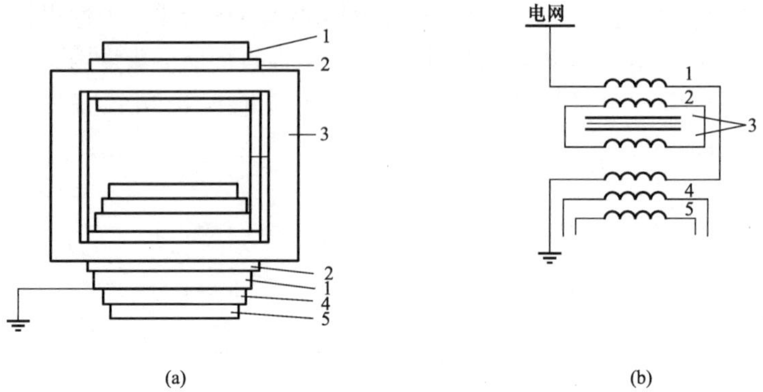

图 TYBZ01901004–5 110kV 电压互感器绕组位置及原理接线图

(a) 绕组位置图; (b) 原理接线图

1——一次绕组; 2——平衡绕组; 3——铁心; 4——二次绕组; 5——辅助二次绕组

三、型号及含义

电磁式电压互感器型号表示方法如图 TYBZ01901004–6 所示。

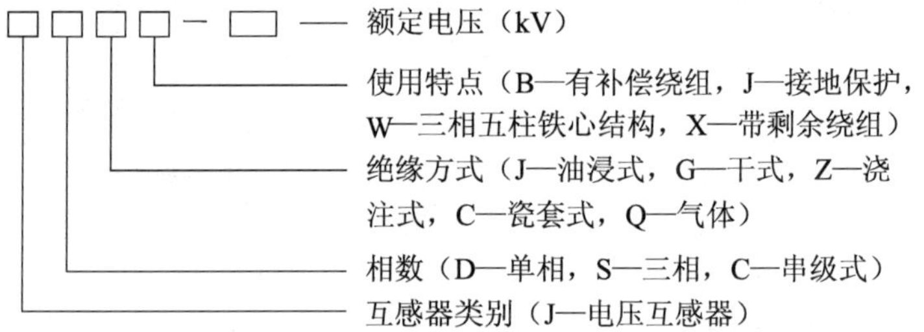

额定电压（kV）

使用特点（B—有补偿绕组，J—接地保护，W—三相五柱铁心结构，X—带剩余绕组）

绝缘方式（J—油浸式，G—干式，Z—浇注式，C—瓷套式，Q—气体）

相数（D—单相，S—三相，C—串级式）

互感器类别（J—电压互感器）

图 TYBZ01901004–6 电磁式电压互感器型号表示方法

【思考与练习】

1. 简述电磁式电压互感器的基本结构。

2. 简述 110kV 电压互感器为的工作原理。

3. 简述电压互感器型号字母的意义。

模块 5 电容式电压互感器结构及原理（TYBZ01901005）

【模块描述】本模块介绍电容式电压互感器（CVT）的结构和原理。通过结构分析和原理讲解，了解电容式电压互感器（CVT）的结构和工作原理、掌握 CVT 补偿电抗和电容与电压的换算关系，熟悉电容式电压互感器型号及符号含义。

【正文】

电容式电压互感器（CVT）是通过电容分压把高电压变换成低电压，再经中间变压器变压提供给计量、继电保护、自动控制、信号指示。CVT 还可以将载波频率耦合到输电线用于通信、高频保护和遥控等。因此与电磁式电压互感器相比，电容式电压互感器除可防止因电压互感器铁心饱和引起铁磁谐振外，还具有电网谐波监测功能，以及体积小、质量轻、造价低等特点，因此在电力系统中得到了广泛应用。

一、基本结构

CVT 主要由两部分组成，即电容分压器和电磁单元。电容式电压互感器结构如图TYBZ01901005-1 所示。

（1）电容分压器由瓷套、电容芯子、电容器油和金属膨胀器组成。电容器芯子由若干个膜纸复合绝缘介质与铝箔卷绕的元件串联而成，经真空浸渍处理。瓷套内灌注电容器油，并装有金属膨胀器补偿油体积随温度的变化。

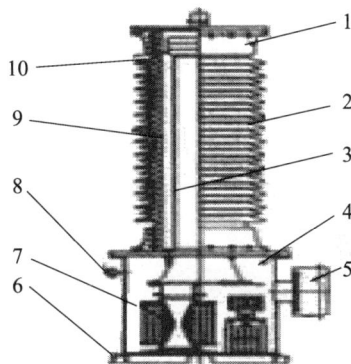

图 TYBZ01901005-1　电容式电压互感器结构
1—法兰；2—瓷套；3—主电容；4—绝缘介质；5—二次引线出现盒；
6—箱壳；7—中间变压器；8—油位显示；9—油；10—膨胀器

（2）电磁单元由装在密封油箱内的中间变压器，补偿电抗器和阻尼装置组成。

（3）二次出线盒内装有载波通信端子，并带有过电压保护间隙。

（4）油箱外有油位表、出线盒、铭牌、放油塞、接地座。

CVT 通过电容分压到中间变压器，一般为 13 000V，中间变压器有两个二次绕组，主二次绕组用于测量，二次电压为 $100/\sqrt{3}$ V；辅助二次绕组用于继电保护，电压为 100V，为了能监视系统的接地故障，附加二次绕组接成开口三角形之用。阻尼电阻 R 接在辅二次绕组上，用于抑制谐波的产生。

电容式电压互感器结构有分装式和组装式两种。分装式由电容分压器构成一个单元，电抗器和中间变压器等构成另一个单元，分开安装；组装式即将电容分压器单元叠置在电抗器、中间变压器单元上，联成一体。

二、工作原理

CVT 从中间变压器高压端处把分压电容分成两部分，一般称下面电容器的电容为 C_2，上面的电容器串联后的电容为 C_1，则当外加电压为 U_1 时，电容 C_2 上分得的电压 U_2 为

$$U_2 = \frac{C_1}{C_1 + C_2} U_1 \qquad （TYBZ01901005-1）$$

调节 C_1 和 C_2 的大小，即可得到不同的分压比。

模块5

TYBZ01901005

为保证 C_2 上的电压不随负载电流而改变，串入一适当的电感，即电抗器。当把电抗器的电抗调整为 $\omega L = 1/\omega(C_1+C_2)$ 时，即电源的内阻抗为零，并经过中间变压器降压后再接表计，二次侧的负载电流经过中间变压器变换就可以大大减小，电容分压器的输出容量（或额定容量）将不受测量精度的限制。电容式电压互感器原理接线如图 TYBZ01901005-2 所示。

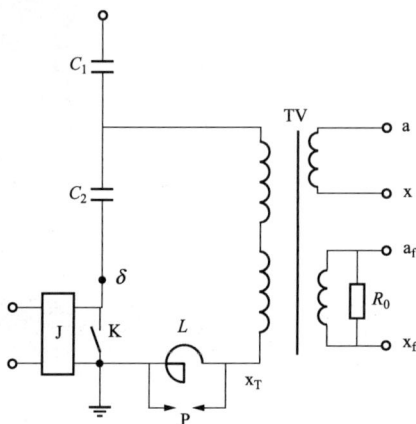

图 TYBZ01901005-2　电容式电压互感器原理接线图

C_1—主电容；C_2—分压电容；L—电抗；P—保护间隙；TV—中间变压器；R_0—阻尼电阻；

K—接地刀闸；J—载波耦合装置；δ—C_2 低压端；x_T—TV 低压端；

a、x—TV 二次绕组；a_f、x_f—TV 的三次绕组

三、型号及含义

（1）国内老旧 CVT 的型号为 YDR 加数字，分压电容器采用的油纸绝缘材料。Y——代表电压互感器；D——代表单相；R——代表电容式；数字代表一次额定电压。

（2）目前国内 CVT 分压电容器采用的绝缘为膜纸材料，绝缘性能有了很大的提高，其型号表示方法如图 TYBZ01901005-3 所示。

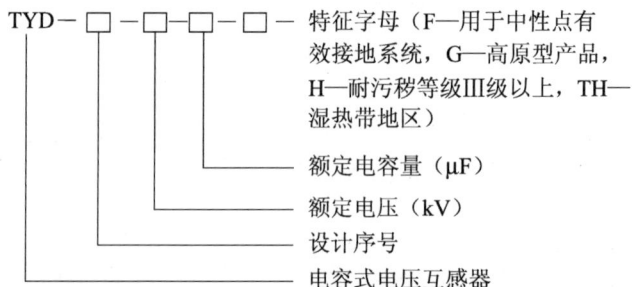

图 TYBZ01901005-3　电容式电压互感器型号表示方法

【思考与练习】

1. 简述电容式电压互感器的基本结构。

2. CVT 中补偿电抗器大小是如何计算的？

3. 写出电容式电压互感器电容与电压的换算关系。

4. 简述电容式电压互感器型号中字母代表的意义。

模块 6 电流互感器的结构及原理（TYBZ01901006）

【模块描述】本模块介绍电流互感器（TA）的结构及原理。通过结构分析和原理讲解，掌握电流互感器（TA）的基本结构和工作原理。熟悉电流互感器型号及符号含义。

【正文】

为了测量高电压交流电路内的电流，必须使用电流互感器将大电流变换成小电流，利用互感器的变比关系，配备适当的电流表计进行测量。同时电流互感器也是电力系统的继电保护、自动控制和指示等方面不可缺少的设备，起到变流和电气隔离作用，运行中严禁二次开路。

一、基本结构

1. 按照一次绕组的结构型式分类

电流互感器按照一次绕组的结构型式分类如图 TYBZ01901006-1 所示。

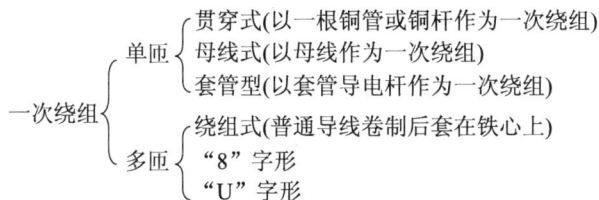

$$
\text{一次绕组}
\begin{cases}
\text{单匝}
\begin{cases}
\text{贯穿式(以一根铜管或铜杆作为一次绕组)} \\
\text{母线式(以母线作为一次绕组)} \\
\text{套管型(以套管导电杆作为一次绕组)}
\end{cases} \\
\text{多匝}
\begin{cases}
\text{绕组式(普通导线卷制后套在铁心上)} \\
\text{"8"字形} \\
\text{"U"字形}
\end{cases}
\end{cases}
$$

图 TYBZ01901006-1 电流互感器按照一次绕组的结构型式分类

2. 电流互感器按照绝缘介质分类

（1）浇注绝缘。用环氧树脂或其他树脂为主的混合浇注成型的电流互感器。10～35kV 多采用此种方式，通常绕组外包一定厚度的缓冲层，选用韧性较好的树脂浇注。

（2）气体绝缘。产品内部充有特殊气体，如 SF_6 气体作为绝缘的互感器，多用于高压产品。

（3）油绝缘。油浸式互感器，内部是油和纸的复合绝缘，多为户外装置。35kV及以上电流互感器多采用此种方式，其一次绕组绝缘结构有"8"字形和"U"字形

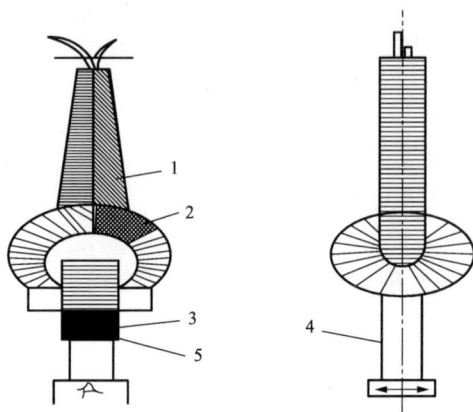

图 TYBZ01901006-2　"8"字形绝缘结构

1——一次绕组；2——一次绕组绝缘；3——一次绕组及铁心；

4——支架；5——二次绕组绝缘

两种。

1）电磁式电流互感器。一次绕组一般采用"8"字形绝缘结构，一次绕组套在有二次绕组的环形铁心上，一次绕组和铁心都包有较厚的电缆纸，"8"字形绝缘结构如图 TYBZ01901006-2 所示。

2）电容式电流互感器。一次绕组一般采用 10 层以上同心圆形电容屏围成"U"字形，主绝缘全部包在一次绕组上。为了提高主绝缘的强度，在绝缘中放置一定数量的同心圆筒形电容屏，各相邻电屏间绝缘厚度彼此相等，且电容屏端部长度从里往外成台阶排列的原则制成，最外层电容屏接地，各电容屏间形成一个串联的电容器组。各相邻电容屏间在制造时电容相等，保证其电压分布近于均匀。由于电容屏端部电场不均匀，在高电压作用下，端部会产生局部放电，为了改善端部电场，通常在两层电容屏间增放一些短屏或者放置均压环。电容式电流互感器结构原理图如图 TYBZ01901006-3 所示。

二、工作原理

电流互感器的工作原理与变压器类似，一次绕组和二次绕组是电流互感器电流变换的基本部件，它们绕在同一个铁心上。一次绕组串联接在高压载流导线上，通过电流 I_1；二次绕组串联接有电流表或继电器。其中，一次绕组与高压回路一起

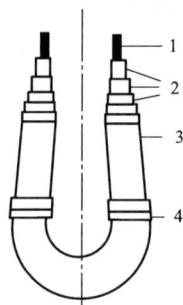

图 TYBZ01901006-3　电容式电流

互感器结构原理图

1——一次绕组；2——电容屏；3——二次绕组

及铁心；4——末屏

称为一次回路，从电流互感器的二次绕组直到测量处的外部回路，即负载和连接导线称为二次回路，由于一次绕组与二次绕组有相等的安培匝数，$I_1N_1=I_2N_2$，电流互感器额定电流比为 $\dfrac{I_1}{I_2}=\dfrac{N_1}{N_2}$。因此，一、二次绕组匝数不同，电流比不同。实际中常把一次绕组分成几组，通过串、并联而获得两种或三种电流比。

三、型号及含义

电流互感器型号表示方法如图 TYBZ01901006-4 所示。

```
□□□□-□/□-□ ── 额定电流（A）
              └── 准确级次
              └── 额定电压（kV）
              └── 使用特点（B—带有保护级）
              └── 绝缘方式（G—干式，Z—浇注式，C—瓷套
                  式，Q—气体，K—绝缘"壳"，油浸绝缘不标）
              └── 结构形式（R—套管式，Z—支柱式，Q—线
                  圈式，F—贯穿式（复匝），D—贯穿式（单匝），
                  M—母线型，K—开合式，V—倒立式，
                  A—链型）
              └── 互感器类别（L—电流互感器）
```

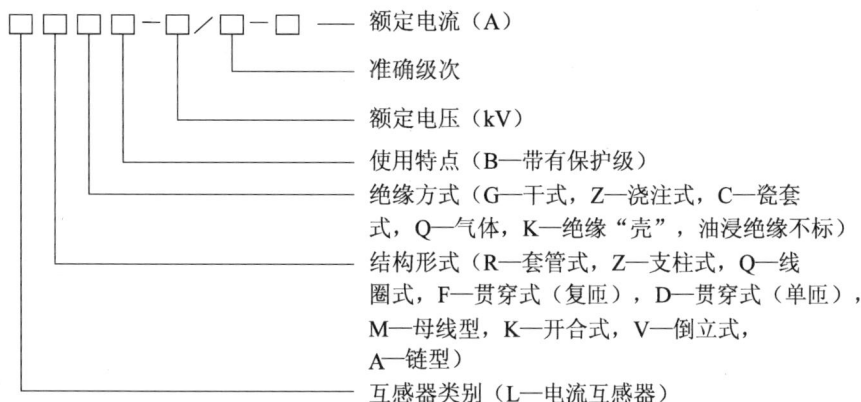

图 TYBZ01901006-4　电流互感器型号表示方法

例如，LQJ-10 含义为额定电压 10kV 的绕组式树脂浇注绝缘的电流互感器。

【思考与练习】

1. 电流互感器一次绕组按结构分为几类？
2. 简述电流互感器一次、二次电流与匝数的关系。

模块 7　高压断路器的结构及原理（TYBZ01901007）

【模块描述】本模块介绍高压断路器的结构和原理。通过结构分析和原理讲解，掌握高压断路器的基本结构、分类和工作原理，熟悉高压断路器型号及符号含义。

【正文】

高压断路器是电力系统最重要的控制和保护设备，它在电网中有两方面的作用，一是在正常运行时，根据电网的需要接通或断开电路的空载电流和负荷电流，这时起控制作用。另一作用是当电网发生故障时，高压断路器与保护装置及自动装置相配合，迅速、自动地切断故障电流，将故障部分从电网中断开，保证电网无故障部分的安全运行，以减少停电范围，防止事故扩大，起保护作用。

一、基本结构

断路器从结构功能上分包括下述五个部分，即导电回路、灭弧装置、绝缘系统、操动机构和基座。高压断路器基本组成示意图如图 TYBZ01901007-1 所示。

1. 导电回路

断路器的导电回路包括动静触头、中间触头以及各种形式的过渡连接。断路器在运行中要长期通过额定电流而发热不超过允许值，还要考虑到通过数值很大的短路电流而其动热稳定不受到破坏。

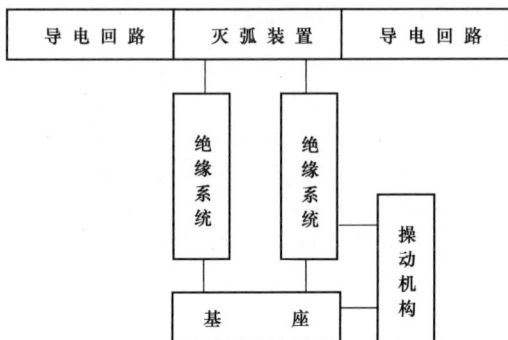

图 TYBZ01901007-1 高压断路器基本组成示意图

2. 灭弧装置

灭弧装置在断路器开断过程中快速熄灭电弧，减少燃弧时间。灭弧装置既要考虑能可靠开断数值很大的额定短路电流，又要考虑提高熄灭小电容性和电感性电流的能力，要求开断小电感性电流不产生截流或造成的过电压不超过允许值，开断小电容性电流不产生重燃。

3. 绝缘系统

断路器在电网运行中，应保证三个方面的绝缘处于良好的状态。第一是导电部件对地之间绝缘，由支持绝缘子或瓷套、绝缘杆件（包括绝缘拉杆和提升杆）以及绝缘介质组成；第二是同相断口间绝缘；第三是相间绝缘，各相独立的断路器相间绝缘通常是空气间隙。

4. 操动机构

除了断路器本体外，一般均附设操动机构来实现断路器的操作或分别保持其相应的分合闸位置。对操动机构要求动作要高度可靠、运动系统能高速和极好的制动、合闸和分闸要在规定时间内完成且十分稳定、按要求在规定时间内根据指令完成一整套合、分闸操作即操作顺序、具备自由脱扣和防跳跃功能和具有连锁功能。

5. 基座

用于支撑断路器绝缘支撑件和传动结构的底座。

二、断路器的分类

目前运行在电力系统中的断路器按灭弧介质进行分类主要有油断路器、SF$_6$断路器、真空断路器、压缩空气断路器、固体产气断路器及磁吹断路器等。主要类型断路器外形图如下所示。

（1）油断路器（多油、少油断路器）外形图如图 TYBZ01901007-2 所示。

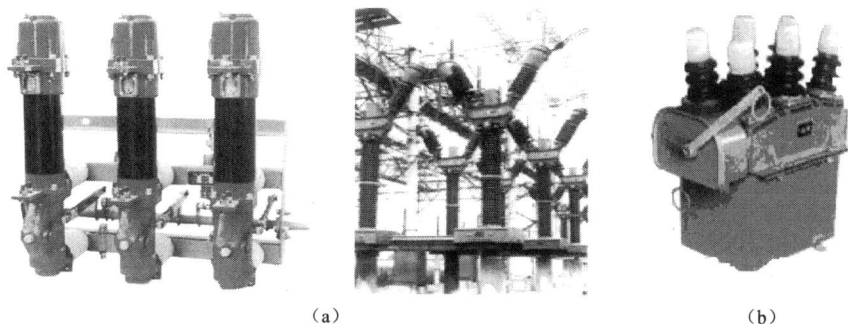

（a）

（b）

图 TYBZ01901007-2　油断路器外形图

（a）少油断路器；（b）多油断路器

（2）SF₆断路器外形图如图 TYBZ01901007-3 所示。

图 TYBZ01901007-3　SF₆断路器外形图

（3）真空断路器外形图如图 TYBZ01901007-4 所示。

图 TYBZ01901007-4　真空断路器外形图

三、断路器的工作原理

1. 多油断路器

多油断路器是断路器发展过程中采用得最早的一种型式，其特点是几乎所有的导电部分都置于铁壳油箱中，用绝缘油作为对地、断口以及相间（指三相共箱式）的绝缘。绝缘油除了灭弧以外还作为动、静触头间的绝缘介质，目前国内仅保留少量 10~35kV 等级产品。

2. 少油断路器

少油断路器用绝缘油作为对地、断口间的绝缘介质。断路器跳闸时，操动机构使导电杆向下运动，在导电杆离开静触头时产生电弧，使绝缘油分解形成封闭的气泡，使静触头周围油压增加，迫使静触头内的钢球上升堵住中孔。电弧在封闭的空间燃烧，使灭弧室内的压力迅速提高。当导电杆继续向下运动时，相继打开横吹口及纵吹口，油气混合体强烈地横吹和纵吹，使电弧在很短的时间内迅速熄灭。

3. SF_6 断路器

SF_6 断路器采用具有良好灭弧和绝缘性能的 SF_6 气体作为灭弧介质，具有灭弧能力强、介质强度高、介质恢复速度快等特点。SF_6 气体在电弧作用下分解为低氟化合物，大量地吸收电弧能量，使电弧迅速地冷却而熄灭。SF_6 断路器因动作快、性能好、体积小、维护少等特点，而在目前得到广泛的应用。

4. 真空断路器

真空断路器利用稀薄空气的高绝缘强度来熄灭电弧。在稀薄的空气中，中性原子很少，较难产生电弧且不能稳定燃烧。真空断路器动作快、体积小、寿命长，适于有频繁操作任务的场所。

5. 压缩空气断路器

压缩空气断路器采用高压力的空气作为灭弧介质。压缩空气有强烈地吹弧能力，使电弧冷却而熄灭，作为动、静触头间的绝缘介质和作为分、合闸操作时的动力的作用。它具有动作快、断流容量大的特点，但制造较复杂。

四、型号及含义

（1）DW 系列，高压户外多油断路器；

（2）SW 系列，高压户外少油断路器；

（3）SN 系列，高压户内少油断路器；

（4）ZW 系列，高压户外真空断路器；

（5）ZN 系列，高压户内真空断路器；

（6）LW 系列，高压户外 SF_6 断路器；

（7）LN 系列，高压户内 SF_6 断路器。

举例说明：

SW2-110Ⅱ，其中：S 代表少油断路器；W 代表户外使用；2 代表设计序号；110 代表适用于额定电压为 110kV 的系统中；Ⅱ代表本系列开关中的Ⅱ

型开关。

【思考与练习】

1. 高压断路器的基本结构有几部分？
2. 简述少油断路器灭弧的工作原理。
3. 高压断路器分几类？

模块 8　套管的结构及原理（TYBZ01901008）

【模块描述】本模块介绍套管的结构和原理。通过结构分析和原理讲解，掌握套管的基本结构和分类，掌握电容式套管的工作原理和型号及符号含义。

【正文】

套管是在高压导体穿过与其电位不同的隔板时，起绝缘和支持作用。一般用于变压器、断路器等设备的引出线对金属外壳的绝缘，也用于母线穿过墙壁时的绝缘。

一、套管分类

1. 按绝缘结构和主绝缘材料的不同分类

（1）单一绝缘套管。包括：

纯瓷套管——仅以电瓷（或兼以空气）作为内外绝缘的套管；

树脂套管——仅以树脂（或兼以空气）作为内外绝缘的套管。

（2）复合绝缘套管。包括：

充油套管——瓷套内部充绝缘油作为主绝缘的套管；

充胶套管——瓷套内部充填胶状绝缘混合物作为主绝缘的套管；

充气套管——瓷套内部充 SF_6 等气体作为主绝缘的套管。

（3）电容式套管。包括：

油纸电容式套管——以油浸纸作为主绝缘材料，并在内部设置若干箔状电极以均匀电场分布的套管；

胶纸电容式套管——以胶纸作为主绝缘材料，并在内部设有若干箔状电极以均匀电场分布的套管。

2. 按用途分类

套管按用途不同可分为穿墙套管和电器套管。其中，电器套管又按具体配套对象分为变压器、互感器、断路器、电容器套管。

二、套管基本结构

1. 纯瓷套管

纯瓷套管结构以瓷套为绝缘，瓷套外为瓷裙，以增加其滑闪放电距离。

2. 充油套管

充油套管在 35kV 及以下电力变压器使用较多，由瓷套、法兰、导体及一些绝缘材料构成，瓷套内腔充以绝缘油。

3. 电容式套管

电容式套管由电容芯子、瓷套、连接套筒和其他固定附件所组成。电容芯子为套管的主绝缘，瓷套作为外绝缘和保护芯子的容器。油纸套管由于其芯子必须全部浸在变压器油中工作，因而上下均有瓷套。

三、套管工作原理

1. 电容式套管

充变压器油的电容式套管，为防止油变质影响芯子性能，采用与外界隔绝的密封结构。电容芯子是由层状绝缘材料和箔状电极在导杆或导管（通过电流的导体）上卷绕而成的同心柱形串联电容器，以均匀电场。导杆对连接套筒或法兰之间的电压，将按这些串联电容分布。最外一层电容屏，称为末屏，通过一小套管引到套管外面接地，以便于试验。电容式套管是一个单独的密封体，因此设有油枕，以免运行时内部产生过高的压力。

（1）变压器套管。油纸电容式变压器套管主要用于电力变压器中，作为引入变压器的高压电流和高电压对变压器外壳绝缘之用。油纸电容式变压器套管载流方式分为穿缆式载流和导管直接载流两种。油纸电容式变压器套管由电容芯子、瓷套、油枕和接地法兰等组成，并借助强力弹簧和密封垫圈装配成整体。法兰起作套管的固定安装和接地的作用。法兰上设有的测量端子与电容芯子末屏连接，作为套管介质、局部放电量测量等之用，运行时必须接地，严禁开路。油纸电容式变压器套管外形图如图 TYBZ01901008–1 所示。

图 TYBZ01901008–1　油纸电容型变压器套管外形图

油纸电容式变压器套管采用电容式全密封结构。主绝缘电容芯子以优质电缆纸与打孔铝箔绕制成同心圆柱电容器。

电容式变压器套管型号表示方法如图 TYBZ01901008–2 所示。

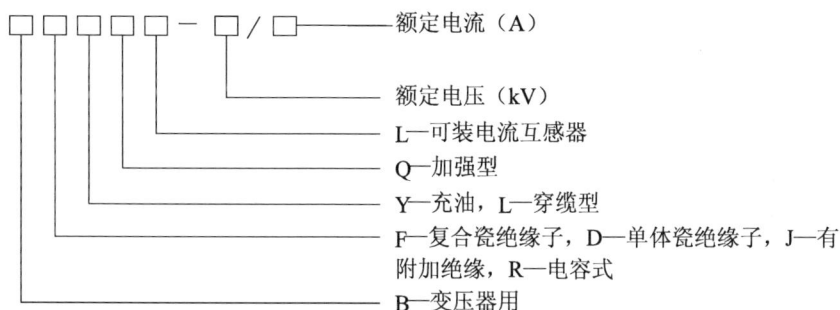

图 TYBZ01901008-2　电容式变压器套管型号表示方法

（2）穿墙套管。穿墙套管主要用于变电站中引导高压或超高压导线穿过建筑物的墙板，作为导电载流和高压对地墙板的绝缘及机械固定用。油纸电容式穿墙套管分为立式安装和卧式安装两种。其主要有油枕、瓷套、电容芯子、连接套筒、油封（卧式套管有）等主要零部件组成。电容芯子套管的主绝缘，是在套管的中心铜管外包绕以铝箔作为极板，以油浸电缆纸作为极间介质组成的串联同心圆体电容器，电容器的一端为中心导管，另一端通过连接套筒上的测量端子引出，在串联电容器的作用下，使套管的径向和轴向电场分布均匀，瓷套作为套管的外绝缘和油的容器用，使内绝缘不受外界大气的侵蚀作用。

2. 干式套管

（1）复合外套充硅胶干式穿墙套管。主绝缘采用新型绝缘材料卷制而成，外绝缘使用有机复合外套，在主绝缘和外绝缘之间充以弹性绝缘硅胶。因此套管耐污性能好、尺寸小、重量轻、无漏油、不污染环境；套管安装、运输可以在任意角度下进行且免维护。

（2）充 SF_6 干式穿墙套管。该产品是一种新型充气电容式无油穿墙套管，其主绝缘采用新型绝缘材料卷制而成。 在主绝缘和外绝缘之间充以微正压的工业 SF_6 绝缘气体，尺寸小，结构紧凑，密封结构可靠，无漏油及污染环境的隐患，套管内仅充有少量的微正压 SF_6 绝缘气体，不会自燃、助燃，且防火、防爆。

（3）环氧树脂胶浸纸干式套管。主绝缘为环氧树脂浸渍以皱纹纸缠绕的电容芯子并经固化而成，该类干式套管具有重量轻、无油、免维护、防爆、任意角度安装等优点，该类套管正处于研制阶段。

【思考与练习】

1. 套管按绝缘结构和主绝缘材料的不同分几类。

2. 电容式套管的工作原理是什么？

模块9　避雷器的结构及原理（TYBZ01901009）

【模块描述】本模块介绍避雷器的结构和原理。通过结构分析和原理讲解，掌握避雷器的基本结构、分类和工作原理，掌握氧化锌避雷器的特点，熟悉避雷器型号及符号含义。

【正文】

避雷器是与电气设备并接在一起的一种过电压保护设备。当电力系统出现由于雷电引起的雷电过电压或由开关操作引起的操作过电压时，避雷器立即动作并放电，将雷电流泄入大地，限制被保护设备上的过电压幅值，使电器设备的绝缘免受损伤或击穿。

一、避雷器的分类

电力系统中运行的避雷器主要有阀型避雷器和氧化锌避雷器两种类型。

二、避雷器结构

1. 阀型避雷器

阀型避雷器是碳化硅阀片为主要元件的避雷器。阀式避雷器外形图如图TYBZ01901009-1所示。

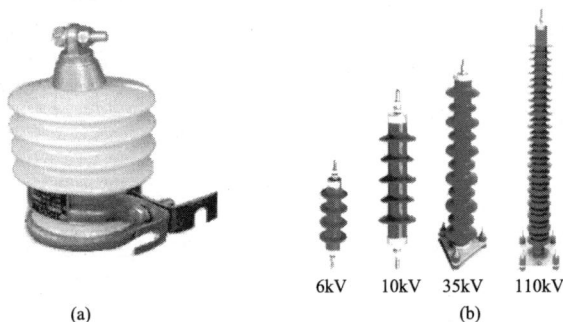

6kV　10kV　35kV　110kV

(a)　　　　　　　　　(b)

图 TYBZ01901009-1　阀式避雷器外形图

(a) FCD 避雷器；　(b) 6、10、35、110kV 避雷器

2. 氧化锌避雷器

氧化锌避雷器的基本结构是阀片和绝缘部分。阀片是以氧化锌为主要成分，并附加少量的 Bi_2O_3、Co_2O_3、MnO_2、Sb_2O_3 等金属氧化物添加物，将它们充分混合后造粒成型，经高温焙烧而成。这种阀片具有优良的非线性和大的通流性。由于氧化锌避雷器的阀片是由金属氧化物组成的，所以也称为金属氧化物避雷器，并用 MOA 表示。金属氧化物阀片置于带有电极的高强度绝缘筒内，再经硅橡胶整体模压成型。

在工作电压下，氧化锌阀片是一个绝缘体，只能通过几十微安电流；在过电压下，它又是一个良好导体。氧化锌避雷器外形如图 TYBZ01901009–2 所示。

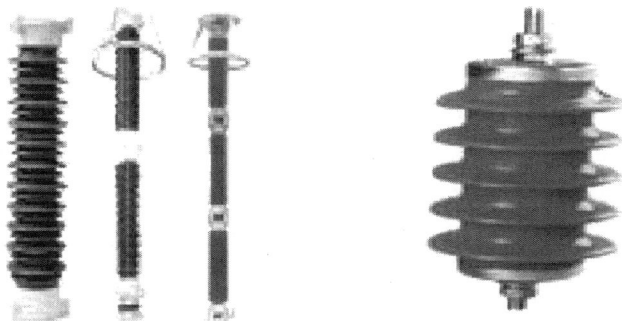

图 TYBZ01901009–2　氧化锌避雷器外形图

三、避雷器工作原理

1. 阀型避雷器

阀型避雷器正常运行时不会被工频电压击穿，当电力系统出现危险过电压时，火花间隙首先被击穿而放电，电流通过火花间隙经阀片电阻引入大地。

2. 氧化锌避雷器

（1）氧化锌避雷器的工作原理。氧化锌避雷器工作原理是在工频电压下呈现极大的电阻，因此续流极小。当作用在氧化锌避雷器上电压超过设计电压值时，电流将急骤增大，压降迅速较低，使过电压降低，起到保护设备的作用。氧化锌避雷器的保护性能优于阀型避雷器，氧化锌电阻片的通流容量较大，避雷器可以做得较小。

（2）氧化锌避雷器的特点。氧化锌阀片的非线性特性主要是由晶界层形成的。晶界层的电阻率是变化的，阀片在运行状态下呈绝缘状态，通过的电流很小（一般为 $10\sim15\mu A$）。由于阀片有电容，在交流电压下总电流可达数百微安，阀片承受电压升高，电流也随之增大，当电流达 1mA 时，它开始动作，此时电压称为启始动作电压，用 U_{1mA} 表示。氧化锌避雷器限制过电压的作用就由此开始，随后逐渐加强。

目前氧化锌避雷器已广泛应用于电力系统的电气设备防雷，它具有以下突出优点：

1）由于氧化锌避雷器无串联火花间隙，所以避免了对电压发布及放电电压的影响，即由于瓷套外污秽使串联火花间隙放电电压不稳定的缺点，具有极强的抗污性能。

2）由于氧化锌避雷器无串联火花间隙，极大地改善了避雷器的特性，消除了有串联火花间隙放电需要一定的时延，提高了对设备保护的可靠性。

3）使电气设备所受的过电压降低。因无串联火花间隙，在整个过电压过程中都有电流流过，降低了作用在变电站电气设备上的大气过电压幅值。

4）氧化锌避雷器电阻片具有较好的非线性，在正常工作电压下，避雷器只有很小的泄漏电流通过，而在过电压下动作后并无工频续流通过，因此避雷器释放的能量大为减小，从而可以承受多重雷击，延长了工作寿命。

5）由于氧化锌阀片的通流能力较大，提高了避雷器的动作负载能力。

6）可以对大容量电容器组进行保护。

7）体积小，质量小，结构简单，运行维护方便。

由于氧化锌避雷器阀片长期承受工频电压的作用，在运行中会有老化现象，需要定期监测泄漏电流等参数，以保证设备安全运行。

四、型号及含义

1. 阀型避雷器

FS 型——无并联电阻，用于小容量配电系统的保护；

FZ 型——有并联电阻，用于中等及大容量变电站的电气设备保护；

FCZ 型——有磁吹限流间隙，用于 35～500kV 变电站的电气设备保护；

FCD 型——有磁吹限流间隙，工频续流值低，用于旋转电机的保护。

2. 氧化锌避雷器

型号由两部分组成。第一部分是汉语拼音组成的符号，第二部分是数字，其型号表示方法如图 TYBZ01901009–3 所示。

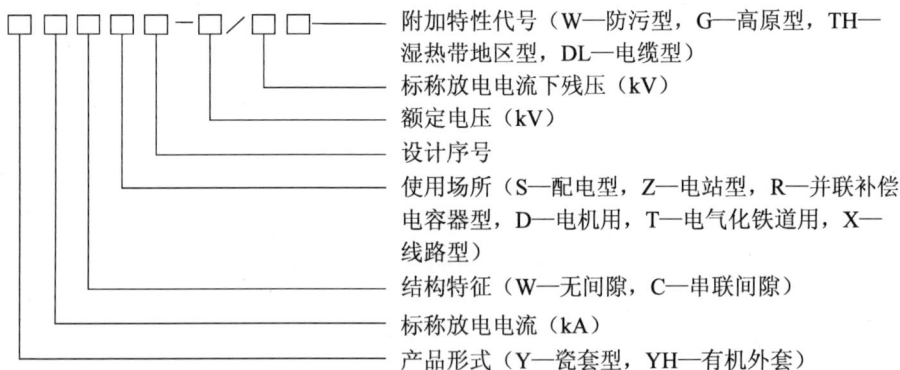

图 TYBZ01901009–3　氧化锌避雷器型号表示方法

【思考与练习】

1. 阀型避雷器主要有几类？

2. 氧化锌避雷器的工作原理是什么？

3. 氧化锌避雷器有什么优点？

模块 10　隔离开关的结构及原理（TYBZ01901010）

【模块描述】本模块介绍隔离开关的结构。通过结构分析和图片展示，掌握隔离开关的基本结构和作用，熟悉隔离开关型号及符号含义。

【正文】

隔离开关是高压开关电器中使用最多的一种电器，主要特点是无灭弧能力，只能在没有负荷电流的情况下分、合电路。由于使用量大，工作可靠性要求高，对电力系统安全运行影响较大。

一、隔离开关的主要作用

（1）分闸后，建立可靠的绝缘间隙，将需要检修的设备或线路与电源用一个明显断开点隔开，以保证检修人员和设备的安全。

（2）根据运行需要，换接线路。

（3）可用来分、合线路中的小电流，如套管、母线、连接头、短电缆的充电电流，开关均压电容的电容电流，双母线换接时的环流以及电压互感器的励磁电流等。

（4）根据不同结构类型的具体情况，可用来分、合一定容量变压器的空载励磁电流。

二、隔离开关基本结构

隔离开关由底座、支柱绝缘子、导电回路、接线板等部分组成。其外形图如图 TYBZ01901010–1 所示。

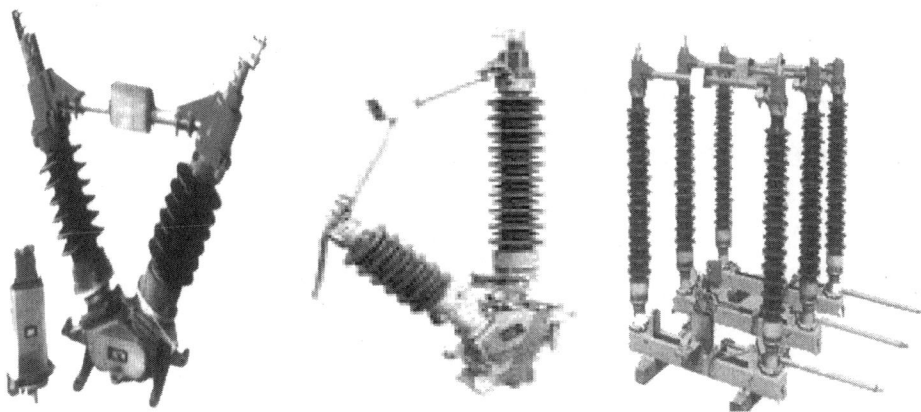

图 TYBZ01901010–1　隔离开关外形图

三、型号及含义

隔离开关的型号由字母和数字组成，其型号表示方法如图 TYBZ01901010–2

所示。

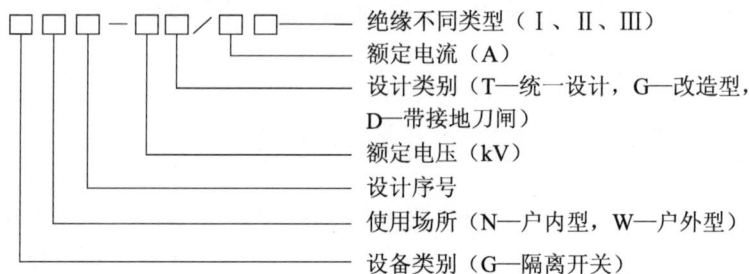

图 TYBZ01901010–2　隔离开关型号表示方法

- 绝缘不同类型（Ⅰ、Ⅱ、Ⅲ）
- 额定电流（A）
- 设计类别（T—统一设计，G—改造型，D—带接地刀闸）
- 额定电压（kV）
- 设计序号
- 使用场所（N—户内型，W—户外型）
- 设备类别（G—隔离开关）

举例说明：

（1）GW–110（Ⅲ）W–630 含义为户外使用，适用于额定电压为 110kV 的系统中，设计序号为Ⅲ，额定电流在 630A 的隔离开关。

（2）GN22–10/2000，含义为户内使用，设计序号 22，额定电压 10kV，额定电流在 2000A 的隔离开关。

【思考与练习】

1. 隔离开关由几部分组成？

2. 隔离开关的作用是什么？

模块 11　绝缘子的结构及原理（TYBZ01901011）

【模块描述】本模块介绍绝缘子的结构和原理。通过图片展示、结构分析和原理讲解，掌握绝缘子的基本结构和分类，熟悉绝缘子型号及符号含义。

【正文】

电力系统架空输电线路的导线、变电站的母线和各种电气设备的带电体，都需要用绝缘子支持，保证与地有良好的绝缘。在运行中，绝缘子还承受着工作电压和各种过电压的作用，承受着导线或设备质量、自重、覆冰质量、风力、系统短路电动力、设备操作机械力以及振动力等作用。所以绝缘子使用范围广，数量庞大，与电网安全运行的关系极为密切。

一、绝缘子分类

绝缘子按其绝缘体内最短击穿距离是否小于其外部空气的闪络距离的一半，分为"可击穿型"和"不可击穿型"两类。因空气的击穿强度比固体介质的击穿强度低，当电压升高时，不可击穿型在空气中首先发生闪络，绝缘体内部不会击穿；可击穿型则内部有可能先击穿。

绝缘子按应用场所不同，分为线路绝缘子和电站电气绝缘子。具体其分类如下：

1. 可击穿型

（1）线路绝缘子。包括针式绝缘子、蝶形绝缘子和针式支柱绝缘子。

（2）变电站电气绝缘子。包括针式支柱绝缘子、空心支柱绝缘子和套管。

2. 不可击穿型

（1）线路绝缘子。包括横担绝缘子、棒形悬式绝缘子。

（2）变电站电气绝缘子。包括棒形支柱式绝缘子、容器瓷套。

二、绝缘子基本结构与性能

1. 针式绝缘子

针式绝缘子带电导体在上部，钢脚接地，二者之间的绝缘为瓷质。为了延长表面绝缘距离，防止沿瓷表面闪络性放电，其瓷质部分做成伞裙形。其结构如图 TYBZ01901011-1 所示。

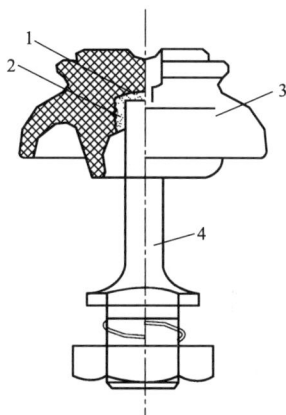

图 TYBZ01901011-1 针式绝缘子结构示意图

1—纸垫；2—胶合剂；3—瓷件；4—钢脚

针式绝缘子外形图如图 TYBZ01901011-2 所示。

图 TYBZ01901011-2 针式绝缘子外形图

2. 盘形悬式绝缘子

盘形悬式绝缘子的帽和脚为不同电位的两极，以瓷质或钢化玻璃作绝缘，其绝缘件部分做成盘状，下表面做成伞棱状，以加大闪络距离。盘形悬式绝缘子常多个串联起来构成绝缘子串，以承受更高的电压。头部为圆锥形的盘形悬式绝缘子结构如图 TYBZ01901011-3 所示。

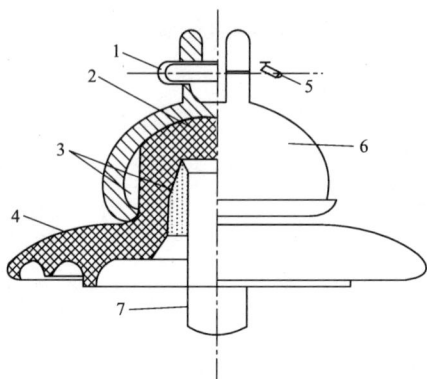

图 TYBZ01901011-3　头部为圆锥形的盘式绝缘子结构示意图

1—圆柱销；2—纸垫；3—胶合剂；4—绝缘件；5—开口销；6—帽；7—脚

盘形悬式绝缘子外形图如图 TYBZ01901011-4 所示。

图 TYBZ01901011-4　盘式绝缘子外形图

3. 户内支柱绝缘子

户内支柱绝缘子的上附件和下附件为不同电位的两极，二者距离较大，因而瓷质部分的绝缘裕度较大，但因其伞棱较小，闪络距离不大，只适用于户内。户内支柱绝缘子外形图如图 TYBZ01901011-5 所示。

图 TYBZ01901011-5　户内支柱绝缘子外形图

三、型号及含义

绝缘子型号表示方法如图 TYBZ01901011-6 所示。

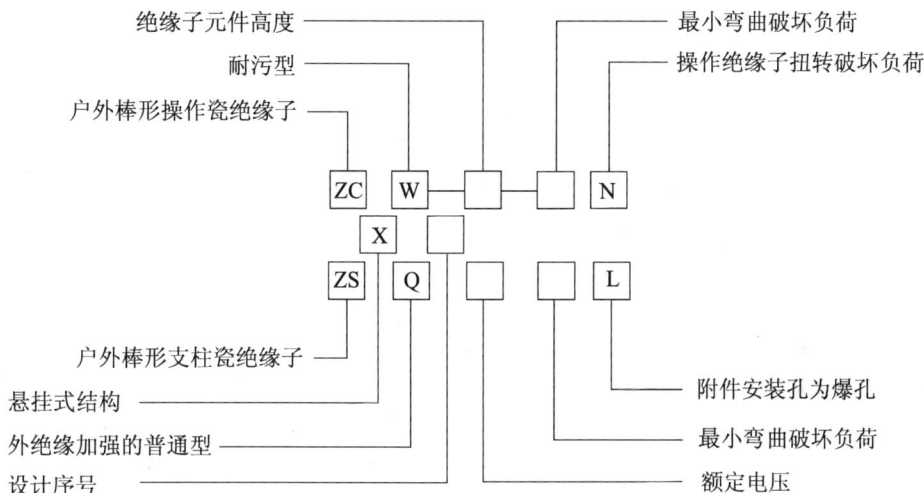

图 TYBZ01901011-6　绝缘子型号表示方法

【思考与练习】

1. 绝缘子在电网中的作用是什么?

2. 绝缘子有哪几种分类?

模块 12　电抗器的结构及原理（TYBZ01901012）

【模块描述】本模块介绍电抗器的结构和原理。通过图片展示、结构分析和原理讲解，掌握电抗器的基本结构、分类和工作原理，熟悉电抗器型号及符号含义。

【正文】

电抗器在电力系统中用作限流、稳流、无功补偿、移相等作用，它是一种电感元件，在电网用途十分广泛。

一、电抗器分类

1. 按结构分类

（1）空心电抗器;

（2）铁心电抗器;

（3）带气隙的铁心电抗器。

2. 按冷却介质分类

（1）干式电抗器；

（2）油浸式电抗器。

3. 按作用分类

（1）并联电抗器。并联连接在变电站低压侧，用以长距离输电线路的电容无功补偿，使输配电系统电压稳定运行。

（2）串联电抗器。在并联补偿电容器装置中，与并联电容器串联连接，用以抑制电压放大，减少系统电压波形畸变和限制电容器回路投入时的冲击电流。

（3）限流电抗器。串联连接在 6～63kV 输变电系统中，在系统发生故障时，用以限制短路电流，使短路电流降至其设备的允许值。

（4）滤波电抗器。与电容组成谐振回路，滤除指定的高次谐波。

（5）启动电抗器。与交流电动机串联连接，用以限制电动机的起动电流，起动后电抗器被切除。

（6）分裂电抗器。在配电系统中，正常运行时其电感很低，一旦出现故障，则对系统呈现出较大的阻抗以限制故障电流，这种电抗器被使用在所有情况下保持隔离的两个分离馈电系统。

二、电抗器工作原理

电抗器也叫电感器，一个导体通电时就会在其所占据的一定空间范围产生磁场，然而通电长直导体的电感较小，所产生的磁场不强，因此实际的电抗器是导线绕成螺线管形式，称空心电抗器；有时为了让这只螺线管具有更大的电感，便在螺线管中插入铁心，称铁心电抗器。

三、电抗器结构

1. 空心电抗器

（1）采用无油结构、没有铁心；

（2）采用多层绕组并联的筒形结构，各包封间用引拨条隔开形成通风气道；

（3）每根导线表面浸有绝缘材料，绕组整体经浸渍形成一个整体，线圈表面涂有防护层。

空心串联电抗器外形图如图 TYBZ01901012–1。

2. 铁心电抗器

铁心电抗器的结构与变压器十分相似，其差别是电抗器每相只有一个线圈，其铁心的心柱由若干铁饼叠装而成，铁饼间用绝缘板隔开，形成间隙，铁饼与铁轭由压紧装置通过螺杆压紧形成一个整体。

采用带间隙铁心的主要目的，是为了避免磁饱和。保证通过电抗器线圈的电流与电压成正比，在一定范围内保持电抗器的电感基本不变，并且减少了高次谐波分量。

图 TYBZ01901012-1 空心串联电抗器外形图

油浸电抗器、干式铁心电抗器外形图如图 TYBZ01901012-2 和图 TYBZ01901012-3 所示。

图 TYBZ01901012-2 油浸电抗器外形图

图 TYBZ01901012-3 干式铁心电抗器外形图

四、型号及含义

电抗器的铭牌上标示出它的额定电压、各分接头的额定电流、额定容量等参数。其型号表示方法如图 TYBZ01901012-4 所示。

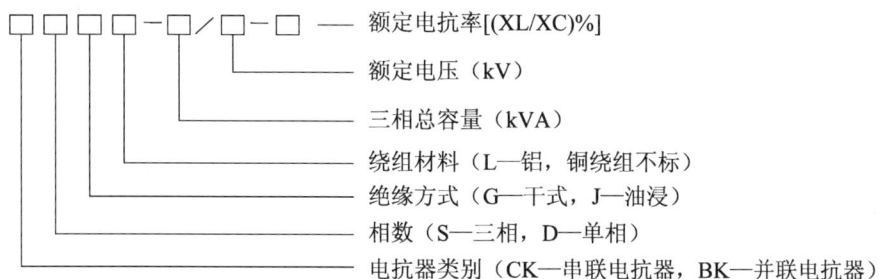

额定电抗率[(XL/XC)%]

额定电压（kV）

三相总容量（kVA）

绕组材料（L—铝，铜绕组不标）

绝缘方式（G—干式，J—油浸）

相数（S—三相，D—单相）

电抗器类别（CK—串联电抗器，BK—并联电抗器）

图 TYBZ01901012-4 电抗器型号表示方法

【思考与练习】

1. 电抗器按作用分几类？
2. 电抗器的原理是什么？

模块 13 消弧线圈的结构及原理（TYBZ01901013）

【模块描述】本模块介绍消弧线圈的结构和原理。通过图片展示、结构分析和原理讲解，掌握消弧线圈的作用、基本结构、工作原理及补偿方式，熟悉消弧线圈型号及符号含义。

【正文】

在电力系统小电流接地系统中（如 6～60kV），变压器的中性点常通过消弧线圈接地。目的是利用消弧线圈的感性电流补偿接地故障时的容性电流，使接地故障电流减少，以致自动熄弧，保证继续供电。

一、消弧线圈的作用

中性点非直接接地系统发生单相接地故障时，单相接地电流大小取决于另两相的电容电流。如果此电容电流相当大，就会在接地点产生间歇性电弧，引起过电压使非故障相对地电压极大增加。在电弧接地过电压的作用下，可能导致设备绝缘损坏，造成两点或多点的接地短路，使事故扩大。为此，当单相接地电流超过一定数值时，应采用通过消弧线圈接地的方式。

消弧线圈的作用有以下几方面：

（1）电力系统发生单相接地故障时，减小接地点电流，使电弧自动熄灭，保证继续供电；

（2）减小故障点电弧重燃的可能性或降低电弧接地过电压的数值；

（3）减小故障点接地电流的数值及持续时间，从而减轻了对设备的损坏程度；

（4）减少因单相接地故障而引起多相短路的可能性。

二、消弧线圈的结构

消弧线圈的外形与单相变压器类似。因为消弧线圈总是一端接地的，故其高压端（A 端）通过高压套管引出，接地端（X 端）用低压小套管引出。消弧线圈通常都设有多个分接头，接到分接开关上，以便根据系统需要调整电抗器的电感量。消弧线圈内部还装有电压测量线圈和电流互感器，用以测定消弧线圈两端的电压和通过线圈的电流，它们一般都装在低压端。消弧线圈外形图如图 TYBZ01901013-1 所示。

图 TYBZ01901013-1 消弧线圈外形图

三、消弧线圈的工作原理

电网正常运行时中性点电位为 0，没有电流经过消弧线圈，当电力系统发生单相接地时，作用在消弧线圈两端的电压为相电压，此时就有电感电流通过消弧线圈和接地点，电流滞后电压 90°，与接地点电容电流方向相反，互相补偿抵消。因此，适当选择消弧线圈电感，可使接地点的电流变得很小，甚至等于零，这样，接地点电弧就会很快熄灭。

四、消弧线圈的补偿方式

消弧线圈补偿方式通常有三种方式，即全补偿、欠补偿和过补偿。

1. 全补偿

补偿后电感电流等于电容电流，或者说补偿的感抗等于线路容抗，电网以全补偿的方式运行，实际此方式电网处于谐振状态，不能正常运行。

2. 欠补偿

补偿后电感电流小于电容电流，或者说补偿的感抗大于线路容抗，电网以欠补偿的方式运行。该方式易导致全补偿，导致谐振。

3. 过补偿

补偿后电感电流大于电容电流，或者说补偿的感抗小于线路容抗，电网以过补偿的方式运行。能避免谐振和过电压，电网常采用该种补偿方式。

五、型号及含义

消弧线圈的铭牌上标示出它的额定电压、各分接头的额定电流、额定容量、油面温升、工作时限等参数。

字母组合——第一数字/第二数字；

XHG—消弧线圈；

第一数字——额定电压（kV）；

第二数字——额定电流（A）。

【思考与练习】

1. 消弧线圈作用是什么？

2. 消弧线圈有哪几种补偿方式？

模块 14　变压器分接开关的结构及原理（TYBZ01901014）

【模块描述】本模块介绍变压器分接开关的结构和原理。通过结构分析和原理讲解，掌握变压器分接开关的分类、基本结构及工作原理，熟悉变压器分接开关型号及符号含义。

【正文】

变压器分接开关是电力变压器里最重要的一种部件，它主要作用是提高电力系统供电电压的质量。由于电网电压的变动以及负荷的变化，将导致运行中变压器输出电压的波动。电压太高或太低都会使用电设备不能正常工作，甚至造成设备烧毁，同时也会给变压器自身带来不利的影响。因此变压器的电压变动范围不能太大。合理的电压波动范围，是不超过额定电压的±5%。为了保证电压在合理的范围内波动，变压器就必须采用分接开关进行电压调节。

一、变压器分接开关分类

变压器分接开关按照调压方式分为两类，即无励磁调压开关和有载调压开关。两者的主要区别是：

（1）无励磁调压开关是在变压器停电情况下进行分接头的调节，不具备带负荷转换挡位的能力。因为这种分接开关在转换挡位过程中，有短时断开过程，故调挡时必须使变压器停电。一般用于对电压要求不是很严格而不需要经常调挡的变压器。

（2）有载分接开关在不中断供电的情况下，带负荷调节分接，故分接开关触头可带负荷切换挡位。有载分接开关在调挡过程中，不存在短时断开过程，是经过一个过渡电阻过渡，从一个挡转换至另一个挡位，不存在负荷电流断开的拉弧过程。一般用于对电压要求严格需经常调挡的变压器。有载分接开关按结构型式分为复合式和组合式，　按过渡电路采用的元件分为电阻式和电抗式。

二、无载分接开关

1. 基本结构

无载分接开关调压系统包括操动机构、分接开关、分接引线和线圈的分接线匝等部分。电力变压器无载分接开关分为三相中性点调压、三相中部调压和单相中部调压，大型电力变压器一般采用单相中部调压。无载分接开关的电压等级有 10、35、

60、110kV 和 220kV 等。

2. 工作原理

无载分接开关的工作原理，就是在停电状态下，通过改变变压器绕组的分接头连接方式，改变不同绕组间的匝数比，来达到合适的电压输出。

3. 型号及含义

无载分接开关型号中的字母和数字的含义如下：

字母	含义
S	三相
D	单相
W	无载（无励磁）
X	"星"形连接中性点调压
J	触头为"夹"片式
P（或用 X）	触头为"楔"片式
数字—数字	工厂序号—额定电压（kV）/额定电流（A）

三、有载分接开关

1. 基本结构

有载调压分接开关按过渡电路分为电抗式和电阻式。由于电抗式有载分接开关体积大、耗材多、触头烧蚀严重，属淘汰产品，目前均采用电阻式。

有载分接开关系统由有载分接开关本体、传动机构、分接开关保护装置以及分接开关油系统等组成。电阻式有载分接开关，根据其结构原理的不同，又分为两种：一种是复合式有载分接开关，它的选择开关和切换开关为一体结构；另一种是组合式有载分接开关，它的选择开关和切换开关具有单独结构。有载分接开关复合式和组合式外形结构如图 TYBZ01901014–1 所示。

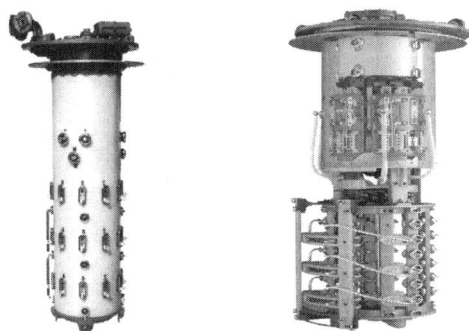

(a)　　　　　　　　　　(b)

图 TYBZ01901014–1　有载分接开关

(a) 复合式；(b) 组合式

模块 14

TYBZ01901014

有载分接开关本体主要包括分接选择器、切换开关和过渡电路（亦称限流器）三部分。选择分接头的开关叫分接选择器；切换负荷的开关叫切换开关，为了瞬时切换完毕，需具备快速机构；过渡电路中的电阻器安放在切换开关里。

2. 有载调压分接开关部件作用

（1）切换开关。用于切换负荷电流。

（2）选择开关。用于切换前预选分接头。能承载电流，但不接通和开断电流的装置。因此，它实质上是个无励磁分接开关，仅与切换开关配套使用后形成有载调压。

（3）过渡电阻器。由两个或四个电阻组成，桥接于正在使用的分接头和将要使用的分接头上，保证负荷电流无显著变化地从一个分接转到另一个分接的目的，并在两个分接头被跨接的期间限制其循环电流。

3. 工作原理

有载分接开关的基本原理就是在变压器的绕组中引出若干分接抽头，通过有载调压分接开关，在保证不切断负荷电流的情况下，由一个分接头切换到另一个分接头，以达到变换绕组的有效匝数，即改变变压器的变压比。有载分接开关采用过渡电阻方式切换，与切换开关过渡触头相连。

4. 过渡过程

为分析过渡电路动作原理的方便，假设变压器每相绕组有三个分接抽头1、2、3。负载电流 I 开始时由分接抽头 1 输出，变压器调节分接时，由于是有载调压，不能停电，分接抽头 1、2 之间必须接入一个过渡电路。这个过渡电路仅在进行调压时接入，当调压完成后立即退出。通常是应用一个电阻跨接在分接抽头 1、2 之间，使分接抽头 1 和 2 之间不会造成短路，起限流作用。过渡电阻的接入，好比在分接抽头 1、2 之间架设了一座临时的"桥"。这时动触头可以在"桥"上滑动，于是负荷电流继续通过"桥"输出，不造成停电，直至分接开关的动触头到达分接抽头 2 位置时为止。动触头到达分接抽头 2 时，"桥"已无用，可以退出。至此，切换时的过渡过程完成，原来由 1 分接头输出负荷电流，现在改为由 2 分接输出；原来为 1 分接抽头电压，现在为 2 分接抽头电压，变压器电压比变换。其他分接抽头切换与上述相同。过渡过程工作原理如图 TYBZ01901014–2 所示。

5. 型号及含义

有载分接开关型号中的字母和数字的含义如下：

字母	含义
F	复合式
Z	组合式且有"电阻式过渡电阻"
Y	有载调压

S	三相调压
X	星形连接中性点调压
数字—数字	工厂序号——额定电压（kV）/额定电流（A）

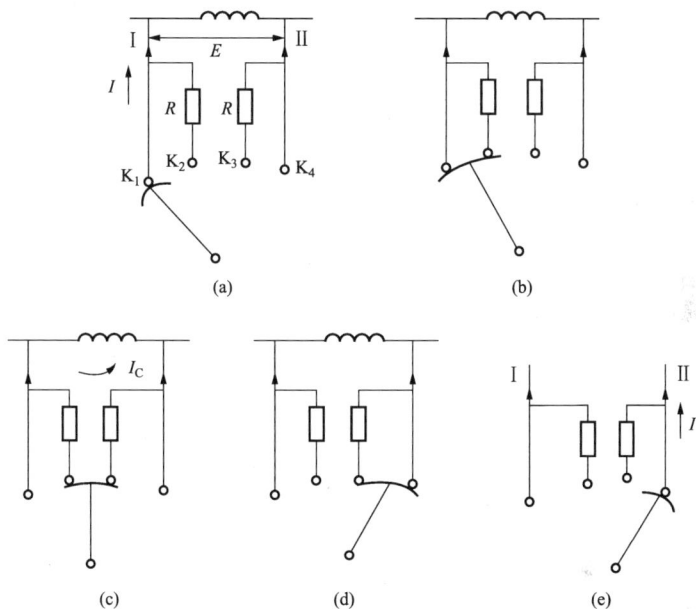

图 TYBZ01901014-2 有载分接开关过渡过程工作原理图

（a）过渡开始；（b）过渡的分接抽头接上电阻；（c）动触头开始在电阻上滑动；

（d）动触头已经滑到需要的分接抽头；（e）过渡用的电阻切除

【思考与练习】

1. 有载分接开关的部件组成和作用是什么？

2. 变压器有载分接开关过渡过程是怎样完成的？

第二章　绝缘电阻测试（试验）

模块 1　绝缘电阻表的原理与接线　（TYBZ01902001）

【模块描述】 本模块介绍绝缘电阻表工作原理与接线。通过结构分析和原理介绍，掌握绝缘电阻表的工作原理和接线端子的作用，了解绝缘电阻表基本结构，熟悉绝缘电阻表的三种型式。

【正文】

绝缘电阻表是用来测量设备绝缘电阻的专用仪器。按其结构可分为手摇式、晶体管式和数字式；按其电压等级一般有 100、250、500、1000、2500、5000V 和 10 000V 几种形式，可以根据被试设备的电压等级进行选用。

一、绝缘电阻表的结构及工作原理

1. 手摇式绝缘电阻表

手摇式绝缘电阻表内部结构主要由两部分组成。电源为手摇发电机，测量机构是磁电式流比计。驱动发电机的转轴，发出的电压经整流后加至电流回路和电压回路的两个并联电路上。磁电式流比计处于不均匀磁场中，使指针旋转，指针的偏转与并联电路中电流的比值有关，电流的比值与电阻值成反比关系，因此偏转角 α 反映了被测绝缘电阻值的大小。手摇式绝缘电阻表外形和原理接线如图 TYBZ01902001–1 和图 TYBZ01902001–2 所示。

屏蔽表面泄漏　　接地
接被试品

图 TYBZ01902001–1　手摇式绝缘电阻表外形

2. 晶体管式绝缘电阻表

晶体管式绝缘电阻表采用干电池供电，通过晶体管振荡器产生交变电压，经变压器升压及倍压整流后输出直流高压。

3. 数字式绝缘电阻表

数字式绝缘电阻表是将直流电源变频产生直流高压，通过程序控制使各种绝缘测试可由菜单选择自动进行。其测试电压大多可在 500V 到 5000V 内选择；试验电流为 2mA 和 5mA 等；测量范围比手摇式绝缘电阻表广，显示直观准确，大容量设备常需要进行吸收比或极化指数试验，采用数字式绝缘电阻表测量较其他结构绝缘电阻表简单易行，因此目前在电力系统广泛应用。数字式绝缘电阻表外形如图 TYBZ01902001-3 所示。

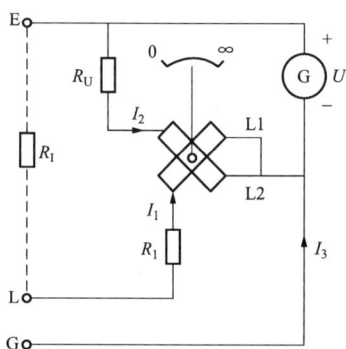

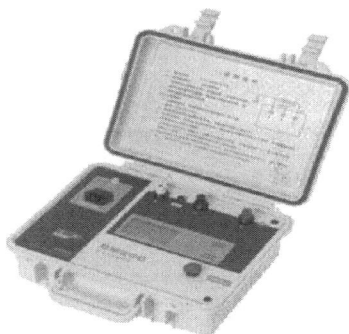

图 TYBZ01902001-2　绝缘电阻表原理接线图　　图 TYBZ01902001-3　数字式绝缘电阻表外形

二、绝缘电阻表的试验接线

常见的绝缘电阻表一般有三个接线端子，分别是"线路"端子 L、"地"端子 E、"屏蔽"端子 G。绝缘电阻表的"线路"端子 L 接于被试设备的高压导体上；"地"端子 E 接于被试设备的外壳或地上；"屏蔽"端子 G 接于被试设备的屏蔽环，以消除表面泄露电流的影响。

【思考与练习】

1. 绝缘电阻表的种类有哪些？
2. 简述绝缘电阻表如何进行试验接线。
3. 绝缘电阻表各接线端子都有什么作用？

模块 2　测量绝缘电阻和吸收比及极化指数的意义
（TYBZ01902002）

【模块描述】本模块介绍测量绝缘电阻、吸收比及极化指数的意义。通过概念介绍、要点归纳，掌握绝缘电阻、吸收比及极化指数的概念及其测量的意义。

【正文】

测量电气设备的绝缘电阻和吸收比及极化指数，是检查设备绝缘状况最简便的方法，在现场进行设备绝缘试验项目时，测量绝缘电阻是绝缘试验的第一个项目，检查设备是否有严重缺陷。

一、定义

绝缘电阻是指在设备绝缘结构的两个电极之间施加的直流电压值与流经该对电极的泄漏电流值之比。若无特殊说明，均指加压 1min 的测试值。

吸收比指在进行同一次绝缘电阻试验中，1min 时的绝缘电阻值与 15s 时的绝缘电阻值之比值。

极化指数是在同一次绝缘电阻试验中，10min 时的绝缘电阻值与 1min 时的绝缘电阻值之比值。

二、测试意义

测量电气设备的绝缘电阻和吸收比及极化指数，可有效检测出绝缘是否有贯通的集中性缺陷，整体受潮或贯通性受潮等。应当指出，只有当绝缘缺陷贯通于两极之间时，绝缘电阻测量才比较灵敏。若绝缘只存在局部缺陷，而两极间仍保持有部分良好绝缘，绝缘电阻很少下降或没有变化，测量绝缘电阻试验便不能发现此类缺陷。

【思考与练习】

1. 什么是绝缘电阻、吸收比、极化指数？
2. 测量电气设备的绝缘电阻和吸收比及极化指数的意义是什么？

模块 3　绝缘电阻的测试方法（TYBZ01902003）

【模块描述】本模块介绍绝缘电阻的测试方法。通过步骤讲解，掌握绝缘电阻测试的步骤、方法及要求。

【正文】

绝缘电阻试验时，必须按照正确的方法测试。在现场进行绝缘电阻测试时，按以下步骤进行。

（1）记录被试设备铭牌，运行编号及大气条件等。

（2）试验前应断开被试设备电源及一切对外连线，并将被试设备短接后接地放电 1min，电容量较大的应至少放电 5min，以免试验人员触电或烧坏仪器。

（3）校验绝缘电阻表是否短路指针指零和开路指针指示无穷大。

（4）用干燥清洁的柔软布擦去被试物的表面污垢，必要时可用汽油擦拭，以消除表面泄漏电流的影响。

（5）根据被试设备铭牌选择绝缘电阻表的电压等级。连接好试验接线，打开绝缘电阻表电源或驱动绝缘电阻表至额定转速，将 L 端引出线连至被试品，待 1min 时读取绝缘电阻值。

（6）绝缘电阻测试完毕，应先断开接至被试品的测试线，然后再停止摇动绝缘电阻表。

（7）试验完毕或重复试验时，必须将被试物短接后对地充分放电。这样既可以保证安全又可以提高测量准确性。

如在湿度较大的条件下测量或需排除表面泄漏的影响的情况下加屏蔽线，屏蔽线可用软铜线缠绕，屏蔽端应接近火线而远离接地部分。

若测量的绝缘电阻值较历史数据变化较大应查明原因。

【思考与练习】

1. 怎样进行绝缘电阻测试？

2. 绝缘电阻测试前放电时间是如何规定的？

模块 4　吸收比及极化指数的测试方法（TYBZ01902004）

【模块描述】本模块介绍吸收比及极化指数的测试方法。通过步骤讲解，掌握吸收比及极化指数测试的步骤、方法及要求。

【正文】

进行设备吸收比及极化指数试验时，必须按照正确的方法测试。在现场吸收比及极化指数试验测试时，按以下步骤进行。

（1）记录被试设备铭牌，运行编号及大气条件等。

（2）试验前，应拆除被试设备电源及一切对地连线，并将被试设备短接后接地放电 1min，电容量较大的应至少放电 5min，以免试验人员触电或烧坏仪器。

（3）校验绝缘电阻表是否短路指针指零或开路指针指示无穷大。

（4）用干燥清洁的柔软布擦去被试物的表面污垢，必要时可用汽油擦拭，以消除表面泄漏电流的影响。

（5）根据被试设备铭牌选择绝缘电阻表的电压等级。接好线，打开绝缘电阻表电源或驱动绝缘电阻表至额定转速，将 L 端引出线连至被试品，同时计时，并分别读取 15s 和 60s 及 10min 的绝缘电阻读数。

（6）试验完毕或重复试验时，必须将被试物短接后对地充分放电。这样既可以保证安全又可以提高测量准确性。

（7）计算吸收比 R_{60s}/R_{15s} 和极化指数 R_{10min}/R_{1min} 值，判断设备的绝缘状况。

【思考与练习】

1. 简述吸收比及极化指数的测试方法。

2. 怎样计算吸收比及极化指数?

模块 5 　绝缘电阻测试的注意事项 （TYBZ01902005）

【模块描述】本模块介绍绝缘电阻测试的注意事项。通过要点归纳，掌握绝缘电阻测试的注意事项。

【正文】

现场进行设备绝缘电阻测试时，必须遵照安全规程规定，按照绝缘电阻标准作业指导书进行操作，测试时有以下注意事项。

（1）在测量容量较大试品时，最初充电电流较大，绝缘电阻表指示数值很小，但这并不表示绝缘不良，需持续较长时间后，才能得到正确的结果。

（2）对于同杆架设双回路架空线或双母线，当一路带电时，不得测量另一回路的绝缘电阻，以防止感应高压损坏仪表和危及人身安全。对平行线路，也同样要注意感应电压，一般不应测量其绝缘电阻，在必须测量时，要采取必要措施后才能进行。

（3）如被试设备绝缘电阻值过低，应排除环境温度、湿度、表面赃污、感应电压等的影响。能分解试验的尽量分解试验，找出绝缘电阻最低的部分。

（4）绝缘电阻表的 L 和 E 端子严禁对调。

（5）屏蔽环的装设位置。为了避免表面泄漏电流的影响，测量时应在绝缘电阻表面加等电位屏蔽环，且应靠近 L 端子装设。

（6）为了便于试验数据的比较，对同一设备最好用同型号绝缘电阻表。

（7）试验前后对被试设备均应充分放电。

【思考与练习】

1. 简述绝缘电阻测试的注意事项。

2. 绝缘电阻试验时有什么外界干扰影响测试结果?

模块 6 　影响绝缘电阻的因素和分析
判断 （TYBZ01902006）

【模块描述】本模块介绍影响绝缘电阻的因素和分析判断。通过要点归纳，熟悉湿度、温度、被试设备剩余电荷、感应电压对绝缘电阻测量结果的影响及解决措施，掌握对测量结果进行分析判断的方法。

【正文】

设备绝缘电阻在现场测试时，有很多因素影响绝缘电阻测量，因此对绝缘电阻值有影响的因素应采取有效措施进行消除，并对绝缘电阻值进行分析，判断设备绝缘性能。

一、影响绝缘电阻的因素

1. 湿度的影响

湿度对绝缘表面泄露电流影响很大。它能使绝缘表面吸附潮气、瓷质表面形成水膜，常使绝缘电阻显著降低。此外，还有一些绝缘材料有毛细血管作用，当空气湿度较大时，会吸收较多的水分，增加了电导率，也使绝缘电阻降低。

2. 温度的影响

温度对绝缘电阻的影响很大，一般绝缘物的绝缘电阻随温度升高而减小。为便于比较，对同一设备尽可能在相近温度下进行，以减小因温度换算带来的误差。

3. 被试设备剩余电荷的影响

绝缘电阻测量完毕后，应对被试品充分放电，以将剩余电荷放尽，否则由于剩余电荷的存在会使测量数据虚假的增大或减小。

4. 感应电压的影响

测量高压架空线路的绝缘电阻时，若该线路与另一带电线路有一段平行，则不能进行测量，以免工频感应电流流过绝缘电阻表，使测量无法进行。另外也防止感应电压危及测试人员人身安全。

二、试验结果的分析判断

（1）所测得的绝缘电阻值应符合规程规定值。

（2）将绝缘电阻值换算至同一温度后，与出厂、交接、历年、大修前后和耐压前后的数值进行比较；与同型设备、同一设备相间比较，绝缘电阻试验结果不应有明显的降低或较大差异，否则应引起注意。

【思考与练习】

1. 影响绝缘电阻的因素有哪些？

2. 如何对绝缘电阻的测试结果进行分析判断？

模块 7 吸收比及极化指数测试的注意事项（TYBZ01902007）

【模块描述】本模块介绍吸收比及极化指数测试的注意事项。通过要点归纳，掌握吸收比及极化指数测试的注意事项。

【正文】

现场进行设备吸收比及极化指数测试时，必须遵照安全规程规定，按照吸收比

模块 7

TYBZ01902007

及极化指数测试标准作业指导书进行操作，注意以下几点事项。

（1）应避免记录时间带来的误差。条件允许时，应尽量使用带有测试绝缘吸收比和极化指数的智能绝缘电阻表。

（2）对电容量较大的高压电气设备，如电缆、电容器、变压器等的绝缘状况，主要以吸收比及极化指数的大小为判断依据。如果吸收比及极化指数有明显下降，说明绝缘受潮或油质严重劣化。

（3）其他注意事项与绝缘电阻测试相同，如下：

1）湿度的影响。湿度对绝缘表面泄露电流影响很大。它能使绝缘表面吸附潮气、瓷质表面形成水膜，常使绝缘电阻显著降低。此外，还有一些绝缘材料有毛细血管作用，当空气湿度较大时，会吸收较多的水分，增加了电导率，也使绝缘电阻降低。

2）温度的影响。温度对绝缘电阻的影响很大，一般绝缘物的绝缘电阻随温度升高而减小。为便于比较，对同一设备尽可能在相近温度下进行，以减小因温度换算带来的误差。

3）被试设备剩余电荷的影响。绝缘电阻测量完毕后，应对被试品充分放电，以将剩余电荷放尽，否则由于剩余电荷的存在会使测量数据虚假的增大或减小。

4）感应电压的影响。若被试设备周围有高压带电体，由于感应，被试设备也会带有一定得电荷，此电荷对也会使测量数据虚假的增大或减小。

【思考与练习】

1. 简述吸收比及极化指数测试中的注意事项。

2. 对电容量较大的高压电气设备判断依据是什么？

第三章 直流泄漏及直流耐压试验

模块 1 直流耐压试验意义 (TYBZ01903001)

【**模块描述**】本模块介绍直流耐压试验意义。通过要点归纳,掌握直流耐压试验的意义以及相比于交流耐压试验的特点。

【**正文**】

设备进行绝缘项目检测,当被试品电容量较大时,如果用交流进行耐压试验会产生较大的电容电流,要求试验变压器有较大的容量。用直流电源进行耐压试验,可避免电容电流,只需供给被试品泄漏电流即可,由于泄漏电流很小,所以可减小试验设备的容量。因此,对于一些大电容的试品,常用直流耐压试验代替交流耐压试验。

一、直流耐压试验意义

直流耐压主要用来考验被试品的耐电强度,其试验电压高,直流耐压对发现设备的一些局部缺陷有着特殊的意义。如直流耐压试验时,易发现发电机端部绝缘缺陷,而交流耐压试验易发现发电机槽部及出槽口的缺陷。

二、直流耐压特点

1. 试验设备轻巧

直流耐压试验设备比较轻巧,便于在作业现场进行使用,如对于长电缆进行耐压试验时,如果采用交流耐压试验,每千米的电容电流将达到数安培,这就需要大容量的试验电源及试验变压器才能进行,现场很难做到。而采用直流耐压试验,待试验电压稳定后只需供给微安级的绝缘泄漏电流即可,现场容易做到。

2. 能同时监视泄漏电流的变化

可以用微安表监测泄漏电流,灵敏度高,根据泄漏电流及电压值可以换算出被试设备的绝缘电阻。还可以做出泄漏电流随电压的变化曲线,以便对被试设备绝缘状况进行综合分析。

3. 对被试设备的绝缘损伤较小

当较高直流电压作用于被试设备时,可导致气隙中发生局部放电,放电产生的电荷所感应的反电场将使气隙里的场强减弱，从而拟制了气隙内的局部放电过程。如果是交流耐压试验，由于其电压方向不断发生变化，因而气隙发生放电后，每个半波里都要发生局部放电，这种放电往往会促使有机材料分解、老化，绝缘性能下降，使绝缘缺陷扩大。

由于交、直流作用下绝缘内部的电压分布不同，直流耐压试验对绝缘的考察不如交流耐压接近设备实际运行情况。这也是直流耐压的缺点。例如对交联聚乙烯电缆，就不主张进行直流耐压试验。

【思考与练习】

1. 对于一些大容量试品为什么常用直流耐压试验来代替交流耐压试验？
2. 直流耐压试验有哪些特点？

模块 2 直流耐压试验的测量方法（TYBZ01903002）

【模块描述】本模块包含直流电压的测量和泄漏电流的测量。通过对原理图的讲解，掌握测量直流电压的原理和方法，掌握测量泄漏电流的方法、原理及其特点。

【正文】

一、直流电压的测量

测量直流高压数值是直流耐压试验中非常重要的环节，为保障测量精度的要求，必须采用不低于 1.5 级的表计和 2.5 级的分压器测量。直流耐压试验的测量方法一般有以下 4 种方式。

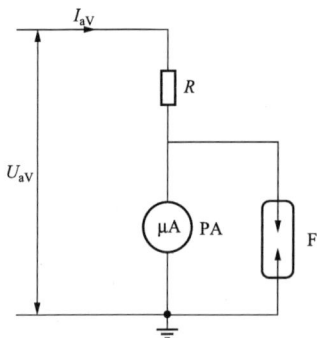

图 TYBZ01903002–1　微安表串联高值
电阻测量直流高压原理图
F—保护微安表的放电管；R—高值电阻

1. 高电阻串联微安表测量

高电阻串联微安表是一种常用的测量直流高压的方式，能测量数千伏至上万伏的电压，其原理如图 TYBZ01903002–1 所示。

被测高电压加在高电阻 R 上，R 与微安表串联，则在该电压下流过 R 的平均电流全部流过微安表。因此可根据微安表所指示的电流值来表示被测电压的数值，其中 F 为保护微安表的放电管。

2. 电阻分压器与低电压表测量

电阻分压器与低电压表组成的测量系统的原理如图 TYBZ01903002–2 所示。

电压表采用数字式电压表，以便读数直观。被测直流高压 U_1 可由低压电压表 PV 的指示值 U_2 得到，即

$$U_1 = \frac{R_1 + R_2}{R_2} U_2 \qquad （TYBZ01903002\text{–}1）$$

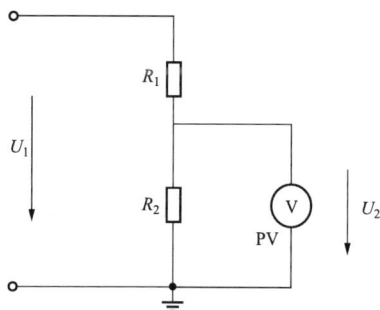

式中　R_1——分压器的高压臂电阻，Ω；
　　　R_2——分压器的低压臂电阻，Ω。

低压臂电阻 R_2 中包括低压电压表的输入电阻，如果低压电压表是静电电压表或者是高输入电阻的数字式电压表，则其输入电阻的影响可以忽略。

图 TYBZ01903002–2　电阻分压器与低压电压表测量系统的原理图

3. 高压静电电压表测量

采用适当量程的高压静电电压表，直接测量输出电压的有效值。对于直流电压脉动系数不大于 2% 的直流电压，可近似的认为有效值 U 等于平均值 U_{AV-}，即

$$U = U_- + \sqrt{U_1^2 + U_2^2 + U_3^2 + \cdots} \qquad （TYBZ01903002\text{–}2）$$

式中　U_1、U_2、U_3——脉动部分各次谐波的有效值，V；
　　　U_-——脉动直流中的纯直流分量，V。

4. 试验变压器的低压侧测量

根据试验变压器的变比，将低压侧正弦波电压的有效值折算到高压侧，然后将其有效值乘以 $\sqrt{2}$，即为测得的直流高压值。

这种方法测量误差较大，只有当被试品的泄漏电流很小，在保护电阻上产生的压降可以忽略不计时，才可认为被试品上所加的电压 U_X 就是试验变压器高压侧输出电压的峰值 $U_{\max}$，即

$$U_X = U_{\max} = \sqrt{2}\,KU \qquad （TYBZ01903002\text{–}3）$$

式中　U_X——被试品上所加的电压，V；
　　　$U_{\max}$——试验变压器高压侧输出电压的峰值，V；
　　　U——试验变压器低压侧电压有效值，V；
　　　K——试验变压器变比。

二、泄漏电流的测量

1. 微安表接在被试设备的高压端

测试方法如图 TYBZ01903002–3 中 PA 位置所示。

这种接线的优点是直流泄漏电流测量准确，排除了部分杂散电流的影响，接线简单。缺点是微安表处于高电位，必须有良好的绝缘屏蔽；微安表距离试验人员比较远，读数不便。另外，有一些微安表表头在高电场下易被极化，造成测量误差。在被试设备接地端无法打开时常采用这种接线。

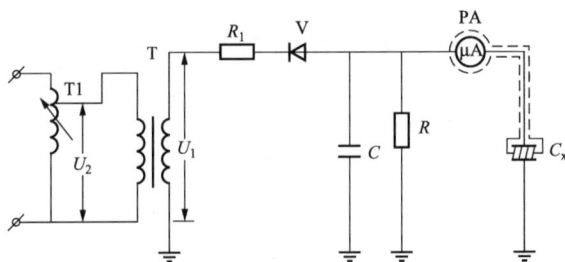

图 TYBZ01903002–3 微安表接在被试设备的高压端示意图

T1—自耦调压器；T—试验变压器；R_1、R—保护电阻；V—硅堆；
C—滤波电容；C_x—被试品；PA—微安表

2. 微安表接在试验变压器 T2 高压绕组尾部

测试方法如图 TYBZ01903002–4 中 PA 位置所示。

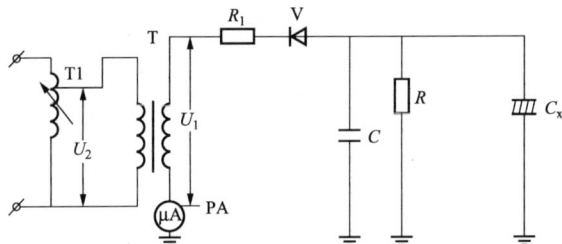

图 TYBZ01903002–4 微安表接在试验变压器 T2 高压绕组尾部示意图

T1—自耦调压器；T—试验变压器；R_1、R—保护电阻；V—硅堆；
C—滤波电容；C_x—被试品；PA—微安表

这种接线方式微安表处于低电位，具有读数安全、切换量程方便的优点，这种接线的缺点是高压导线等对地的杂散电流均流过微安表，测量结果误差较大。

【思考与练习】

1. 常用的测量直流高压方法有几种？

2. 直流高压数值的测量精度是多大？

3. 直流耐压试验中微安表接在高压侧和低压侧对测试结果有什么影响？

模块 3 直流泄漏电流试验意义 （TYBZ01903003）

【模块描述】本模块介绍直流泄漏电流试验意义。通过要点归纳，掌握直流泄漏电流试验意义。

【正文】

电力设备的直流泄漏电流试验与绝缘电阻的原理相同，只是测量直流泄漏电流时所施加的电压较绝缘电阻表的额定输出电压高，测量中所采取的微安表的准确度较绝缘电阻表高，可以随时监视泄漏电流数值的变化，所以它发现绝缘的缺陷较测量绝缘电阻更为有效。

直流泄漏电流试验的意义主要有以下 4 点：

（1）发现电力设备绝缘贯通的集中缺陷；

（2）整体受潮或有贯通的部分受潮；

（3）一些为未完全贯通的集中性缺陷；

（4）开裂、破损等，较绝缘电阻发现设备缺陷更灵敏。

【思考与练习】

1. 直流泄漏电流试验的意义是什么？

2. 直流泄漏电流试验与绝缘电阻有什么不同？

模块 4　直流泄漏电流试验的特点（TYBZ01903004）

【模块描述】本模块介绍直流泄漏电流试验的特点。通过要点归纳，掌握直流泄漏电流试验相比于绝缘电阻试验的特点。

【正文】

测量绝缘体的直流泄漏电流和测量绝缘电阻的原理基本相同，不同之处在于直流泄漏试验的电压一般比绝缘电阻表电压高，并可任意调节，直流泄漏电流的数值可随时监测，因此直流泄漏试验要比绝缘电阻试验发现缺陷的有效性高。

直流泄漏试验的特点包括：

1. 设备轻巧，电压调节范围广

直流泄漏电流试验主要试验设备为直流发生器，如图 TYBZ01903004–1 所示。

直流发生器轻便，便于现场试验使用。直流发生器的直流试验电压可以根据不同电压等级的被试品随意调节，使用方便。

2. 可监测被试设备泄漏电流值

直流泄漏电流试验中，泄漏电流通过微安表测量可随时监测。泄漏电流试验中，还可以测量有关数据，绘制出泄漏电流与加压时间或泄漏电流与试验电压的关系曲线，便于对被试设备进行全面分析。因此，用泄漏电流试验来检测被试设备的整体受潮、劣化

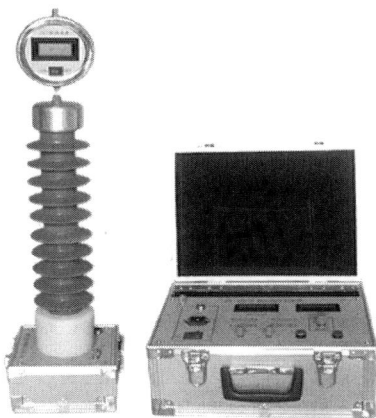

图 TYBZ01903004–1　直流发生器外形图

或局部缺陷，其有效性和灵敏度要比测量绝缘电阻要高的多。

3. 数据分析的多样性

泄漏电流试验时，可根据所加的直流电压和微安表的泄漏电流数值来计算出被试设备的绝缘电阻值，以便与绝缘电阻表测得的绝缘电阻值进行比较，有利于对设备绝缘状况进行进一步分析，也可做出泄漏电流随电压或时间变化的曲线，与历史数据对比进行综合比较。

【思考与练习】

1. 泄漏电流试验和绝缘电阻试验相比有哪些特点？
2. 直流泄漏电流试验主要试验设备是什么？

模块 5　直流泄漏电流的测试方法（TYBZ01903005）

【模块描述】本模块介绍直流泄漏电流的测试方法。通过对原理图的讲解和要点归纳，掌握测试直流泄漏电流的方法及其特点以及测试注意事项。

【正文】

直流泄漏电流的测量应使用微安表，并根据试验需求选择不同的量程。直流泄漏电流的测试方法一般以微安表在测试回路中的接线位置进行区分。微安表在直流泄漏电流测量中有三种接线方式。

一、直流泄漏电流的测量方法

1. 微安表接在被试设备的高压端

测试方法如图 TYBZ01903005–1 中 PA 位置所示。

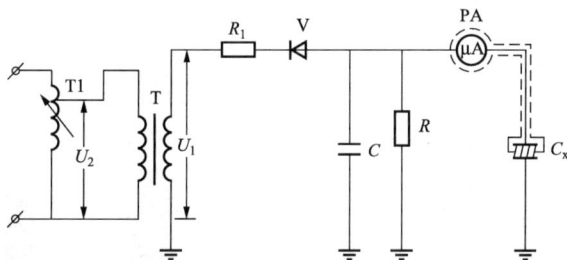

图 TYBZ01903005–1　微安表接在被试设备的高压端示意图

T1—自耦调压器；T—试验变压器；R_1、R—保护电阻；V—硅堆；

C—滤波电容；C_x—被试品；PA—微安表

这种接线的优点是直流泄漏电流测量准确，排除了部分杂散电流的影响，接线简单。缺点是微安表处于高电位，必须有良好的绝缘屏蔽；微安表距离试验人员比较远，读数不便。另外，有一些微安表表头在高电场下易被极化，造成测量误差。在被试设备接地端无法打开时常采用这种接线。

2. 微安表接在试验变压器 T2 高压绕组尾部

测试方法如图 TYBZ01903005–2 中 PA 位置所示。

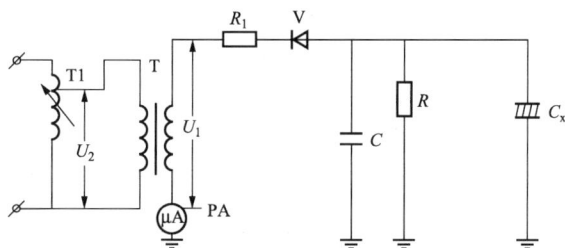

图 TYBZ01903005–2 微安表接在试验变压器 T2 高压绕组尾部示意图

T1—自耦调压器；T—试验变压器；R_1、R—保护电阻；V—硅堆；

C—滤波电容；C_x—被试品；PA—微安表

这种接线方式微安表处于低电位，具有读数安全、切换量程方便的优点，这种接线的缺点是高压导线等对地的杂散电流均流过微安表，测量结果误差较大。

3. 微安表接在被试设备的低压端

测试方法如图 TYBZ01903005–3 中 PA 位置所示。

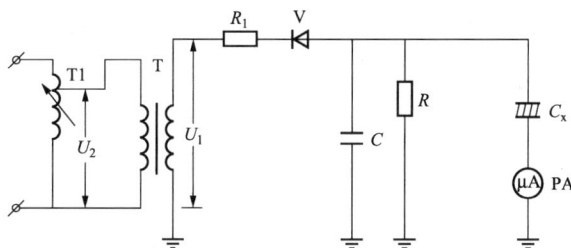

图 TYBZ01903005–3 微安表接在被试设备的低压端示意图

T1—自耦调压器；T—试验变压器；R_1、R—保护电阻；V—硅堆；

C—滤波电容；C_x—被试品；PA—微安表

当被试设备的接地端能与地断开并有绝缘时，采用这种接线。这种接线的微安表处于低电位，高压引线等部分的杂散电流不经过微安表，读数、切换量程方便，屏蔽容易。

二、直流电流测量的注意事项

（1）按试验要求接线，接线完毕工作负责人认真核对试验接线，并确认无误后方可通电试验。

（2）升压速度应均匀，不可太快。

（3）试验过程中如出现击穿、闪络等异常现象，应立即降压，断开电源，对被试设备放电，并查明异常原因。

模块 5

TYBZ01903005

（4）试验完毕，降压断开电源后应对被试设备充分放电，被试设备周围对地绝缘导体也应进行充分放电，放电时应使用高阻放电棒放电，严禁直接用地线进行放电。

【思考与练习】

1. 简述在直流泄漏电流试验中微安表的几种接线方式。

2. 微安表接在被试设备的高压端有什么优缺点？

3. 直流泄漏电流测量应注意什么？

模块6 直流泄漏及直流耐压试验的影响因素和试验结果的分析（TYBZ01903006）

【模块描述】本模块介绍直流泄漏及直流耐压试验的影响因数和试验结果的分析。通过要点归纳，熟悉高压连接导线、湿度、温度、残余电荷等对直流泄漏及直流耐压试验结果的影响及解决措施，掌握对试验结果进行分析判断的方法。

【正文】

设备在进行直流泄漏及直流耐压试验时，影响的因数有很多，因此进行完直流试验后，对试验数据必须进行全面的分析，以保证设备状态评价准确。

一、影响因素

影响直流泄漏及直流耐压试验的因素很多，主要有以下几条。

1. 高压连接导线影响

高压连接导线和被试设备进行试验时，带有较高的电压，周围的空气有可能发生游离，从而产生对地的泄漏电流，这种对地的泄漏电流将直接影响测量的准确性。

解决方法是增加对地距离措施、采用带屏蔽的连接导线等措施，减小对地泄漏电流对测量结果的影响。

2. 湿度影响

当空气湿度大时，表面泄漏电流增加，影响测量结果。

解决方法是测试前对被试设备表面进行擦拭或用电吹风吹，测试时使用屏蔽电极接线。

3. 温度影响

温度对试验结果的影响较大，对所测的泄漏电流值要与历史数据换算到同一温度下进行比较。

4. 残余电荷的影响

被试设备绝缘中的残余电荷是否放尽将直接影响泄漏电流的测试值，因此，为了测量的准确与试验安全，试前试后均应对被试设备进行充分的放电，重复试验亦应如此。

5. 其他

试验电源的电压极性、波形，试验过程中的升压速度对测量的结果也是有影响的，在分析试验结果时应综合考虑。

二、试验结果的分析

（1）首先将试验结果与标准或规程相比较，不应超出标准或规程规定值，否则应查明原因，必要时应对被试设备进行分解试验，找出问题所在。

（2）对同类型设备的试验结果进行相互比较，同一设备的相间比较，与历次试验数据比较，其试验结果应无明显差别。

（3）试验时，试验电压一定时，被试设备的泄漏电流不应随加压时间的延长而有所增大。否则说明设备存在绝缘缺陷。

（4）利用泄漏电流随外加电压变化的曲线进行判断。如果关系曲线近似为一条直线，则说明绝缘良好，如果发现电压升高时，泄漏电流上升的更快，则说明绝缘存在缺陷。泄漏电流随电压变化的曲线如图 TYBZ01903006–1 所示。

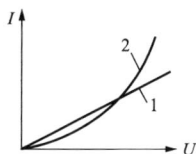

图 TYBZ01903006–1 泄漏电流
随电压变化的曲线
1—绝缘良好；2—绝缘不良

（5）对直流耐压试验的判断：被试设备在规定的电压和持续的时间内，若不发生击穿，并保持泄漏电流基本不变，应判为合格，否则为不合格。

【思考与练习】

1. 影响直流泄漏及直流耐压试验的因素有哪些？
2. 为什么高压连接导线对测试有影响？
3. 如何判断直流耐压试验结果？

模块 6

TYBZ01903006

第四章　介质损失角正切值（tanδ）的测量

模块1　tanδ 测量方法、原理及意义（TYBZ01904001）

【模块描述】本模块介绍 tanδ 测量方法、原理及意义。通过对原理图的讲解和要点归纳，掌握测量 tanδ 方法、意义以及 tanδ 与电压的关系。

【正文】

一、tanδ 测量方法原理

通常为分析方便，把绝缘介质看成由一个等值电阻 R 和一个等值电容 C 并联组成的电路。图 TYBZ01904001-1 为绝缘介质在交流电压作用下绝缘的等值电路和相量图。

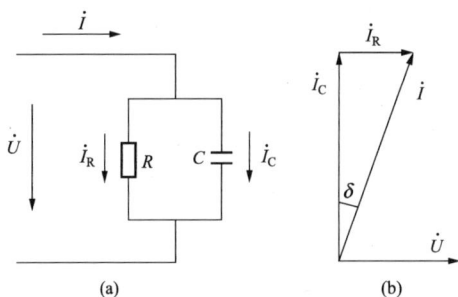

图 TYBZ01904001-1　绝缘介质在交流电压作用下的电路图和相量图
（a）等值电路图；（b）相量图

流过绝缘介质的电流由两部分组成，即流过 R 的有功电流 I_R 和流过 C 的电容电流（无功电流）I_C。I_R 流过电阻 R 产生的功率代表全部的介质损耗，I_R 越大介质损耗越大。由相量图可以看出的 I_R 的大小与 I 和 I_C 之间的夹角 δ 成正比。因此，称 δ 为介质损失角。介质损耗 P 与介质损失角 δ 之间的关系如下

$$P = UI_R = UI_C \tan\delta = U^2 \omega C \tan\delta \qquad (\text{TYBZ01904001-1})$$

式中　P——绝缘介质中的介质损耗，W；

　　　U——被试品上的交流电压有效值，V；

　　ω——电源角频率。

tanδ 为介质损失角的正切（或称介质损耗因数）。从上面的关系式可以看出，通过测量 tanδ 值就可以反映出绝缘介质损耗的大小。

需要指出的是，良好绝缘的 tanδ 不随电压的升高而明显增加。若绝缘内部有缺陷，

特别是存在气隙，则 tanδ 将随电压的升高呈现明显转折，如图 TYBZ01904001-2 所示。

二、tanδ 测量方法的意义

介质损耗因数（tanδ）的测量，目前已被广泛应用于高压电气设备的出厂检验和运行设备的状态检修试验中。实践证明，该项目对于发现绝缘整体受潮、老化等分布性缺陷或绝缘中有气隙放电缺陷时较为灵敏。需指出的是，当绝缘内的缺陷不是分布性而是集中性的，特别是被试

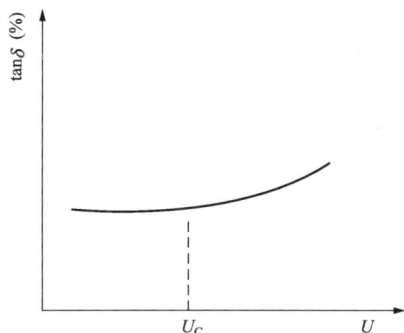

图 TYBZ01904001-2　tanδ 与电压的关系曲线

设备体积越大或集中性缺陷所占体积越小时，tanδ 测量就不灵敏。

【思考与练习】

1. 画出绝缘介质在交流电压作用下的等值电路图和相量图。
2. tanδ 测量对于发现何种缺陷比较灵敏？
3. 画出 tanδ 与电压的几种关系曲线。

模块 2　高压交流平衡电桥（西林电桥）（TYBZ01904002）

【模块描述】本模块介绍高压交流平衡电桥（西林电桥）。通过对原理图的讲解和步骤介绍、要点归纳，掌握高压交流平衡电桥（西林电桥）的原理、接线方式和操作步骤，熟悉高压交流平衡电桥（西林电桥）主要部件的作用。

【正文】

一、基本原理

西林电桥，即 QS1 电桥如图 TYBZ01904002-1 所示，原理接线图如图 TYBZ01904002-2 所示。

图 TYBZ01904002-1　QS1 电桥外形

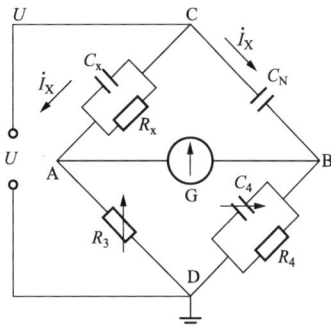

图 TYBZ01904002-2　QS1 电桥原理接线图

图中 C_X、R_X 为被试品的电容和电阻；R_3 为无感可调电阻；C_N 为高压标准电容器（50pF）；C_4 为可调电容器；R_4 为无感固定电阻（10 000/π）；G 为交流检流计。

当电桥平衡时，检流计 G 内无电流通过，说明 A、B 两点间无电位差。即

$$\begin{cases} \dot{U}_{AD} = \dot{U}_{BD} \\ \dot{U}_{CA} = \dot{U}_{CB} \end{cases}, \quad \begin{cases} \dot{I}_{CA} = \dot{I}_{AD} \\ \dot{I}_{CB} = \dot{I}_{BD} \end{cases}$$

可得

$$\frac{Z_3}{Z_X} = \frac{Z_4}{Z_N}$$

推导后可得

$$\tan\delta_X = \frac{1}{\omega C_X R_X} = \omega C_4 R_4 \qquad （TYBZ01904002-2）$$

$$C_X \approx C_N \frac{R_4}{R_3} \quad （当 \tan\delta \ll 1 时） \qquad （TYBZ01904002-3）$$

通常取 $R_4 = \dfrac{10^4}{\pi}\Omega$，$f = 50Hz$，代入式 TYBZ01904002-2 可得

$$\tan\delta_X = \omega C_4 R_4 = 100\pi \times \frac{10^4}{\pi} \times \frac{C_4}{10^6} = C_4 \qquad （TYBZ01904002-4）$$

也就是 C_4 的微法数即为 $\tan\delta_X$ 的值。

QS1 电桥的平衡是通过反复调节 R_3 和 C_4，从而分别改变桥臂电压的大小和相位来实现的。

二、QS1 电桥的接线方式

QS1 电桥的基本线路接线有正接线和反接线，原理接线如图 TYBZ01904002-3 所示。

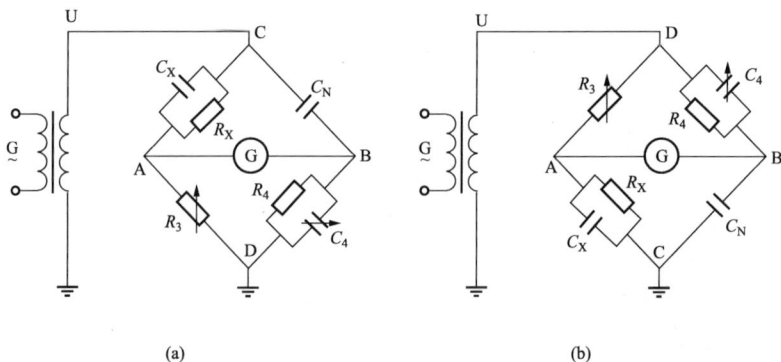

(a)　　　　　　　　　　　　　(b)

图 TYBZ01904002-3　QS1 电桥基本线路

(a) 正接线法；(b) 反接线法

1. 正接线

此时试品两端对地绝缘（如电容式套管、耦合电容器、电容型 TA 等），桥体处于低电位，操作安全方便。因不受被试品高压端对地杂散电容的影响，抗干扰性强。但由于现场设备外壳几乎都是固定接地的，故正接线的采用受到了一定的限制。

2. 反接线

反接线适用于被试品一端接地。测量时桥体位于高电位，试验电压受电桥绝缘水平限制，高压端对地杂散电容不易消除，抗干扰性差。

三、QS1 电桥主要部件的作用

QS1 型电桥包括桥体及标准电容器两部分。虽然精确度较低，但因其携带方便、操作简单，现场使用较为普遍。主要部件作用如下：

1. 标准电容器 C_N 为外附独立元件

特点为 tanδ 值小，电容量稳定。一般多采用 BR-16 型，工作电压 10kV，电容量 50±1pF，介损≤0.1%。电容器外部有 3 个接线端，"高压"、"低压"、"E"，其中"高压"套管对"低压"接线端之间为 50pF 的标准电容，整个电容放在屏蔽层"E"之内，"E"与地面有绝缘。如进行高电压下的介损，需配备 50kV 或 100kV 的标准电容。

2. 调整平衡部分

电桥平衡通过调整 C_4 和 R_3 来实现。C_4 是可调十进制电容箱，由 25 只无损电容器组成。R_3 是十进制电阻箱电阻，它与滑线电阻串联，实现在 0～11 111.2Ω 范围内连续可调的目的，为扩大被测电容的范围，应接入分流电阻。

3. 平衡指示器

桥体内装有振动式交流检流计作为平衡指示器。面板上"检流计频率调节"用来调节检流计谐振频率，使检流计处于较高灵敏状态。"检流计灵敏度调节"用以改变检流计灵敏度，电桥不平衡时，检流计用低灵敏度，当灵敏度转换开关在 10 位置时，检流计光带最窄，即认为电桥平衡。

4. 转换开关"±tanδ"

当"+tanδ"位置电桥无法平衡，可切换至"–tanδ"位置进行测量。

5. 过电压保护装置

在 Z3、Z4 臂上分别并联一只放电电压为 300V 的放电管作为过电压保护，以保护人身及电桥安全。

四、QS1 电桥的操作步骤

（1）接线经检查无误后，将各旋钮至于零位，确定分流器挡位；

（2）接通电源，加试验电压，并将"+tanδ"转至"接通 I"位置；

（3）增加检流计灵敏度，旋转调谐钮；找到谐振点，再调 R_3 和 C_4 使光带缩小；

（4）提高灵敏度，再按顺序反复调节 R_3、C_4 及 ρ，使灵敏度达最大时光带最小，直至电桥平衡；

（5）记录数据，将检流计灵敏度降至零位；

（6）将"+tanδ"转至"接通 II"位置，再重复测量数据。降下试验电压，切断电源，将高压接地放电。

（7）如两次测量结果基本一致，试验结束，否则应检查是否有外部电磁场等干扰，采取抗干扰措施。

【思考与练习】

1. QS1 电桥的正、反接线如何接线？

2. 正、反接线有什么区别？

3. 简述 QS1 电桥的操作步骤。

模块 3　数字式自动介损测量仪（TYBZ01904003）

【模块描述】本模块介绍数字式自动介损测量仪。通过对原理图的讲解和要点归纳，了解数字式自动介损测量仪的测量原理、测试接线、功能特点及技术指标。

【正文】

数字式自动介损测量仪的最大优势在于实现自动测量，可以补偿原理性误差，没有复杂的机械调节部件，测量以软件为主，性能稳定，其测量精度、可靠性，特别是抗干扰能力都比 QS1 电桥高。数字式自动介损测量仪已经取代了 QS1 电桥。

一、测量原理

数字式自动介损测量仪的原理接线如图 TYBZ01904003-1 所示。

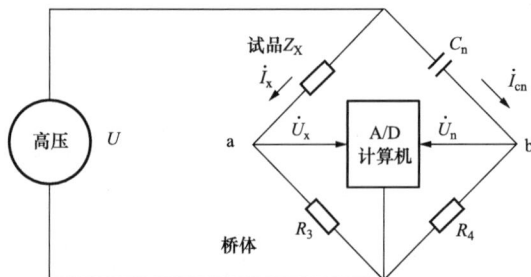

图 TYBZ01904003-1　数字式自动介损测量仪的原理接线

数字电桥的测量回路还是一个桥。R_3、R_4 两端的电压经过 A/D 采样送到计算机，求得 $\dot{U}_x$、$\dot{U}_n$，即

$$\dot{I}_{cn} = \frac{\dot{U}_n}{R_4}, \quad \dot{I}_{cx} = \frac{\dot{U}_x}{R_3}, \quad \dot{U} = \dot{I}_{cn} \times \frac{1}{j\omega C_n} = \frac{\dot{I}_{cn}}{j\omega C_n}$$

试品阻抗 $Z_x = \dfrac{\dot{U}}{\dot{I}_{cx}} = \dfrac{R_3}{R_4} \times \dfrac{\dot{U}_n}{\dot{U}_x} \times \dfrac{1}{j\omega C_n}$ 通过计算可进一步求得试品介损和电容量。

二、功能特点

数字式自动介损测量仪为一体化结构，内置介损电桥、变频电源、试验变压器和标准电容器等。采用变频抗干扰和傅立叶变换数字滤波技术，全自动智能化测量，强干扰下测量数据非常稳定。测量结果由大屏幕液晶显示，自带微型打印机可打印输出。

三、主要技术指标

准确度：C_X：±（读数×1%+1pF）；tanδ：±（读数×1%+0.000 40）。

抗干扰指标：在 200% 干扰下仍能达到上述准确度。

电容量范围：内置高压 3pF～60000pF/10kV，60pF～1μF/0.5kV；外加高压 3pF～0.3μF/10kV；分辨率：最高 0.001pF，4 位有效数字。

tanδ 范围：不限，分辨率 0.001%，电容、电感、电阻三种试品自动识别。

试验电流范围：10μA～1A。

内施高压设定范围：0.5～10kV。

最大输出电流：200mA。

升降压方式：连续平滑调节；精度：±（1.5%×读数+10V）；分辨率：1V。

试验频率：45、50、55、60、65Hz，单频；45/55Hz、55/65Hz，自动双变频；精度：±0.01Hz。

CVT 测量专用低压输出：输出电压为 3～50V，输出电流为 3～30A。

输入电源：交流 180～270V，50Hz/60Hz±1%。

工作环境：温度范围：-20～60℃，相对湿度<90%。

四、试验接线

具有正/反接线，内/外标准电容，内/外高压多种工作模式，具有 CVT 自励磁测量接口，C_1、C_2 可一次接线同时测出。

【思考与练习】

1. 简述数字式自动介损测量仪的优点。

2. 数字式自动介损测量仪功能特点是什么？

模块
4

TYBZ01904004

模块 4　M 型（不平衡电桥）介质试验器原理 （TYBZ01904004）

【模块描述】本模块介绍 M 型（不平衡电桥）介质试验器原理。通过原理讲解和方法介绍，了解 M 型（不平衡电桥）介质试验器测量原理，掌握 M 型（不平衡电桥）介质试验器测量方法、被试品电容量及电阻计算。

【正文】

M 型介质试验器具有携带方便、操作简单等优点，它是一种不平衡电桥，随着数字式自动介损电桥的日益成熟，M 型介质试验器已经很少被使用。

一、测量原理

M 型介质试验器的测量原理是基于介质损失角 δ 很小时，即

$$\tan\delta \approx \sin\delta = \frac{I_R}{I_X} = \frac{P}{S} \qquad (\text{TYBZ01904004–1})$$

式中　P——绝缘吸收的有功功率，W；

　　　S——绝缘的视在功率，VA。

M 型介质试验器就是测量输送给绝缘介质的有功功率 P 和视在功率 S，两者相除就可求得 $\tan\delta$，这就是 M 型介质试验器的测量原理。

二、测量方法

M 型电桥原理接线如图 TYBZ01904004–1 所示。

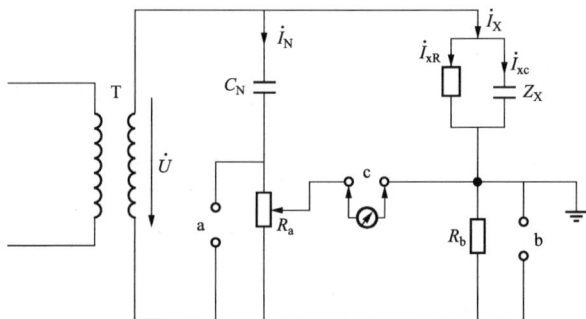

图 TYBZ01904004–1　M 型电桥原理接线图

它包括标准回路（标准电容器 C_N 和带滑动触点的电阻 R_a）、被试回路（被试品 Z_X 及无感电阻 R_b）、测量回路（放大器和表头）及电源部分（变压器和调压器）。

1. 视在功率的测量

由于电桥中的 R_b 很小，与试品串联不会影响流过被试品电流的大小和相位。因此，将电压表接到 b 的位置，即可测出 R_b 上的电压降 $I_X R_b$，乘以常数 $\dfrac{U}{R_b}$ 就可算出视在功率。

2. 有功功率的测量

将电压表接到 c 的位置，并调节 R_b，当电压表读数达到最小值时，此读数乘以常数 $\dfrac{U}{R_b}$ 就可算出有功功率。

由以上两次测量，就可算出 $\tan\delta \approx \dfrac{P}{S}$。

三、被试品电容量（C_X）与电阻（R_X）的计算

由公式 $S = U^2 \omega C_X$，可推出

$$C_X = \frac{S}{2\pi f U^2} \qquad (\text{TYBZ01904004–2})$$

由公式 $P = \dfrac{U^2}{R_X}$，可推出

$$R_X = \frac{U^2}{P} \qquad (\text{TYBZ01904004–3})$$

【思考与练习】

1. 简述 M 型介质试验器的工作原理。
2. 写出 M 型介质试验器被试品电容量与电阻的计算公式。

模块 5 　西林电桥扩大量程及防干扰方法（TYBZ01904005）

【模块描述】本模块介绍西林电桥扩大量程及防干扰方法；通过原理讲解和方法介绍，掌握西林电桥扩大量程的三种方法以及现场测试中的抗干扰方法。

【正文】

一、扩大西林电桥测试范围的方法

1. 大电容量法

通过大电容量标准电容器法来扩大被试品电容量测试范围。由公式 $C_X = \dfrac{C_N R_4}{R_3}$

可知，增大标准电容器 C_N 电容量可使 C_X 相应增加。它的缺点是因流过 R_4 的电流不能超过最大允许值（0.314mA），需反比例降低试验电压，使被试品所加电压偏低，从而导致发现缺陷的灵敏度降低。

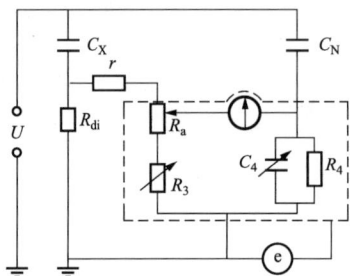

图 TYBZ01904005-1　用外加分流器
扩大电容的测量范围原理接线

R—C_X 至桥体的引线电阻（应尽可能减小）；

R_{di}—外加分流电阻

2. 分流器法

采用一无感的外加分流电阻 R_{di} 并联在桥臂 R_3 上，使大部分试品电流经分流电阻 R_{di} 入地，一小部经 R_3 入地，从而使 C_X 量程得到扩大。此方法适用于电容量相当大的被试品的测量，其用外加分流器扩大电容的测量范围原理接线如图 TYBZ01904005-1 所示。

3. 高压标准电容器法

采用额定电压高于 10kV 的高压标准电容器，就能提高加于被试品上的电压，扩大西林电桥电压测量范围。现规程要求进行的小电容设备的高压介损即采用了这种方法。需注意的是，此时应减小 R_4 的阻值，以保证 R_4 能够承受所施加的电压和流过的电流，但 R_4 数值变小后，被测电容的范围也随之减小。

二、西林电桥现场测试中的抗干扰方法

在现场试验时，往往因电磁场及被试品表面电导等的干扰导致数据失真。因此，需消除干扰，测出真实值。

1. 磁场的干扰

（1）产生原因。当电桥靠近电抗器、阻波器等漏磁通较大的设备时，会受到磁场干扰。这一干扰通常是由于磁场作用于电桥检流计内的电流线圈引起。

（2）判断方法。现场测试时，将西林电桥检流计的极性开关放在"断开"位置，如果光带展宽即说明有磁场干扰。

（3）消除措施。消除干扰的方法之一是将电桥移到磁场干扰以外。另一种是将桥体就地转动改变角度，找到干扰最小的方位，再取检流计开关在两种极性（"接通 I"和"接通 II"）下所得结果的平均值。

2. 电场的干扰

（1）产生原因。当被试品周围有带电设备时，会受到电场干扰。这是由于被试品与周围带电部分之间存在着耦合电容，使被试品上产生一干扰电流 I_g，此电流在桥臂上引起压降，改变各臂间平衡条件，造成角 δ 偏大或偏小的误差，甚至出现 "$-\tan\delta$" 测量结果，电场干扰示意如图 TYBZ01904005-2 所示，干扰电流 I_x 在 0°～

360°内变动时 I_g 与 I_x 合成 I_x 的轨迹如图 TYBZ01904005-3 所示。

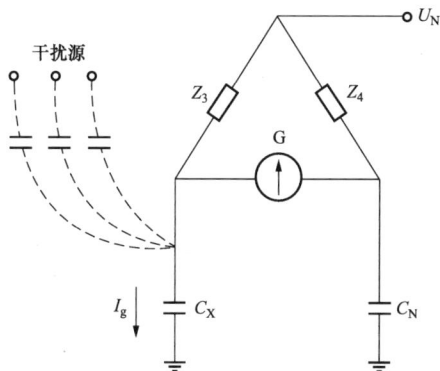

图 TYBZ01904005-2　电场干扰示意图　　　　图 TYBZ01904005-3　相量图

（2）判断方法。电桥接线完成后，合上试验电源前先投入检流计，并逐渐增加灵敏度，观察检流计。如果检流计光带明显扩展，则说明存在电场干扰。

（3）消除措施。

1）屏蔽法。在被试品上加装屏蔽罩（金属网或薄片），使干扰电流只流经屏蔽，不经电桥桥臂。此法适用于体积较小的设备，且对测量结果有影响，较少采用。

2）采用正接线。西林电桥正接线的抗干扰能力比反接线强。

3）提高试验电压。试验电流增大，信噪比提高，干扰电流的影响相对减小，适用于弱干扰信号的消除。

4）分级加压法。先在试验电压为 U 时测量，数据为 C_1、$\tan\delta_1$；再将电压降至 $U/2$，数据为 C_2、$\tan\delta_2$。分级加压法相量图如图 TYBZ01904005-4 所示。

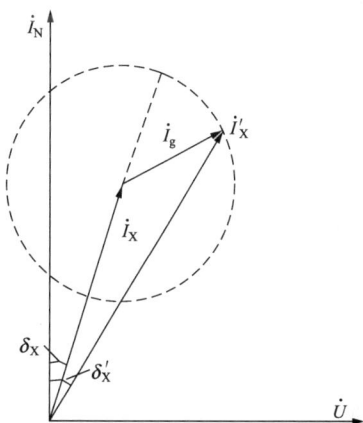

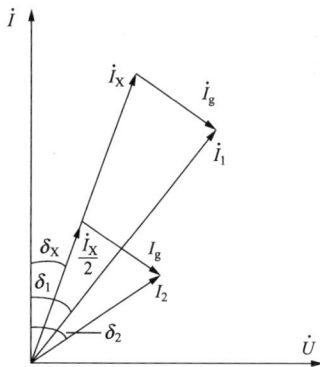

图 TYBZ01904005-4　分级加压向量图

由公式

$$\tan\delta_\mathrm{x} = \frac{2C_1\tan\delta_1 - C_2\tan\delta_2}{2C_1 - C_2}$$

和

$$C_\mathrm{x} = 2C_1 - C_2$$

进行计算即可。

5）选相、倒相法。轮流由 A、B、C 三相选取试验电源（选相），每次又在正反两种电源极性下（倒相）下测出 C_1、$\tan\delta_1$ 及 C_2、$\tan\delta_2$，选取三相中 $\tan\delta$ 差值最小的一相，由公式

$$\tan\delta_x = \frac{C_1 \tan\delta_1 + C_2 \tan\delta_2}{C_1 + C_2}$$

和

$$C = \frac{C_1 + C_2}{2}$$

进行计算即可。

6）移相法。采用移相器，使流过试品的电流 i_x 与干扰电流 i_g 同相或反相，则测得的 $\tan\delta$ 就与试品真实值一致，只是电容量 C_x 有差别，应反相再测一次，取平均值即可。用相移法消除干扰接线如图 TYBZ01904005-5 所示。

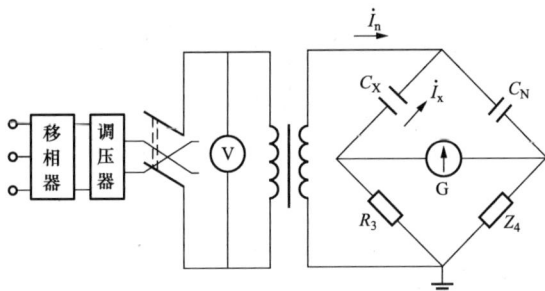

图 TYBZ01904005-5 移相法消除干扰接线图

7）改变频率法。这种方法是采用与本地区电网频率不同的另一种频率的电源作为试验电源，测量强电场干扰下电力设备的介质损耗因数，只需要添加一套变频电源。现在很多数字式电桥正是采用了变频法来消除电场的干扰。

3. 被试品表面泄漏影响

影响程度与被试品电容量大小成反比。消除影响一般采取将试品表面加以清洁，如电热风烘干等方式。不可采取加屏蔽环的方法，因为这样会改变试品表面的电场分布，导致试验数据失真。

【思考与练习】

1. 扩大西林电桥测试范围的方法有哪些？

2. 磁场干扰的产生原因、判断方法和消除措施是什么？

3. 电场干扰的产生原因、判断方法和消除措施是什么？

4. 消除试品表面泄漏影响采用什么措施？

模块 6　影响 tanδ 的因素和结果的分析（TYBZ01904006）

【模块描述】本模块介绍影响 tanδ 的因素和结果的分析。通过要点归纳，掌握温度、试验电压和试品电容量等对 tanδ 测量结果的影响，掌握对测量结果进行分析判断的方法。

【正文】

一、影响 tanδ 的因素

绝缘介质的 tanδ 值除受试品本身的绝缘状况、结构、介质材料、是否有分布性缺陷以及电磁场干扰等因素外，还受到以下因素的影响。

1. 温度的影响

温度对 tanδ 的影响程度随材料、结构的不同而异。一般情况下，tanδ 随温度上升而增加。为便于比较，应将不同温度下的 tanδ 值换算至 20℃。应当指出，由于被试品的温度换算系数不是十分符合实际，换算后往往误差较大。因此，尽量在同一温度或 10～30℃温度范围内测量。

2. 电压的影响

良好绝缘的 tanδ 不随电压的升高而明显增加。若绝缘内部有缺陷，则 tanδ 将随电压的升高而明显增加，tanδ 与电压的关系典型曲线如图 TYBZ01904006-1 所示。

3. 试品电容的影响

对电容量较小的设备（套管、互感器、耦合电容器等），测量 tanδ 能有效地发现局部集中性和整体分布性缺陷。但对电容量较大的设备（变压器、电力电缆等），测量 tanδ

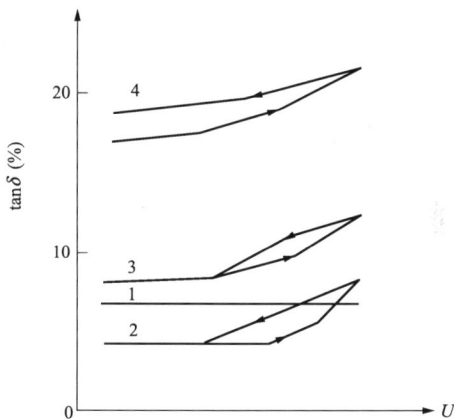

图 TYBZ01904006-1　tanδ 与电压的关系典型曲线

1—绝缘良好的情况；2—绝缘老化的情况；

3—绝缘中存在气隙的情况；4—绝缘受潮的情况

只能发现整体分布性缺陷，如存在局部集中性缺陷，由于其引起的损耗仅占总损耗的很小一部分而被掩盖。换言之，tanδ 发现缺陷的灵敏程度是由缺陷部分的体积占总体积的百分比决定的。

二、tanδ 结果分析

（1）与规程规定注意值（或警示值）比较。

（2）与历史数据比较，有时即使数据没有超标，但有明显增长趋势，也应引起注意。此时，可增加试验项目，以便对试品进行综合分析。

（3）与同类设备比较，数据不应有明显差异。

【思考与练习】

1. 温度及试验电压对 $\tan\delta$ 值有什么影响？

2. $\tan\delta$ 结果分析的主要方法是什么？

第五章 交流耐压试验

模块 1 工频交流耐压试验的目的、意义
（TYBZ01905001）

【模块描述】本模块介绍工频交流耐压试验的目的、意义。通过知识讲解，掌握工频交流耐压试验的目的和意义。

【正文】

一、工频交流耐压试验的目的

电力设备在运行中，绝缘长期受着电场、温度和机械振动的作用会逐渐发生劣化，形成缺陷。各种试验方法，各有所长，均能发现一些缺陷，反映出绝缘状况，除工频交流耐压试验以外的其他试验，试验电压往往都低于电力设备的工作电压，作为设备安全运行的保证还不够有力。工频交流耐压试验符合电力设备在运行中所承受的电气状况，同时交流耐压试验电压一般比运行电压高，因此工频交流耐压试验合格的设备都有较大的安全裕度。工频交流耐压试验的目的是考核电力设备的绝缘强度，验证设备是否具有在电网可靠安全运行的必要条件。

二、工频交流耐压试验的意义

工频交流耐压的试验电压一般比设备运行电压高的多，过高的试验电压会使绝缘介质发热、放电，会加速绝缘缺陷的发展，因此是一种破坏性试验。在进行工频交流耐压试验前，应先对被试设备进行各种非破坏性试验，如测量绝缘电阻、吸收比、介质损失因数 $\tan\delta$、直流泄漏电流试验等，在对各项试验结果综合分析后，方可进行工频交流耐压试验，防止在交流耐压试验过程中使缺陷扩大。工频交流耐压是鉴定设备绝缘好坏最有效和最直接的方法，是保证设备安全运行的一个重要手段。

【思考与练习】

1. 交流耐压试验的目的是什么？

2. 交流耐压试验的意义是什么？

3. 为什么要在常规试验后才可进行交流耐压试验？

模块 2　工频交流耐压试验的方法（TYBZ01905002）

【模块描述】本模块介绍常规接线和串级接线方式的工频交流耐压试验方法。通过对原理图的讲解，掌握工频交流耐压试验的接线和测试方法。

【正文】

工频交流耐压以其独到的有效性使得在绝缘试验中得到了广泛的应用，其常规试验接线有一般接线和串级接线两种。

一、一般接线

常规原理接线如图 TYBZ01905002-1 所示。

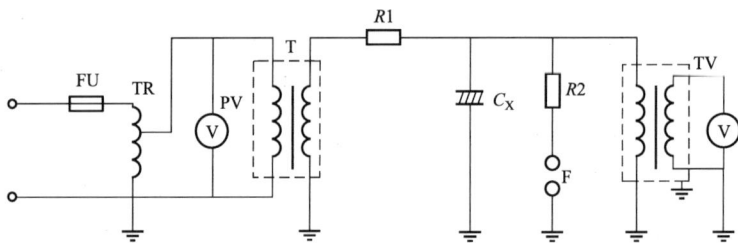

图 TYBZ01905002-1　交流耐压试验常规原理接线图

FU—熔断器；TR—调压器；PV—试验电压表；T—试验变压器；$R1$—限流电阻；
C_X—被试设备；$R2$—限流保护电阻；F—放电间隙；TV—测量用电压互感器。

试验回路中的熔断器能保证在试验回路发生短路和被试设备击穿时，能快速可靠地切断试验电源，以保证被试设备、仪器和试验人员的安全；测量电压互感器是用来测量被试设备上的电压，进行交流耐压的被试设备一般为容性负荷，当被试设备的容量较大时，流过试验回路的电容电流在试验变压器的漏抗上就会产生较大的电压降。由于被试设备的电压与试验变压器漏抗上的电压相位相反，可导致因电容电压升高而使被试设备上的电压比试验变压器上的电压高，因此要在被试设备上直接测量电压。

二、串级接线

在进行交流耐压试验中，当单台试验变压器输出电压无法满足试验要求时，可采用串级接线方法来获得更高的电压，两台试验变压器串级输出的原理接线图如图 TYBZ01905002-2 所示。

T1 为第一级，T2 为第二级，一般 T1 的绕组 1、绕组 3 和 T2 的绕组 1 的匝数都相等；T1 的绕组 2 和 T2 的绕组 2 的匝数也相等。因 T2 的能量要有 T1 供给，所

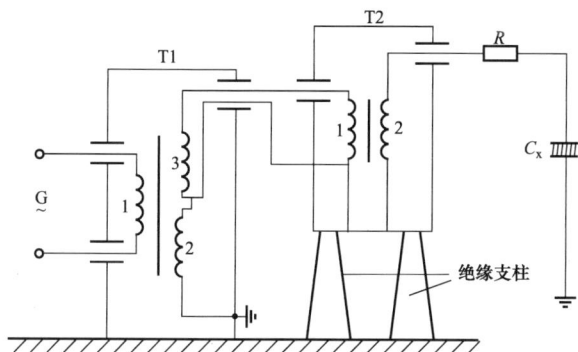

图 TYBZ01905002-2　两台试验变压器串级输出的原理接线图

T1——一级试验变压器；T2——二级试验变压器；R——保护电阻；C_x——试品

以 T1 的容量应为 T2 的 2 倍，若两极变压器的变比均为 K，则串级后的变压比应为 2K。试验时 T2 的外壳对地电压与 T1 的高压输出电压相同，因此 T2 的外壳要按 T1 输出高压要求对地绝缘，同时还要将 T2 低压侧绕组的一端、铁心、外壳以及高压绕组的低压端连接在一起，保持等电位。两极在串级接线时，应注意极性的配合，极性如果接错，则 T2 的高压端输出对地电压为 0，但此时 T2 的金属外壳对地有较高的电压。

【思考与练习】

1. 画出单台试验变压器交流耐压试验原理接线图。

2. 画出两台变压器串级接线原理接线图。

模块 3　工频交流耐压试验分析及注意事项（TYBZ01905003）

【模块描述】本模块介绍工频交流耐压试验分析及注意事项。通过要点归纳，掌握根据表计、控制回路、试品状况进行分析的方法，掌握工频交流耐压试验的注意事项。

【正文】

一、工频交流耐压试验分析

工频交流耐压试验中，被试设备在试验电压下未被击穿，则认为耐压试验合格，否则判定被试设备不合格。

1. 表计判断

一般情况下，若电流表计指示突然上升，则表明被试设备击穿，在试验中也有被试设备被击穿时，试验回路的电流不变，甚至有减小的情况。工频交流耐压试验的等值电路如图 TYBZ01905003-1 所示。

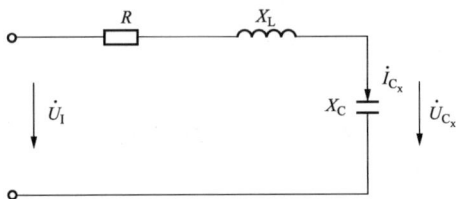

图 TYBZ01905003-1　工频交流耐压试验的等值电路图

根据等值电路图可推算出

$$I = \frac{U}{\sqrt{R^2 + (X_C - X_L)^2}}$$　　　　（TYBZ01905003-1）

当被试设备击穿时，相当于 X_C 短路，此时电流为

$$I = \frac{U}{\sqrt{R^2 + X_L^2}}$$　　　　（TYBZ01905003-2）

通过比较可以看出：

当 $X_C - X_L = X_L$，即 $X_C = 2X_L$ 时，击穿前后电流不变；

当 $X_C - X_L > X_L$，即 $X_C > 2X_L$ 时，击穿后电流增加；

当 $X_C - X_L < X_L$，即 $X_C < 2X_L$ 时，击穿电流减小；

式中　X_C——被试设备容抗，Ω；

　　　X_L——试验变压器漏抗，Ω；

　　　I——回路试验电流，A；

　　　U——试验电压，V。

一般情况下 X_C 远大于 X_L，因此击穿后电流增加，电流指示上升。

2. 控制回路判断

如果过流继电器整定适当（一般整定为试验变压器额定电流的 1.3～1.5 倍），过流继电器动作使电源开关断开，则表明被试设备可能已被击穿。

3. 异常情况判断

被试设备在进行试验过程中，发生击穿、冒烟、有气味等现象，如果确定这些现象是设备内部发生的，则认为是被试设备有绝缘缺陷或已击穿。

二、工频交流耐压的注意事项

（1）试验中应严格执行"规程"中所规定的试验电压数值大小。

（2）在升压过程中如果发现电压表摆动大，或电流表指示电流急剧上升，绝缘有烧焦或冒烟以及被试设备发生异常声响等不正常现象，应立刻降压，断开电源刀闸，停止试验，并查明原因。

（3）被试品为有机绝缘材料时，试验后应立即触摸，如出现普遍或局部发热，则认为绝缘不良，应处理后再进行试验。

（4）在夹层绝缘或有机绝缘材料的设备，如果耐压试验后的绝缘电阻比耐压前下降30%以上，则该设备不合格。对于纯瓷绝缘或表面以瓷绝缘为主的设备，易受当时气候条件的影响，可酌情处理。

（5）在试验过程中，若空气湿度、温度或表面脏污等的影响，仅引起表面滑闪放电或空气放电，则不应认为不合格。在经过清洁、干燥处理后，再次进行试验，若并非外界因素的影响，而是由于瓷件表面釉层绝缘损伤、老化等引起的，则应认为不合格。

（6）升压必须从 0 电压开始，不可冲击合闸。升压速度在 75%试验电压以前可快速匀速升到，其后应以每秒 2%试验电压的速度升压。

（7）耐压试验前后应测量被试设备的绝缘电阻。

【思考与练习】

1. 进行大容量被试品工频耐压时，当被试品被击穿时电流表指示一般是上升，但为什么有时也会下降或不变？

2. 交流耐压试验时对升压速度如何规定？

模块 4　电力系统中倍频电源的获取（TYBZ01905004）

【模块描述】本模块介绍电力系统中倍频电源的获取。通过对原理图的讲解，熟悉利用电动机组、晶闸管变频调压逆变电源、变压器以及高频发电机组获取高频电源的方式。

【正文】

在对变压器或电压互感器设备进行交流感应耐压试验时，一般从低压侧施加比额定电压高一定倍数的电压，靠其自身的电磁感应在高压绕组上得到所需的试验电压来检验设备的主绝缘和纵绝缘强度，特别是对分级绝缘的变压器或电压互感器，由于不能采用外施高压进行工频交流耐压试验，其主绝缘和纵绝缘状态主要由感应耐压来考察。

为了提高试验电压，又不使铁心饱和，多采用提高电源频率的方法，这可从变压器的电动势方程来解释，感应电动势与频率和磁通密度的关系如下

$$E=kfB \qquad \text{（TYBZ01905004-1）}$$

式中　E——感应电势，V；

模块 4

TYBZ01905004

k——常数；

f——频率，Hz；

B——磁通密度，T。

由此可见，若欲保持磁通不变，当需要电压增加一倍时，频率 f 就要相应地增加一倍。因此，感应耐压试验的频率一般要大于额定频率两倍以上。

获得倍频电压的常见方法有以下四种。

一、利用两台电动机组取得高频电源

用一台三相异步鼠笼电动机，驱动一台三相转子为绕线式的异步电动机，异步倍频发生器如图 TYBZ01905004–1 所示。

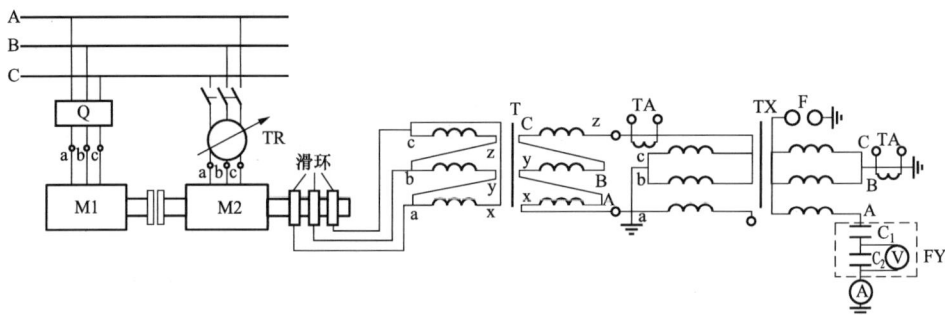

图 TYBZ01905004–1　两台电动机组取得高频电源原理接线图

Q—启动器；M1—鼠笼电动机；M2—绕线式电动机；TR—调压器；

T—升压变压器（其中 c 相反接，使三相电压矢量相加）

启动过程中先启动鼠笼式电动机 M1 至额定转速，然后用与鼠笼式电动机相序相反的三相电源，经调压器 TR 对绕线式异步电动机 M1 定子励磁，便在定子中产生与其转子旋转方向相反的旋转磁场。由于驱动绕线式电动机转子的速度与旋转磁场的速度接近，但旋转方向相反，于是便在绕线式转子绕组中感应出两倍与系统频率的电压，其值的大小可由调压器调整定子励磁而定。值得注意的是，在启动过程中，必须先启动鼠笼式电动机，再合上调压器逐渐升压。

二、晶闸管变频调压逆变电源

这种方法是应用晶闸管逆变技术来产生高频电源，可作感应耐压试验电源，这种变频电源重量轻，可利用 380V 低压交流电源，装置兼有调压作用。逆变电源外形如图 TYBZ01905004–2 所示。

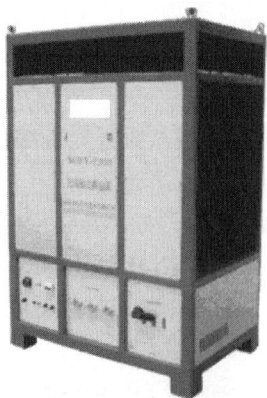

图 TYBZ01905004–2　逆变电源外形图

三、用星形—开口三角形接线的变压器获得三倍频电源

将 3 台单相变压器的一次绕组接成星形，二次绕组接成开口三角形，由三台单相变压器构成 3 倍频发生器原理如图 TYBZ01905004-3 所示。一次侧接工频电源，适当过励磁，由于正弦波电流在饱和的铁心中产生非正弦的磁通，由此感应的电动势也是非正弦波，而其中主要成分是基波和 3 次谐波分量。因变压器的一次绕组接成星形，所以 3 次谐波没有通路，在二次侧的三角形开口端，三相绕组基波感应电动势的相量和为零，而 3 次谐波感应电动势相位相同，因此，从开口三角输出 150Hz 的高频电压。

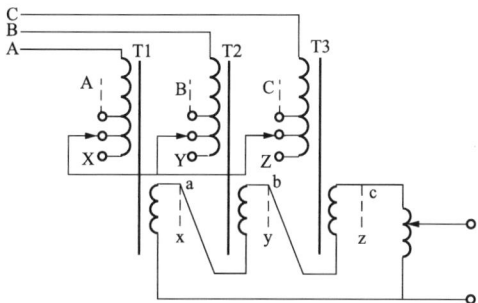

图 TYBZ01905004-3　3 倍频发生器原理接线图

四、高频发电机组

它是由一个电动机拖动一个高频的周期发电机所组成。发电机组的调压是通过改变励磁变压器，用励磁机来调节对发电机转子的励磁，从而达到发电机的定子输出电压平滑可调的目的。

【思考与练习】

1. 感应耐压试验时，为什么要增大频率？
2. 简述用星形—开口三角形接线获得 3 倍频电源的原理。
3. 电力系统中获取倍频电源的方法有几种？

模块 5　串联谐振装置的原理（TYBZ01905005）

【模块描述】本模块介绍串联谐振装置的原理。通过对原理的讲解，熟悉串联谐振装置的组成，掌握中串联谐振的条件以及电路中电流、电压、品质因数的关系。

【正文】

大型的变压器、发电机、电力电缆、GIS 等电容量较大的设备进行交流耐压试验，需要大容量的试验变压器、调压器和试验电源，现场往往很难做到。在此情况下常采用串联谐振的方法来解决试验电源容量不足的问题。

串联谐振主要解决试验变压器额定电流能满足试验需求，而额定输出电压小于试验电压的情况。串联谐振的等效电路图如图 TYBZ01905005-1（a）所示，其试验回路相量图如图 TYBZ01905005-1（b）所示。

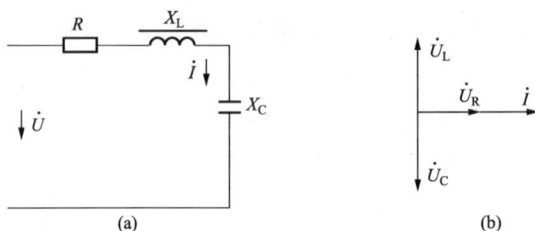

图 TYBZ01905005-1 串联谐振等效电路及相量图

(a) 等效电路; (b) 相量图

调节试验回路中的电容、电感、电源频率都可以使电感与电容处于串联谐振状态，即 $\omega L = \dfrac{1}{\omega C}$。此时在电感和电容器上的电压可以大大超过回路外加电压，达到以低电压、小容量电源来使被试设备的绝缘承受高电压的目的。流过高压回路的电流，在谐振时达到最大值，即

$$I_{max} = \frac{U}{R} \qquad (TYBZ01905005-1)$$

式中　R——高压回路等效电阻，Ω；

$\quad I_{max}$——高压回路电流，A；

$\quad U$——试验变高压输出电压，V。

当采用可调式电抗器进行补偿时，可调节 X_L，使其与 X_C 相等，此时回路中发生串联谐振，电路中电流为

$$I = \frac{U}{\sqrt{R^2 + (X_L - X_C)^2}} = \frac{U}{R} \qquad (TYBZ01905005-2)$$

此时被试设备上的电压 U_C 和电抗器上电压 U_L 相等，即

$$U_C = U_L = I X_L = \frac{U}{R} X_L = QU$$

$$Q = \frac{X_L}{R} \qquad (TYBZ01905005-3)$$

式中　Q 为电抗器的品质因数，一般电抗器品质因数为 10~40。

【思考与练习】

1. 试验回路中串联谐振条件是什么？

2. 串联谐振试验中对电抗器的品质因数有何要求？

模块6 串联谐振装置的结构 (TYBZ01905006)

【模块描述】本模块介绍串联谐振装置的结构。通过对原理图讲解、结构分析和图片展示，掌握串联谐振装置的原理及特点，掌握变频式串联谐振试验装置的结构及各组成部分的作用。

【正文】

串联谐振可通过调节电感、电容或频率使电路达到谐振条件 $X_L=X_C$，由于该试验大多是针对现场大电容设备进行的，因而电容确定后，一般通过采用调感或调频来进行补偿使试验回路达到串联谐振状态。

一、调感式串联谐振试验装置

采用铁心气隙可调节的高压电抗器，其缺点是噪声大、机械结构复杂、设备笨重、运输困难，但试验电源频率一般为工频。目前调感式串联谐振试验装置应用较少。

调感式串联谐振耐压试验装置结构原理如图 TYBZ01905006-1 所示。

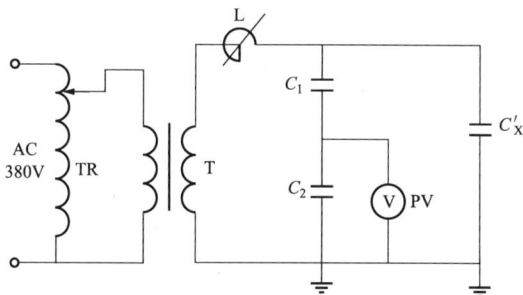

图 TYBZ01905006-1 调感式串联谐振耐压试验原理接线图

TR—调压器；T—输出变压器；L—可调电抗；C_1、C_2 —分压器；C'_x —被试品

当调节电抗器使谐振条件满足，即 $\omega L = \dfrac{1}{\omega C}$ 时，可使被试品上获得的电压为电源电压的 Q 倍。其中，C 是分压器的电容 C_1 和 C_2 串联后与被试品的等值电容 C'_x 并联之和，L 是电抗器的电感量。

二、调频式串联谐振试验装置

采用固定的高压电抗器，试验回路由可控硅变频电源装置供电，频率在一定范围内调节，其特点是尺寸小、质量轻、品质因数高，但试验电源频率非工频，不过均认为试验电压频率在 10～300Hz 范围内与工频电压试验基本等效。目前调频式串联谐振试验装置已被广泛应用。

变频式串联谐振耐压试验原理接线如图 TYBZ01905006-2 所示。

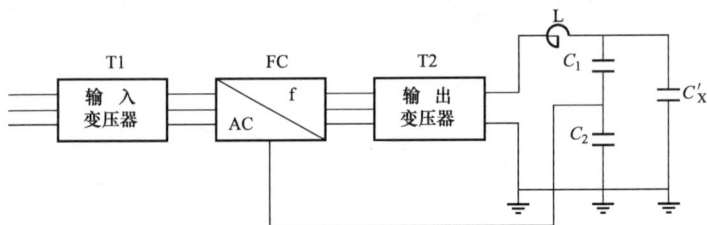

图 TYBZ01905006-2 变频式串联谐振耐压试验原理接线图

T1—输入变压器；FC—变频电源柜；T2—输出变压器；L—固定电压电抗器；C_1、C_2—分压器；C'_X—被试品

当调节变频柜输出电压频率达到谐振条件，即 $f = \dfrac{1}{2\pi\sqrt{LC}}$ 时，可使被试品上获得的电压为电源电压的 Q 倍，即被试品上得到的容量为试验电源容量的 Q 倍。

变频式串联谐振试验装置一般分为以下四部分：

1. 变频谐振电源

变频串联谐振系统的核心设备，其作用是将 AC220V/380V，50Hz 电源变为频率可调、电压可调，同时集保护、控制、监测功能于一体。变频谐振电源如图 TYBZ01905006-3 所示。

2. 励磁变压器

将变频谐振电源输出的电压升压，同时隔离高压和低压。励磁变压器如图 TYBZ01905006-4 所示。

3. 谐振电抗器

又称高压电抗器，主要作用是与试品发生串联谐振。电抗器可串、可并，可满足多种试验要求。谐振电抗器如图 TYBZ01905006-5 所示。

图 TYBZ01905006-3 变频谐振电源

图 TYBZ01905006-4 励磁变压器

图 TYBZ01905006-5 谐振电抗器

4. 分压器和补偿电容器

主要用于测量试品上的高压电压值。补偿电容器用来补偿小电容试品，使谐振频率达到规定范围。分压器和补偿电容器如图 TYBZ01905006–6 所示。

变频式串联谐振试验装置不同于一般通用的试验仪器，最大的特点是同一套设备可以用于不同电气设备的交流耐压试验，试验人员也可根据不同的被试品和试验要求进行配置。

图 TYBZ01905006–6　分压器、补偿电容器

【思考与练习】

1. 变频式串联谐振试验装置一般由哪几部分组成？

2. 变频式串联谐振试验装置中分压器和补偿电容器分压器的作用？

模块 7　串联谐振装置的试验方法（TYBZ01905007）

【模块描述】本模块介绍串联谐振装置的试验方法。通过操作步骤、原理图的讲解和要点归纳，掌握串联谐振装置的试验方法、试验接线及串联谐振耐压的优点。

【正文】

串联谐振试验装置广泛应用于电缆、变压器和 GIS 等大容量试品交流耐压试验中。特别是变频式串联谐振装置，应用更加广泛。

一、试验方法

变频式串联谐振试验装置由调频电源、励磁变压器、谐振电抗器和电容分压器组成。被试品的电容与电抗器构成串联谐振回路，分压器并联在被试品上，用于测量被试品的谐振电压值，并作为过电压保护信号。调频调压的功率经激励变压器耦合给串联谐振回路，提供串联谐振的激励功率。调频式串联调谐耐压试验装置结构原理如图 TYBZ01905007–1 所示。

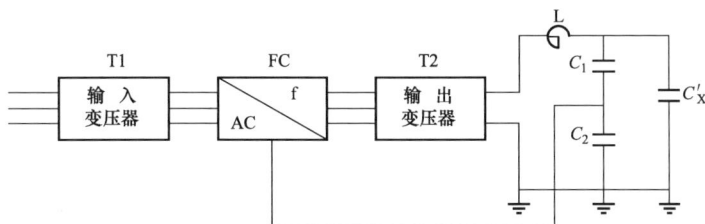

图 TYBZ01905007–1　调频式串联调谐耐压试验装置结构原理

T1—输入变压器；FC—变频电源柜；T2—输出变压器；L—固定电压电抗器；C_1、C_2—分压器；C'_X—被试品

　　试验前，首先应根据被试品的不同确定试验电压，测量或查阅确定试品电容量；然后选择适当参数（电感量、额定电流、额定电压）的谐振电抗器及数量，进行试验接线。接线无误后调节电源输出频率，根据谐振时被试品上的电压找到谐振点，再增加电源输出电压，使被试品上的电压达到规定值。在此电压值下，保持规定的时间后，降低电压到零，完成变频谐振耐压试验全过程。

二、试验接线

　　图 TYBZ01905007–2 为各类试品谐振耐压试验原理接线图。

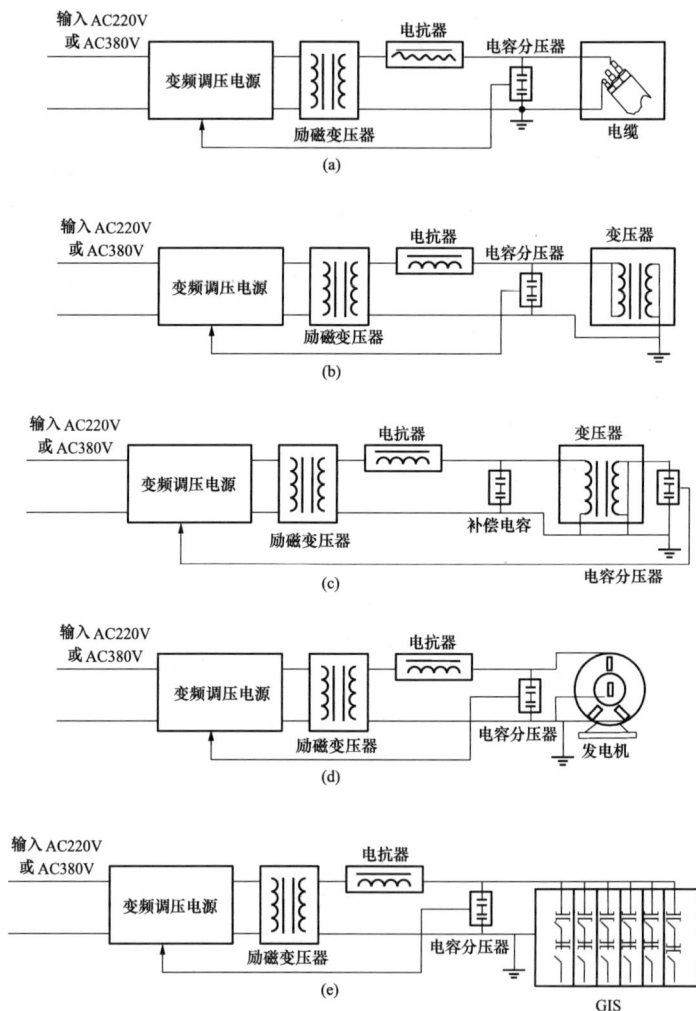

图 TYBZ01905007–2　各类试品谐振耐压试验原理接线图

（a）电缆耐压试验原理图；（b）变压器耐压试验原理图；（c）变压器感应耐压试验原理图；

（d）发电机耐压试验原理图；（e）GIS 耐压试验原理图

三、串联谐振耐压的优点

谐振耐压试验方法是通过改变试验系统的电感量、电容量和试验频率，使回路处于谐振状态，这样试验回路中试品上的大部分容性电流与电抗器上的感性电流相抵消，电源供给的能量仅为回路中消耗的有功功率，为试品容量的 $1/Q$（Q 为系统的谐振因数）；因此试验电源的容量降低，重量大大减轻。

变频串联谐振耐压试验是利用电抗器的电感与被试品电容实现谐振，在被试品上获得高电压，是当前高电压试验比较成熟的方法，在国内外已经得到广泛的应用。

变频串联谐振是谐振式电流滤波电路，能改善电源波形畸变，获得较好的正弦电压波形，有效防止谐波峰值对被试品的误击穿。变频串联谐振工作在谐振状态，当被试品的绝缘点被击穿时，电流立即脱谐，回路电流迅速下降。发生闪络击穿时，因失去谐振条件，除短路电流立即下降外，高电压也立即消失，电弧即可熄灭。其恢复电压的再建立过程很长，很容易在再次达到闪络电压断开电源，所以适用于高电压、大容量的电力设备的绝缘耐压试验。

【思考与练习】

1. 串联谐振耐压的优点是什么？
2. 串联谐振耐压试验前应该做那些工作？

模块 8　串联谐振装置的试验数据分析及注意事项（TYBZ01905008）

【模块描述】本模块介绍串联谐振装置的试验数据分析及注意事项。通过案例分析和要点归纳，掌握串联谐振装置的试验数据的分析方法以及串联谐振试验中的注意事项。

【正文】

一、试验数据分析

下面以电缆设备为例，进行试验数据的分析。

1. 电缆试品参数及试验条件

110kV 1200mm² XLPE 1km 电力电缆，每千米电容量为 0.25μF；试验电压为 $1.7U_0$；试验时间为 5～60min；试验频率为 30～300Hz。

2. 试验参数计算

电力电缆在 35Hz 最低频率下的试验电流为

$$I=2\pi fcl\times 1.7U_0 \qquad\qquad (\text{TYBZ01905008-1})$$
$$=2\times\pi\times 35\times 0.25\times 10^{-6}\times 1\times 1.7\times 64\times 10^3$$
$$=6（A）$$

TYBZ01905008

模块 8

式中　f——试验频率，Hz；

　　　c——每公里电容量，μF/km；

　　　l—— 试品长度，km；

　　　U_0——电缆设计用的导体与屏蔽或金属套之间的额定工频电压，kV。

设备标称电感量的计算：

根据

$$L = \frac{1}{(2\pi f)^2 cl}$$

对于 110kV 1200mm^2 XLPE 1km 电力电缆在 35Hz 下的电感为

$$L = \frac{1}{(2\times\pi\times35)^2 \times 0.25\times10^{-6}} = 83（H）$$

由此得：高压电抗器的标称电感为单台 160 H，共计 2 台，每台电压为 120kV，电流为 3A，可以串、并联使用。组合方式为：2 台并联，组合后参数为：$L = 80H$ $I = 6A$ $U = 120kV$ 可以做 110kV 电力电缆 1km 的耐压试验。

3. 电源的配置

满足 110kV 电缆试验时

$$P = UI = 110\times6 = 660（kvar）$$

满足整套设备时

$$P = UI = 120\times6 = 720（kvar）$$

系统 Q 值为 40 时，电源容量选 18kW。

因此选择 20kW 的变频电源。

二、注意事项

（1）谐振电源产品大多都是高压试验设备，要求由高压试验专业人员使用，使用前应仔细阅读使用说明书，并经反复操作训练。

（2）操作人员应不少于 2 人。使用时应严格遵守本单位有关高压试验的安全作业规程。

（3）为了保证试验的安全正确，除必须熟悉本产品说明书外，还必须严格按国家有关标准和规程进行试验操作。

（4）根据被试品电容量，选择适当参数（电感量、额定电流、额定电压）的谐振电抗器及数量。

（5）各连接线不能接错，特别是接地线不能接错，否则可导致试验装置损坏。

（6）本装置使用时，输出的是高电压或超高电压必须可靠接地，注意操作安全距离。

（7）串联谐振试验系统是利用谐振电抗器与被试品谐振产生高电压的，也就是说，能不能产生高电压主要是看试品与谐振电抗器是否谐振。所以，试验人员在分析现场不能够产生所需高电压时，应该分析什么破坏了谐振条件，回路是否接通等。

（8）串联谐振试验系统的励磁变压器有特定的电压和电流要求，在选用代替品时，一定要考虑电压和电流，不能采用只是容量相同的普通的试验变压器。

（9）天气情况对 Q 值影响很大，阴天或湿度较大的天气，Q 会减小 30%，故该项试验最好选择在晴天或较干燥的天气进行。

【思考与练习】

1. 串联谐振试验中试验电流怎样计算？
2. 串联谐振试验中的注意事项是什么？

第六章 绝缘油试验

模块 1 绝缘油的验收及其标准 （TYBZ01906001）

【模块描述】 本模块介绍绝缘油的验收及其标准。通过以表单形式列举要点，了解新油和投运前的油质验收方法，掌握绝缘油的验收标准。

【正文】

绝缘油在变压器、电容器、互感器、油断路器等高压电器设备上的应用非常广泛。绝缘油起着加强绝缘、冷却和灭弧的作用。对绝缘油的检验分为新油、投运前的油，下面简要介绍这两种油的检验、验收和标准。

一、新油验收

新油指未使用过的充入设备前的油。新油验收应严格按有关标准方法和程序进行。其检验标准是国产变压器油符合 GB2536 标准（见表 TYBZ01906001-1），超高压变压器油符合 SH0040 标准（见表 TYBZ01906001-2），断路器油符合 SH0351 标准（见表 TYBZ01906001-3）。

表 TYBZ01906001-1　　　　　新变压器油质量标准

项　目	质　量　标　准			试　验　方　法
牌　号	10	25	45	
外　观	透明，无悬浮物和机械杂质			目　测
密度（20℃；kg/m^3）		895		GB/T 1884 GB/T 1885
运动黏度（mm^2/s） 40℃ −10℃ −30℃	≤13 — —	≤13 ≤200 —	≤11 — ≤1800	GB/T 265
倾点（℃）	−7	−22	报告	GB/T 3535
凝点（℃）	—		≤−45	GB/T 51023
闪点（闭口，℃）	≥140		≥135	GB/T 261
酸值（mgKOH/g）	≤0.03			GB/T 264

续表

项　目	质量标准			试验方法
牌　号	10	25	45	
腐蚀性硫	非腐蚀性			SH/T 0304
氧化安定性 氧化后酸值（mgKOH/g） 氧化后沉淀（%）	≤0.2 ≤0.05			SH/T 0206
水溶性酸或碱	无			GB/T 259
击穿电压（kV）	≥35			GB/T 507
介质损耗因数（90℃）	≤0.005			GB/T 5654
界面张力（mN/m）	≥40		≥38	GB/T 6541
水分（mg/kg）	报告			GB/T 0207

表 TYBZ01906001–2　　新超高压变压器油质量标准

项　目	质量标准		试验方法
牌　号	25	45	
外观	透明，无悬浮物和机械杂质		目测
色度（号）	≤1		GB/T 6540
密度（20℃；kg/m³）	≤395		GB/T 1884 GB/T 1885
运动黏度（mm²/s） 100℃ 40℃ 0℃	报告 ≤13 报告	报告 ≤12 报告	GB/T 265
苯胺点（℃）	报告	报告	GB/T 262
倾点（℃）	≤-22	报告	GB/T 3535
凝点（℃）	—	≤-45	GB/T 510
闪点（闭口，℃）	≥140	≥135	GB/T 261
腐蚀性硫	非腐蚀性		SH/T 0304
水溶性酸或碱	无		GB/T 259
氧化安定性 酸值（mgKOH/g） 沉淀（%）	≤0.4 ≤0.2		SH/T 0206
击穿电压（kV）	≥35		GB/T 507
介质损耗因数（90℃）	≤0.005		GB/T 5654
界面张力（mN/m）	≥40	≥38	GB/T 6541
水分（mg/kg）	报告		GB/T 0207
析气性（μL/min）	≤+5		GB/T 11142
比色散	报告		SH/T 0205

表 TYBZ01906001-3　　　　新断路器油质量标准

项　目	质　量　标　准	试　验　方　法
外观	透明，无悬浮物和机械杂质	目测
密度（20℃，kg/m³）	≤395	GB/T 1884 GB/T 1885
运动黏度（mm²/s） 40℃ −30℃	≤5 ≤200	GB/T 265
倾点（℃）	≤−45	GB/T 3535
酸值（mgKOH/g）	≤0.03	GB/T 264
闪点（闭口，℃）	≥95	GB/T 261
铜片腐蚀（T，铜片，100℃，3h）	≤1	SH/T 5096
水分（mg/kg）	≤35	GB/T 0207
界面张力（mN/m）	≥35	GB/T 6541
介电强度（kV）	≥40	GB/T 507
介质损耗因数（90℃）	≤0.003	GB/T 5654

二、投运前验收

投运前油质验收的目的是检查油的各项指标是否符合标准要求，以确保充油电气设备的安全投运。其验收标准是 GB 50150—2006《电气装置安装工程电气设备交接试验标准》（见表 TYBZ01906001-4）。

表 TYBZ01906001-4　　　　投运前油质量标准

项　目	质　量　标　准				试　验　方　法
外观	透明，无悬浮物和机械杂质				目测
水溶性酸	>5.4				GB/T 7598
酸值（mgKOH/g）	≤0.03				GB/T 7599
闪点（闭口，℃）	不低于	DB-10 140	DB-25 140	DB-45 135	GB 261
水分（mg/kg）	500kV：≤10 220～330kV：≤15 110kV 及以下电压等级：≤20				GB/T 7600 或 GB/T 7601
界面张力（mN/m）	≥35				GB/T 6541
介质损耗因数（90℃）	注入电气设备前：≤0.5 注入电气设备后：≤0.7				GB/T 5654
击穿电压（kV）	500kV：≥60 330kV：≥50 60～220kV：≥40 35kV 及以下电压等级：≥35				GB/T 507

续表

项　目	质 量 标 准	试 验 方 法
体积电阻率（90℃，Ωm）	$\geqslant 6 \times 10^{10}$	GB/T 5654 或 GB/T 421
油中含气量（%，体积分数）	330～500kV：≤1	DL/T 423 或 DL/T 450
油泥与沉淀物（%，质量分数）	≤0.02	GB/T 511
油中溶解气体组分含量色谱分析（μL/L）	变压器：总烃≤20；H_2：≤20；C_2H_2：0 互感器：总烃≤10；H_2：≤50；C_2H_2：0 套管：总烃≤10；H_2：≤150；C_2H_2：0	GB/T 17623 GB/T 7252 DL/T 722

【思考与练习】

1. 绝缘油的验收分为哪几种？

2. 简述投运前油的各项标准。

模块2 绝缘油电气性能试验（TYBZ01906002）

【模块描述】 本模块介绍绝缘油电气强度试验及介质损耗因数试验。通过要点归纳，掌握绝缘油电气性能试验项目的目的、方法、判断标准及注意事项。

【正文】

一、电气强度试验

1. 试验目的

电气强度试验及击穿电压试验，用来检验绝缘油被水分和其他悬浮物质物理污染的程度，击穿电压是表示绝缘油电气性能好坏的主要参数之一。

2. 试验方法

击穿电压试验所用设备除专用油杯外，其他的与交流耐压试验相同。目前现场多采用成套的专用油耐压试验器。专用的油耐压试验仪器具有自动测试、自动搅拌、自动处理、自动打印等功能，放好油杯后只需按动"运行"键即可完成全部测试。油耐压试验器外形如图 TYBZ01906002-1 所示。

3. 判断标准

运行中油的试验标准为：

15kV 以下，击穿电压≥25kV；15～35kV，击穿电压≥30kV；

66～220kV，击穿电压≥35kV；330kV，击穿电压≥45kV；

图 TYBZ01906002-1 油耐压试验器外形图

500kV，击穿电压≥50kV。

投运前油的试验标准为：

35kV 及以下，击穿电压≥35kV；60～220kV，击穿电压≥40kV；
330kV，击穿电压≥50kV；500kV，击穿电压≥60kV。

4. 注意事项

（1）严格按照仪器使用说明书进行。

（2）使用前应把设备外壳接地，以保证人身安全。

（3）电极间距离需校准，为 2.5±0.1mm。

（4）需进行 6 次试验，取 6 次的平均值作为试验结果。

（5）试验时温度在 15～35℃范围内，湿度不超过规定的 75%。

二、介质损耗因数试验

1. 试验目的

油的介质损耗因数即 $\tan\delta$ 值是反映油质受到污染或老化的重要电气指标。

2. 试验方法

同油的耐压仪器一样，介质损耗因数试验也采用了成套的专用油介损试验器，外形如图 TYBZ01906002-2 所示。

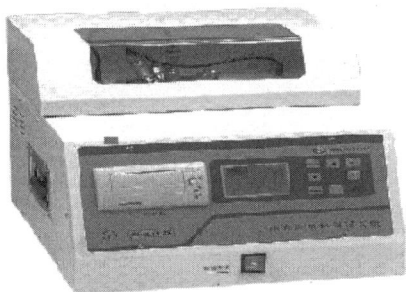

图 TYBZ01906002-2　油介损试验器外形图

3. 判断标准

运行中油的试验标准为：

300kV 及以下，$\tan\delta$（90℃）%≤4；
500kV，$\tan\delta$（90℃）%≤2。

投运前油的试验标准为：

注入电气设备前，$\tan\delta$（90℃）%≤0.5；注入电气设备后，$\tan\delta$（90℃）%≤0.7。

4. 注意事项

（1）严格按照仪器使用说明书进行。

（2）保持试油不受污染，所取油样玻璃瓶应密封、避光，必要时进行空杯的介质损耗测量。

（3）严格按照试验标准进行，特别注意温度、施加电压的频率及电压大小等因素对试验的影响。

【思考与练习】

1. 油电气强度试验及介质损耗因数试验的目的是什么？

2. 运行中及投运前油的电气强度及介质损耗因数的标准值是多大？

模块 3 油中溶解气体的气相色谱分析（TYBZ01906003）

【模块描述】本模块介绍油中溶解气体的气相色谱分析。通过以表单形式列举要点和流程介绍，掌握绝缘油故障时产生的气体特征及特定意义，熟悉油中溶解气体色谱分析的方法。

【正文】

油中溶解气体分析具有不停电检测和能检测出缓慢发展的早期潜伏性故障等特点，已成为提高充油设备运行可靠性的有效方法之一，被广泛应用。

一、分析的理论基础

在新绝缘油的溶解气体中，通常只含有 N_2、O_2 及少量的 CO_2，并不含有低分子烃（CH_4、C_2H_6、C_2H_4、C_2H_2 等）。

正常运行的绝缘油和绝缘材料在电和热的作用下，会分解出少量的 CO_2、CO 和低分子烃，正是因为在新绝缘油有关组分的基础值较低，为识别故障下特征气体的明显增长提供了有利条件。

当设备内部发生放电性或过热性故障时，会加速 CO_2、CO、H_2 和低分子烃的产气速度和数量。不过，在故障初期时，这些气体的增长还不足以引起气体继电器轻者发信号，重者跳闸动作，因此通过分析油中溶解的气体，就能及早确定变压器的内部故障。

二、故障表征

设备内部故障性质不同、严重程度不同所产生的气体组分和气体量也不同。油中各种溶解气体的故障表征见表 TYBZ01906003–1。

表 TYBZ01906003–1　　油中各种溶解气体的故障表征

被分析的气体		故 障 表 征
气体组分	H_2	判别过热温度，或是否有局部放电情况和受潮情况
	CH_4	过热故障的热点温度情况
	C_2H_6	
	C_2H_4	
	C_2H_2	有无放电现象或存在极高的热点温度
	CO	固体绝缘的老化情况或内部平均温度是否过高
	CO_2	与 CO 结合，固体绝缘有无热分解

在油中溶解气体色谱分析中，常把与故障性质密切相关的气体组分称为特征气体，如 CH_4、C_2H_4、C_2H_2 和 CO 等。其中，把甲烷（CH_4）、乙烷（C_2H_6）、乙烯（C_2H_4）、

乙炔（C_2H_2）四种气体的组合称为总烃，也可写为 C_1+C_2（甲烷为 C_1，乙烷、乙烯、乙炔为 C_2）。

三、油中溶解气体色谱分析过程简介

油中溶解气体色谱分析的全过程包括：从充油电气设备中取样，从油中脱出溶解气体，配置标准气样，气体进入色谱仪进行分析，记录各组分的定量值，判断缺陷性质。油色谱仪外形如图 TYBZ01906003-1 所示。

图 TYBZ01906003-1　油色谱仪外形图

【思考与练习】

1. 绝缘油故障时总烃指哪几种特征气体？
2. 特征气体乙炔表征设备什么缺陷？

模块 4　通过油中溶解气体进行故障判断（TYBZ01906004）

【模块描述】本模块介绍通过油中溶解气体进行故障判断。通过以表单形式列举要点，掌握用特征气体法和三比值法对油中溶解气体分析结果的判断方法。

【正文】

油中溶解气体分析结果的判断，常采用特征气体法和三比值法。

一、特征气体法

进行故障分析时，首先注意的是那些反映故障性质的特征气体的含量和变化。当油中气体超过规程注意值时，应引起注意。各种充油电气设备油中气体含量的注意值见表 TYBZ01906004-1。

表 TYBZ01906004-1　各种充油电气设备油中气体含量的注意值

设　　备	气体成分	含量μL（气）/L（油）	
		220kV 及以上	110kV 及以下
变压器和电抗器	总烃	150	150
	乙炔	1（500kV）	5（110～220kV）
	氢	150	150
电流互感器	总烃	100	100
	乙炔	1	2
	氢	150	150

续表

设 备	气体成分	含量μL（气）/L（油）	
		220kV 及以上	110kV 及以下
电磁式电压互感器	总烃	100	
	乙炔	2	
	氢	150	
套管	甲烷	100	100
	乙炔	1	2
	氢	500	500

不同故障类型的气体组合特征见表 TYBZ01906004–2。

表 TYBZ01906004–2 不同故障类型的气体组合特征

序号	故 障 类 型	气体的结合特征
1	裸金属过热	总烃高，CO、C_2H_2 均在正常范围
2	金属过热并涉及固体绝缘	总烃高，开放式变压器 CO>300μL/L，乙炔在正常范围
3	固体绝缘过热	总烃在 100μL/L 左右，开放式变压器的 CO>300μL/L
4	金属过热并有放电	总烃高，C_2H_2>5μL/L，H_2 含量较高
5	火花放电	总烃不高，C_2H_2>10μL/L，H_2 含量较高
6	电弧放电	总烃高，乙炔含量高并成为总烃的主要成分，H_2 含量也高
7	H_2 含量>100μL/L 而其他指标均为正常，有多种原因应具体分析	

由表 TYBZ01906004–2 可以看出，通过特征气体对故障的性质和类型只能做出粗略推断，介于两种类型之间的故障则不易掌握。因此，还需要考察它们在数量上的比例关系，这就需要通过三比值法进行进一步的判断。

二、三比值法

三比值法就是用五种气体（CH_4、C_2H_6、C_2H_4、C_2H_2、H_2）组成三个比值（C_2H_2/C_2H_4、CH_4/H_2、C_2H_4/C_2H_6），然后根据三对比值的大小范围，按一定的编码规则将三对比值以不同的编码表示成三位数，见表 TYBZ01906004–3。

表 TYBZ01906004–3　　　　　　三比值法的编码规则

特征气体的比值	比值范围的编码			说　明
	$\dfrac{C_2H_2}{C_2H_4}$	$\dfrac{CH_4}{H_2}$	$\dfrac{C_2H_4}{C_2H_6}$	
<0.1	0	1	0	例如：$\dfrac{C_2H_2}{C_2H_4}$=1~3 时，编码为 1
0.1~1	1	0	0	$\dfrac{CH_4}{H_2}$=1~3 时，编码为 2
1~3	1	2	1	$\dfrac{C_2H_4}{C_2H_6}$=1~3 时，编码为 1
>3	2	2	2	

最后把编好的三位数码值，由给出的表 TYBZ01906004–4 进行对照比较，从而判断设备内部故障。

表 TYBZ01906004–4　　　　　　判断故障性质的三比值法

序号	故障性质	比值范围的编码			典 型 例 子
		$\dfrac{C_2H_2}{C_2H_4}$	$\dfrac{CH_4}{H_2}$	$\dfrac{C_2H_4}{C_2H_6}$	
0	无故障	0	0	0	正常老化
1	低能量密度的局部放电	0 但无意义	1	0	由于不完全浸渍引起含气孔穴中的放电，或过饱和或高湿度引起的孔穴中放电
2	高能量密度的局部放电	1	1	0	同上，但已导致固体绝缘的放电痕迹或穿孔
3	低能量放电	1→2	1	1→2	不同电位之间的油的连续火花放电或对悬浮电位连接不良的连续火花放电，固体材料间油击穿
4	高能量放电	1	0	2	有工频续流的放电。绕组之间或线圈之间或绕组对地之间的油的佃户击穿。选择开关，切断电流
5	低于150℃时的热故障	0	0	1	一般性的绝缘导线过热
6	150~300℃低温度范围过热故障	0	2	0	由于磁通集中引起的铁心局部过热，热点温度增加，铁心中的小热点，铁心短路，由于涡流引起的铜过热，接头或接触不良以及铁心和外壳的环流
7	300~700℃中等温度范围过热故障	0	2	1	
8	高于700℃高温范围的热故障	0	2	2	

应注意的是：只有特征气体超注意值时，才能进一步用三比值法判断其故障性质。气体含量正常，三比值法没有意义。

【思考与练习】

1. 什么是三比值法？

2. 变压器油中气体含量的注意值是多少？

模块 5　色谱分析的取样、试验和判断中的注意事项（TYBZ01906005）

【模块描述】本模块介绍色谱分析的取样、试验和判断中的注意事项。通过要点归纳，掌握色谱分析的绝缘油取样、试验和判断中的注意事项。

【正文】

一、取样的注意事项

（1）须使用气密性好、清洁干燥的医用注射器，按密封方式取样。取样后油中不得有气泡。

（2）一般应在设备下部阀门取样，取样前须排尽管道死角内积存的油，通常应排放 2～3L 后取样。

（3）取样后样品应避光并确保 4 天内完成试验。

二、试验中的注意事项

（1）每次试验后应仔细清洗脱气容器，以防止交叉污染。

（2）对超标的油样均应复查。

三、判断时的注意事项

（1）注意气体的其他来源。防止非故障性气体对试验结果正确判断带来的影响。

（2）在特征气体含量正常时，有时因空气的漏入或呼吸道堵塞而引起气体继电器动作，应检查 O_2 含量的变化并作具体分析。

【思考与练习】

1. 色谱分析的取油样注意事项是什么？

2. 色谱分析的试验中和结果判断的注意事项是什么？

第七章　变压器绝缘常规试验

模块 1　变压器绝缘电阻试验（TYBZ01907001）

【模块描述】本模块介绍变压器绝缘电阻试验。通过以表单形式列举要点和步骤讲解，掌握变压器绝缘电阻测量的方法，熟悉变压器绝缘电阻测量的标准值，掌握对试验数据进行分析以及在不同温度下绝缘电阻换算的方法。

【正文】

测量绝缘电阻是检查变压器绝缘状况最基本的方法。一般情况下，对绝缘整体受潮，部件表面受潮、脏污及贯穿性集中缺陷，如贯穿性短路、瓷件破裂、引线接壳、器身内部导线引起的半通性或金属性短路等具有较高的灵敏性。实践证明，变压器绝缘在干燥前后其绝缘电阻的变化倍数要比 $\tan\delta$ 的变化倍数大得多。

一、试验方法

（1）测量仪器一般采用 2500V 或 5000V 绝缘电阻表。

（2）测量部位和顺序按表 TYBZ01907001-1 进行接线，依次测量各绕组对地及其他绕组的绝缘电阻。被测绕组短路不接地，非被试绕组短路接地。表中序号 4 和 5 的项目，只对容量为 16 000kVA 及以上的变压器进行测量。

表 TYBZ01907001-1　　　测量和接地部位及试验顺序

序号	双绕组变压器		三绕组变压器	
	测量绕组	接地部位	测量绕组	接地部位
1	低压	高压绕组和外壳	低压	高压、中压绕组和外壳
2	高压	低压绕组和外壳	中压	高压、低压绕组和外壳
3			高压	中压、中压绕组和外壳
4	高压和低压	外壳	高压和中压	低压和外壳
5			高压、中压和低压	外壳

（3）记录大气条件及变压器上层油温。

（4）充油变压器要静置足够时间才可进行测量，静置时间如无制造厂规定，则应依据设备的额定电压满足以下要求：500kV 静置时间大于 72h，220～330kV 静置时间大于 48h，110kV 及以下静置时间大于 24h。

（5）测量铁心对地、夹件对地、铁心与夹件之间绝缘电阻。

二、试验数据分析

测得的绝缘电阻值，主要依靠各绕组历次测量结果相互比较进行判断。交接试验时，一般不应低于出场试验的 70%（相同温度下）。大修后或运行中可与交接时的绝缘电阻值相互比较。油浸式电力变压器绝缘电阻的温度换算系数见表 TYBZ01907001-2。

表 TYBZ01907001-2　油浸式电力变压器绝缘电阻的温度换算系数

温度差 K	5	10	15	20	25	30	35	40	45	50	55	60
换算系数 A	1.2	1.5	1.8	2.3	2.8	3.4	4.1	5.1	6.2	7.5	9.2	11.2

注　1. K 为实测温度减去 20℃的绝对值；

2. 测量温度以上层油温为准。

当测量绝缘电阻的温度差不是表中所列数据时，其换算系数 A 可用插入法确定，也可按缘电阻的换算公式（TYBZ01907001-1）计算

$$R_2 = R_1 \times 1.5^{(t_1-t_2)/10} \qquad (\text{TYBZ01907001-1})$$

式中　R_1——温度为 t_1 时测得的绝缘电阻；

R_2——换算到温度 t_2 时测得的绝缘电阻；

t_1 应以变压器上层油温为准。

由于考虑到变压器选用材料、产品结构、工艺方法以及测量时的温度、湿度等因素的影响，难以确定出统一的标准，电气设备安装电气设备交接试验规程（GB 50150-2006）中对变压器绝缘电阻给出了最低允许参考值，如表 TYBZ01907001-3 所示。

表 TYBZ01907001-3　油浸电力变压器绕组绝缘电阻的最低允许值　（MΩ）

高压绕组电压等级（kV）	温度（℃）								
	5	10	20	30	40	50	60	70	80
3～10	675	450	300	200	130	90	60	40	25
20～35	900	600	400	270	180	120	80	50	35
63～330	1800	1200	800	540	360	240	160	100	70
500	4500	3000	2000	1350	900	600	400	270	180

【思考与练习】

1. 变压器不同温度下绝缘电阻的换算公式是什么？

2. 绝缘电阻测试能发现变压器的哪些缺陷？

模块 2　变压器吸收比、极化指数试验（TYBZ01907002）

【模块描述】本模块介绍变压器吸收比、极化指数试验。通过概念介绍，掌握变压器吸收比、极化指数试验的方法和标准。

【正文】

测量变压器绝缘电阻时，把加压 60s 测量的绝缘电阻值与加压 15s 测量的绝缘电阻值的比值，称为吸收比，如

$$K = R_{60s}/R_{15s} \qquad (TYBZ01907002-1)$$

式中　K——吸收比

R_{60s}——60s 时测得的绝缘电阻值，MΩ；

R_{15s}——15s 时测得的绝缘电阻值，MΩ。

把加压 10min 测量的绝缘电阻值与加压 1min 测量的绝缘电阻值的比值，称为极化指数，如

$$PI = R_{10min}/R_{1min} \qquad (TYBZ01907002-2)$$

式中　PI——极化指数；

R_{10min}——10min 时测得的绝缘电阻值，MΩ；

R_{1min}——1min 时测得的绝缘电阻值，MΩ。

测量吸收比和极化指数对判断被试设备的绝缘受潮情况比较灵敏。由于吸收比和极化指数和变压器的电压等级和容量有关，状态检修试验规程规定油浸式电力变压器吸收比不低于 1.3 或极化指数不低于 1.5 或绝缘电阻不低于 10 000MΩ 为合格。

【思考与练习】

1. 变压器的吸收比和极化指数试验能发现哪些缺陷？

2. 为什么要测量变压器的吸收比及极化指数？

模块 3　变压器介质损耗正切值（TYBZ01907003）

【模块描述】本模块介绍测量变压器介质损耗正切值（tanδ）。通过要点归纳，熟悉 tanδ 的测量方法以及不同温度下 tanδ 的换算方法。

【正文】

变压器绕组连同套管的介质损耗角正切值 tanδ，主要用于检查变压器是否受潮、油质劣化及严重局部缺陷。在测量绕组 tanδ 时，因变压器外壳直接接地，所以测量方法只能选择反接线进行测量，测试部位按表 TYBZ01907003–1 进行，表中 4、5 两项只对容量 16 000MVA 以上变压器进行。

表 TYBZ01907003–1　　　　测量绕组和接地绕组

序号	双绕组变压器		三绕组变压器	
	测量接线	接地部位	测量接线	接地部位
1	低压	高压绕组和外壳	低压	高压、中压绕组和外壳
2	高压	低压绕组和外壳	中压	高压、低压绕组和外壳
3			高压	中压、中压绕组和外壳
4	高压和低压	外壳	高压和中压	低压绕组和外壳
5			高压、中压和低压	外壳

测试时尽量在变压器油温低于 50℃ 时测量，测量温度以顶层油温为准。所测数据应与规程进行比较，与历年数据比较应换算至同一温度下进行。

换算公式如

$$\tan\delta_2 = \tan\delta_1 \times 1.3^{(t_2-t_1)/10}$$ （TYBZ01907003–1）

式中　$\tan\delta_1$——温度为 t_1 时测得的 $\tan\delta$；

$\tan\delta_2$——换算到温度 t_2 时测得的 $\tan\delta$。

【思考与练习】

1. 变压器不同温度下 $\tan\delta$ 如何换算？

2. 变压器的介质损耗试验能发现哪些缺陷？

第八章　变压器感应耐压试验

模块 1　变压器感应耐压试验的目的（TYBZ01908001）

【模块描述】本模块介绍变压器感应耐压试验的目的和倍频感应耐压的原理。通过要点归纳和原理讲解，掌握对全绝缘变压器和分级绝缘变压器进行耐压试验的目的，掌握倍频感应耐压试验的原理和试验电压持续时间。

【正文】

一、感应耐压试验的目的

1. 全绝缘变压器——中性点绝缘水平与出线端绝缘水平相同

检查全绝缘变压器的纵绝缘（绕组匝间、层间及段间）。因为外施交流耐压时，由于所试绕组各部分处于同一电位，只考核了主绝缘（绕组对地、不同电压等级绕组间、相间），而纵绝缘没有得到考核。

2. 分级绝缘变压器——中性点绝缘水平较出线端绝缘水平低（如 110kV 变压器，老变压器高压侧中性点为 35kV，新变压器为 40kV）

检查分级绝缘变压器的主绝缘和纵绝缘。因为中性点绝缘水平低，即末端耐压值较首端低，外施交流耐压只能考核到中性点绝缘，出线端绝缘无法得到考核。因此，必须采用感应耐压试验，借助于辅助变压器或非被试绕组的支撑，达到对主、纵绝缘的考核。

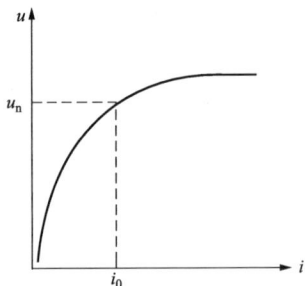

二、倍频感应耐压的原理

1. 不能采用工频进行感应耐压试验的原因

由于变压器铁心的伏安特性曲线在额定电压时已接近饱和，变压器空载励磁特性如图 TYBZ01908001-1。若在一侧绕组施加 50Hz 的 2 倍额定电压，其他绕组开路，铁心会饱和，必然使空载电流 i_0 急剧增加，达到不能允许的程度。所以，不能采用工频进行感应耐压试验。

图 TYBZ01908001-1　变压器空载
励磁特性图

u—励磁电压；i—励磁电流

2. 倍频感应耐压试验原理

变压器感应电动势公式为

$$E = KfB \qquad\qquad (\text{TYBZ01908001--1})$$

式中　E——感应电动势，V；

　　　　K——比例常数；

　　　　f——频率，Hz；

　　　　B——磁通密度，T。

由式（TYBZ01908001--1）可知，要使磁通密度 B 不变，电压（感应电动势 E）增加 1 倍，K 为常数，只有 f 增加 1 倍。所以，为了使在 2 倍额定电压下铁心仍不饱和，可将电源频率提高到额定频率的 2 倍及以上，即不小于 100Hz。考虑铁心中损耗随频率上升而显著增加的缘故，一般感应耐压试验频率为 100、150、200Hz，是工频的整数倍，所以也称为倍频感应耐压。

3. 试验电压持续时间

持续时间公式为

$$t = 60 \times \frac{100}{f} \qquad\qquad (\text{TYBZ01908001--2})$$

式中　t——试验电压持续时间，s；t 不得少于 15s。

　　　　f——试验电源的频率，Hz。

【思考与练习】

1. 分级绝缘变压器感应耐压试验的目的是什么？
2. 变压器感应耐压持续时间如何规定的？

模块 2　变压器感应耐压试验方法（TYBZ01908002）

【模块描述】本模块介绍变压器感应耐压试验方法。通过对原理图的讲解和举例介绍，掌握对全绝缘和分级绝缘变压器感应耐压试验的不同试验接线方法及相量图。

【正文】

变压器绝缘分为全绝缘和分级绝缘，进行感应耐压试验方法也不相同，下面分别介绍变压器全绝缘和分级绝缘感应耐压试验的不同试验接线方法。

一、全绝缘变压器感应耐压试验方法

对于全绝缘变压器，感应耐压试验接线如图 TYBZ01908002--1 所示。此时，低压侧施加三相对称倍频交流电源，由互感器监视电压和电流，其他绕组开路。需要注意的是，此接线仅考核了变压器的纵绝缘和部分主绝缘，还需另外进行外施工频耐压试验来考核变压器主绝缘。

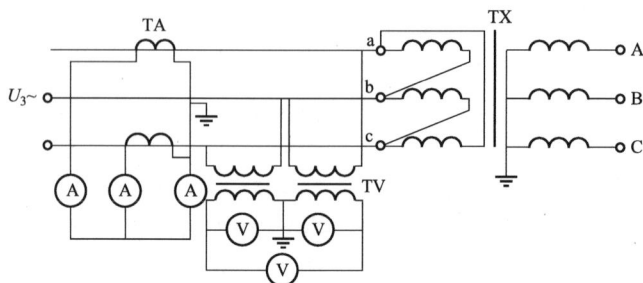

图 TYBZ01908002–1 全绝缘变压器感应耐压试验接线图

TA—电流互感器；TV—电压互感器；TX—被试变压器

二、分级绝缘变压器感应耐压试验方法

对于分级绝缘变压器，为了达到同时考核相间及相对地绝缘的目的，不能采用三相感应耐压的方法，只能采用单相感应耐压进行试验。为此，要根据不同的变压器接线方式，选择合适的试验接线，以尽可能达到同时考核纵绝缘、主绝缘的目的。一般要采用支撑法（借助辅助变压器或非被试绕组支撑），轮换三次，才能完成一台分级绝缘变压器的感应耐压试验。

下面以连接组别为 YN，d11 的三相双绕组变压器为例，并仅举例试验 A 相。

1. 借助非被试绕组支撑法

当高压绕组中性点绝缘水平至少能承受 $1/3u_{试}$ 时，可采用非被试绕组支撑法。分级绝缘变压器采用非被试绕组支撑进行感应耐压试验接线图及电压相量图如图 TYBZ01908002–2 所示。由图可见，非被试的 B、C 相并联接地，使相间（A 相对 B、C 相）及相对地（A 相对地）均达到了试验电压的要求。此时中性点对地电压为 1/3 试验电压，如小于中性点试验电压，应再进行中性点外施工频耐压试验。

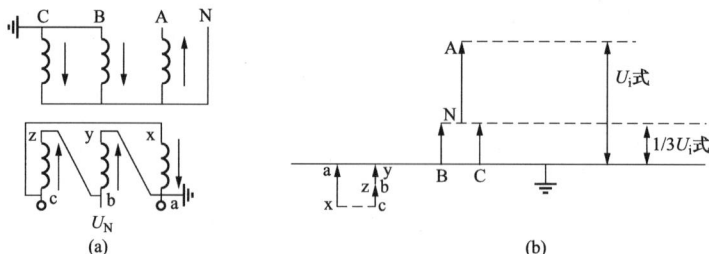

图 TYBZ01908002–2 非被试绕组支撑进行感应耐压试验接线图及电压相量图

（a）试验接线；（b）电压相量图

2. 借助辅助变压器法

当高压绕组中性点绝缘水平不能承受 $1/3u_{试}$ 时，采用辅助变压器支撑法。分级绝缘变压器采用辅助变压器支撑进行感应耐压试验接线图及电压相量图如图 TYBZ01908002-3 所示。由图可见，中性点经辅助变压器接地，相对地达到试验电压，也达到了中性点的试验电压 U_N，相间试验电压比 $U_{试}$ 略大。

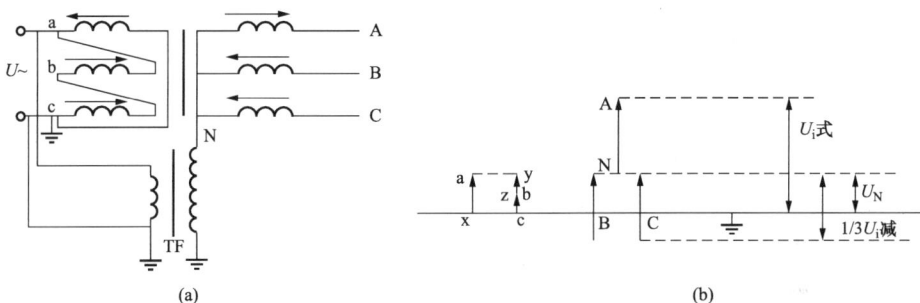

图 TYBZ01908002-3　辅助变压器支撑进行感应耐压试验接线图及电压相量图
（a）试验接线；（b）电压相量图

应当指出的是，以上仅是针对一种接线的变压器感应耐压试验进行了举例。而实际的接线还有很多种，应全面分析变压器结构情况，合理选择试验接线方式，并认真计算各绕组对地及相间试验电压值；正确选择试验设备，制定科学的试验方案，以尽可能少的加压次数来达到全部试验要求为好。

【思考与练习】

1. 试画出全绝缘变压器感应耐压试验接线图及相量图。

2. 试画出分级绝缘变压器采用非被试绕组支撑进行感应耐压试验接线图及相量图。

模块 3　电力系统中倍频电源的获取（TYBZ01908003）

【模块描述】本模块介绍电力系统中倍频电源的获取。通过对原理图的讲解，熟悉利用电动机组、可控硅变频调压逆变电源、变压器以及高频发电机组获取高频电源的方式。

【正文】

常见的倍频电源的获取方法主要有以下四种。

一、利用两台电动机组取得倍频电源

用一台三相异步鼠笼电动机，驱动一台三相转子为绕线式的异步电动机，输出倍频电压再升压便可获取两倍频电源。异步倍频发生器示意图如图

TYBZ01908003-1 所示。

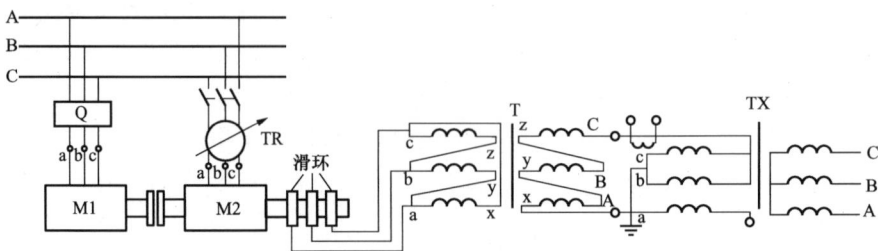

图 TYBZ01908003-1　异步倍频发生器示意图

M1—鼠笼电动机；M2—绕线式电动机；TR—调压器；T—升压变压器

二、可控硅变频调压逆变电源

应用可控硅逆变技术来产生高频电源，具有重量轻，可利用 380V 低压交流电源，装置兼有调压作用等显著优点。这种电源在电力系统的应用已日益广泛。

三、用星形-开口三角形接线的变压器获得三倍频电源

将三台单相变压器的一次侧绕组接成星形，二次侧绕组接成开口三角形，星-开口三角变压器组的连接及相量图如图 TYBZ01908003-2 所示。一次侧接于工频电源，并适当过励磁。由于正弦波电流在饱和的铁心中产生非正弦的磁通，由此感应的电动势也是非正弦的，而其中主要成分是基波和三次谐波分量。在二次侧的三角形开口端，三相绕组基波感应电动势的相量和为零，而三次谐波感应电动势相位相同。因此，从开口三角输出 150Hz 的高频电压。此方法在现场较多使用。

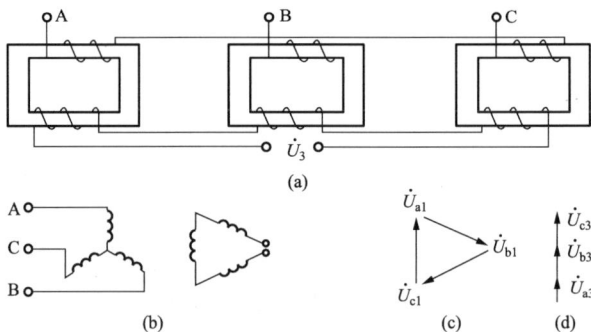

图 TYBZ01908003-2　星-开口三角变压器组的连接及相量图

（a）星-开口三角变压器组的连接；（b）星-开口三角连接；

（c）基波向量；（d）三次谐波电压相量

四、高频发电机组

它是由一个电动机拖动一个高频的周期发电机所组成。这种方法多在制造厂中

应用。

【思考与练习】

1. 几种常见的倍频电源的获得方法有哪些？

2. 简述星形–开口三角形接线的变压器获得三倍频电源的原理。

模块 4 变压器感应耐压试验的试验分析和判断
（TYBZ01908004）

【模块描述】本模块介绍变压器感应耐压试验的试验分析和判断。通过要点归纳，熟悉变压器感应耐压试验结果进行分析和判断的方法，掌握变压器感应耐压试验的试验电压的监测以及试验的注意事项。

【正文】

一、感应耐压试验分析和判断

感应耐压试验后变压器是否合格，应根据以下五方面进行分析和判断。

（1）感应耐压试验时，应严密监视电压和电流表的指示，同时指派专人监视被试变压器情况，观察试验中仪表指示有无异常，内部有无异常声响。

（2）纵绝缘是否承受住了感应耐压，还需要根据试验后的空载测试，与试验前的测量值相比较进一步进行判断。

（3）感应耐压试验前后进行油中溶解气体色谱分析。

（4）试验过程中仪表指示无异常，内部无异常声响，试验前后空载及油中溶解气体色谱分析数据无明显变化，则感应耐压试验合格。否则应查明原因。

（5）试验过程中有异常时，如油箱内有内部放电，但电压或电流表未明显摆动，并在复试中消除，则认为合格。如再一次复试仍有放电声，则应采取消除措施，再复试，直到彻底消除为止。

二、试验电压值的监测

（1）在高压侧测量。通过被试相电容型末屏串上一标准电容，使套管电容与标准电容构成电容分压器。标准电容可用标准电容箱，便于低压臂电压选择。电压表可用量程为 3000V 的静电电压表。实践表明，该方法是相当准确的。

（2）用电容分压器从中压侧进行测量。

三、试验中的注意事项

（1）试验应在其他绝缘试验项目做完并合格后方可进行。套管表面干净，内部没有气泡，保证变压器静止时间和抽真空注油。

（2）试验电压必须用电容分压器直接测量，而且测量峰值。

（3）接地应良好，电源线导体截面应满足要求且绝缘良好。

（4）被测变压器低压侧应有合适的电压和电流监视装置。

（5）试验过程中，工作人员严格按试验方案进行，并指派专人监视被试变压器情况，内部有无放电声等。

（6）耐压前后应进行空载试验，不应有明显差别。

（7）在感应耐压试验方案中，要仔细检查绕组的连线和结构，确保各绕组相邻部位的电压不超过试验电压。校验中性点电压，使之不超过其允许电压，特别是中性点有有载分接开关时，一定要注意分接开关的任何分接都不能超过中性点允许电压。

【思考与练习】

1. 变压器感应耐压试验时应严密监视什么表的指示？

2. 变压器感应耐压试验合格的判断标准是什么？

3. 感应耐压试验的注意事项是什么？

4. 感应耐压试验电压值的监测手段是什么？

第九章　变压器电压比测量

模块 1　用双电压表法测量电压比（TYBZ01909001）

【模块描述】本模块介绍用双电压表法测量电压比。通过概念介绍和要点归纳，掌握变比的概念及其试验目的，掌握用直接双电压表法和经电压互感器的双电压表法测量电压比的方法。

【正文】

一、变比试验概述

变压器的电压比是指变压器空载时，一次侧电压 U_1 与二次侧电压 U_2 的比值，简称变比，即

$$K = \frac{U_1}{U_2} \qquad\qquad \text{（TYBZ01909001-1）}$$

如果一次侧输入按正弦规律变化的电压 U_1，由于电磁感应，交变磁通在绕组的一次、二次侧要感应出电动势 E_1 和 E_2，变压器空载时，$U_1 \approx E_1$，二次电压 $U_2 \approx E_2$，则

$$\begin{cases} U_1 \approx E_1 = 4.44\,fN_1\phi_{\mathrm{m}} \\ U_2 \approx E_2 = 4.44\,fN_2\phi_{\mathrm{m}} \end{cases} \qquad \text{（TYBZ01909001-2）}$$

式中　　f ——电源频率，Hz；

　　U_1、U_2 ——一次、二次侧的电压，V；

　　E_1、E_2 ——一次、二次侧的感应电动势，V；

　　ϕ_{m} ——铁心柱中主磁通，Wb；

　　N_1、N_2 ——一次、二次绕组的匝数。

由此可见，变压器的变比 $K = \dfrac{U_1}{U_2} \approx \dfrac{N_1}{N_2}$，即单相变压器的变比近似等于一、二次绕组的匝数比。

三相变压器铭牌上的变比是指不同电压绕组的线电压之比，不同的接线方式其

变比与匝数的关系主要有以下四种：

Y，y 接线的电压比为 $K=\dfrac{N_1}{N_2}$；　　　　　D，d 接线的电压比为 $K=\dfrac{N_1}{N_2}$；

Y，d 接线的电压比为 $K=\sqrt{3}\,\dfrac{N_1}{N_2}$；　　　D，y 接线的电压比为 $K=\dfrac{N_1}{\sqrt{3}N_2}$。

二、变比试验的目的

（1）检查变比是否与铭牌相符，是否存在较大的误差。

（2）检查分接开关挡位是否正确。

（3）在变压器故障后，通过变比试验来检查绕组是否发生匝间短路、断股、脱焊等缺陷。

（4）判断两台变压器是否可以并列运行。

三、直接双电压表法测量

双电压表法是在变压器高压侧施加电压，同时，并用两只电压表，在高低压两侧同时进行测量，根据所测得的电压值，计算出电压比。三相变压器的电压比可以用三相或单相电源。用三相电源测量比较简单，但用单相电源比用三相电源更能发现故障。表 TYBZ01909001–1 介绍了用单相电源测量变压器变比的接线及计算公式。

表 TYBZ01909001–1　　　　单相电源测量变压器变比的接线及计算公式

序号	变压器接线组别	加压端子	短路端子	测量端子	电压比计算公式	试验接线图
1	单项	AX		ax	$K_1=\dfrac{U_{AX}}{U_{ax}}$	
2	Y，d11	ab	bc	AB ab	$K_1=\dfrac{U_{AB}}{U_{ab}}=\dfrac{2}{\sqrt{3}}K_L$ $K_L=\dfrac{\sqrt{3}}{2}\times\dfrac{U_{AB}}{U_{ab}}$	
		bc	ca	BC bc		
		ca	ab	CA ca		

模块 1 TYBZ01909001

续表

序号	变压器 接线组别	加压端子	短路端子	测量端子	电压比计算公式	试验接线图
3	D，y11	ab bc ca	CA OAB BC	AB ab BC bc CA ca	$K_1=\dfrac{U_{AB}}{U_{ab}}=\dfrac{\sqrt{3}}{2}K_L$ $K_L=\dfrac{2}{\sqrt{3}}\times\dfrac{U_{AB}}{U_{ab}}$	
4	Y，y0	ab bc ca		AB BC CA	$K_1=\dfrac{U_{AB}}{U_{ab}}=K_L$ $K_L=\dfrac{U_{AB}}{U_{ab}}$	
5	YN，d11	ab bc ca		BN CN AN	$K_1=\dfrac{U_{BO}}{U_{ab}}=\dfrac{1}{\sqrt{3}}K_L$ $K_L=\sqrt{3}\dfrac{U_{BO}}{U_{ab}}$	

注　1. K_1—实测电压比；K_L—线电压比。

　　2. 序号4中Y，y接线方式的计算公式，同样适用于D，d接线方式。

此方法简单易行，在现场应用广泛，但测量中使用的都为准确度较低常用仪表，因而测量误差较大。

四、经电压互感器的双电压表法测量

如果在变压器的电压比测试试验中使用的电压较高，常用的电压表就无法做到，必须经电流互感器来测量。单相变压器变比测量如图 TYBZ01909001-1 所示。三相变压器变比测量如图

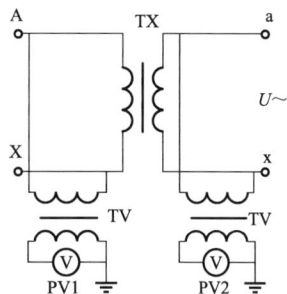

图 TYBZ01909001-1　单相变压器变比测量

TX—被试变压器；TV—电压互感器；PV1、PV2—电压表

TYBZ01909001-2 所示，值得注意的是此时互感器极性必须相同。

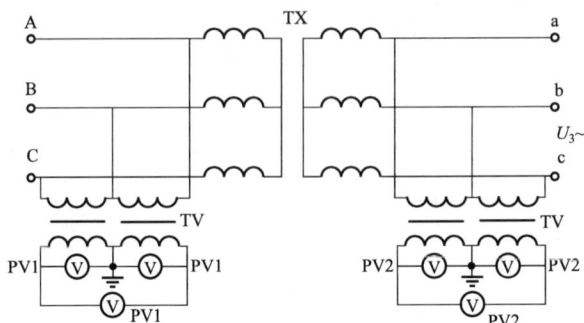

图 TYBZ01909001-2 三相变压器变比测量

TX—被试变压器；TV—电压互感器；PV1、PV2—电压表

【思考与练习】

1. 变压器变比试验的目的是什么？

2. 变压器双电压表法变比测试方法有哪几种？

模块 2 用变比电桥法测量电压比（TYBZ01909002）

【模块描述】本模块介绍用变比电桥法测量电压比。通过对原理图的讲解和要点归纳，了解用变比电桥法测量电压比的原理，了解全自动变比测试仪的特点。

【正文】

一、变比电桥测量电压比的基本原理

变压器电压比的测定可用变比电桥自动来完成。变比电桥测量原理如图 TYBZ01909002-1 所示。

在被试变压器的一次侧施加电压 U_1，则在变压器的二次侧感应出电压 U_2，调节电阻 R_1，使检流计为零，然后通过计算求出电压比 K。测量电压比的计算公式为

$$K=\frac{U_1}{U_2}=\frac{R_1+R_2}{R_2}=1+\frac{R_1}{R_2}$$

（TYBZ01909002-1）

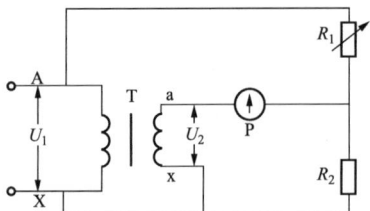

图 TYBZ01909002-1 变比电桥测量原理图

U_1—被试变压器一次侧电压；U_2—二次侧感应电压；

P—检流计；R_1—变比调节电阻；R_2—标准电阻

式中 K——被试变压器变比；

U_1——被试变压器一次侧电压，V；

U_2——被试变压器二次侧电压，V；

R_1——变比调节电阻值，Ω；

R_2——标准电阻，Ω。

若在 R_1 和 R_2 之间串入一个滑盘电阻 R_3，则可同时测量电压比误差，测量电压比误差原理如图 TYBZ01909002-2 所示，这样在测量电压比的同时还可测量电压比的误差。

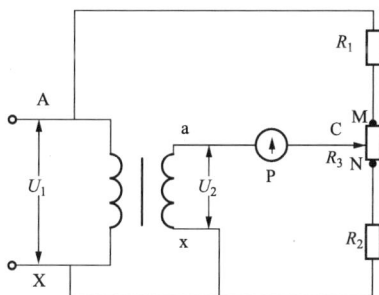

图 TYBZ01909002-2　测量变比误差原理接线图

R_{MC}—M 点至 C 点的电阻；R_{CN}—C 点至 N 点的电阻

随着科学技术的发展，国内（外）都推出多种自动化变比测试仪，其工作原理为仍以双电压表法和电桥法为基础，加入了数字化处理技术，其测试速度有了明显的提高。另外，自动化变比测试仪所测试的结果可存储、打印，比较方便。常见的全自动变比测试仪外形图如 TYBZ01909002-3 所示。

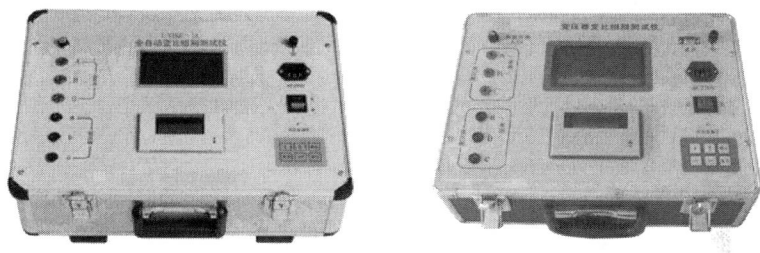

图 TYBZ01909002-3　变比电桥外形图

二、全自动变比测试仪的特点

（1）在测量过程中，被试变压器一次和二次绕组信号的采样是同步进行的，可以避免电源电压波动的影响。

（2）自动测量接线组别，自动进行组别变换，可直接测量单、三相变压器变比。

（3）表计自动校验，测试过程中自动切换量程。

（4）测试前输入被试设备相关参数，测试过程中能自动计算出相对误差。

（5）测试过程自动充电，测试完成后自动切断试验电源，安全可靠。

（6）测试结果自动保存，数据可打印。全自动变比测试仪还可以与电脑连接，实现遥控测试和数据交换，可组成多台仪器的测试系统。

【思考与练习】

1. 试画出变比电桥测试原理图。

2. 全自动变比测试仪的特点是什么？

第十章　变压器的极性和组别试验

模块 1　变压器的极性试验（TYBZ01910001）

【模块描述】本模块介绍变压器的极性试验。通过对原理图的讲解，掌握变压器极性试验的意义以及直流法和交流法极性试验的方法。

【正文】

一、极性试验的意义

对于单相变压器而言，当某一绕组中有磁通变化时，绕组中就会产生感应电动势，感应电动势为正的一端称为正极性端；感应电动势为负的一端称为负极性端。如果磁通的方向改变，则感应电动势的方向和端子的极性都随之改变。因此，在交流电路中，正极性和负极性是相对而言的。

实际上，变压器绕组的绕向有左绕向和右绕向两种，在同一铁心上的两绕组有同一磁通通过，绕向相同则感应电动势方向相同，绕向相反则感应电动势方向相反。所以，变压器的一次、二次绕组的绕向和端子标号一经确定，就要用"加极性"和"减极性"来表示一次、二次感应电动势的相位关系。变压器极性示意如图 TYBZ01910001-1 所示。

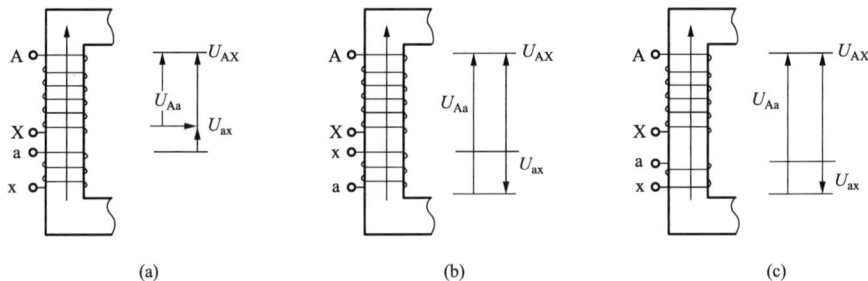

图 TYBZ01910001-1　变压器极性示意图

（a）减极性；（b）、（c）加极性

变压器两绕组绕向相同（左绕），如图 TYBZ01910001-1（a）所示，有同一磁通穿过。因此，两绕组内的感应电动势，在同名端子间任何瞬时都有相同的极性，此时一次、二次电压 U_{AX} 和 U_{ax} 相位相同，如果连接 X 和 x，U_{Aa} 等于两电压的差，则该变压器就称为"减极性"的。如果将二次绕组标号交换，如图 TYBZ01910001-1（b）所示，显然同名端子间的电动势将变成方向相反，电压相位相差 180°；这时连接 X 和 x 后，U_{Aa} 是 U_{AX} 和 U_{ax} 的和，则变压器称为"加极性"的。如果变压器的一次绕组和二次绕组绕向不同，但标号仍和图（a）一致，如图 TYBZ01910001-1（c）所示。变压器也是"加极性"的。

由于变压器的一次、二次绕组之间存在着极性关系，所以当几个绕组互相连接组合时，必须知道极性才能正确进行。

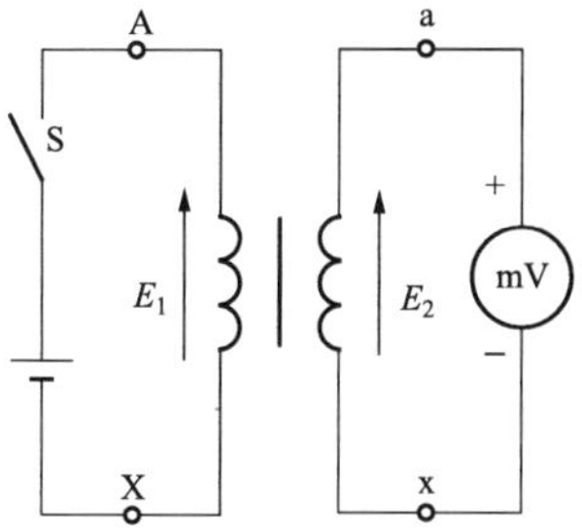

图 TYBZ01910001-2　直流法检查
变压器极性示意图

E_1——次绕组电动势；E_2—二次绕组电动势

二、极性的试验方法

1. 直流法

用 1.5～3V 干电池，正极接于变压器的 A 端，负极接于变压器的 X 端，直流毫伏表（或微安表、万用表）的正极接于低压侧的 a 端，负极接于变压器的 x 端，用直流法检查极性如图 TYBZ01910001-2 所示，测量过程中要细心观察表计指针的偏转方向，当合上开关瞬间指针向右偏（正方向），而拉开开关瞬间指针向左偏时，则变压器是减极性。若偏转方向与上述方向恰好相反，则变压器是加极性。

试验应反复操作几次，每次拉合开关都要有一定的时间间隔，必须看清楚指针的摆动方向。操作时，应注意不要触及绕组的端部，以防触电。

2. 交流法

将变压器的高压侧和低压侧绕组的一对同名端连接起来，交流法检查变压器的极性接线如图 TYBZ01910001-3 所示，在高压侧加交流电压，同时用两个电压表监视电压 U_1 和 U_2，如果测得 $U_1>U_2$，则变压器为减极性，若 $U_1<U_2$，则变压器为加极性。

试验时应依据所加电压和变压器的变比选择合适量程的电压表。

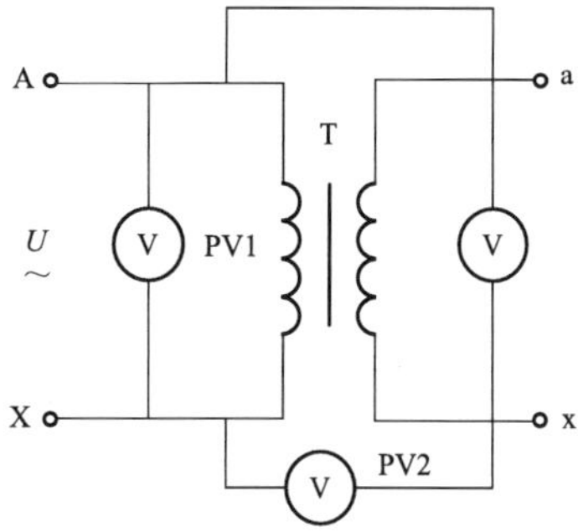

图 TYBZ01910001-3　交流法检查
变压器极性示意图

T—被试变压器；PV1、PV2—电压表

【思考与练习】

1. 极性试验的意义是什么？
2. 简述直流法测量变压器极性的过程。
3. 简述交流法测量变压器极性的过程。

模块 2　变压器接线组别试验（TYBZ01910002）

【模块描述】本模块介绍变压器接线组别测试。通过步骤讲解和以表单形式列举要点，掌握变压器接线组别试验的意义，掌握用直流法、双电压表法、相位表法测定变压器绕组接线组别的方法。

【正文】

一、变压器接线组别试验的意义

变压器接线组别是代表变压器各相绕组的连接方式和电动势向量关系的符号，是变压器的重要特征指标。变压器的接线组别必须相同是变压器并列运行的重要条件之一；同时由于继电保护接线也必须知晓变压器的接线组别，进行保护定值的设定。因此在变压器出厂、交接和绕组大修后都应测量绕组的接线组别。

二、变压器接线组别测定方法

通常测定变压器绕组接线组别的方法有四种，分别是直流法、变比电桥法、双电压表法、相位法。

1. 直流法

用两节 1.5V 干电池串联，轮流接于高压侧 AB、BC、AC 端子，并相应记录下接在低压端子 ab、bc、ac 上微安表（毫伏表或万用表）指针的指示方向。测量时应注意电池的极性和表计的极性接法一致，即高压侧电池正接 A、负接 B，低压侧仪表也正接 a、负接 b。

变压器各接线组别的测量情况列成表 TYBZ01910002-1，将实测结果与表对照，便可确定变压器的接线组别。

表 TYBZ01910002-1　　变压器各接线组别的测量情况

组别	通电相+ −	低压侧表计指示			组别	通电相+ −	低压侧表计指示		
		a+ b−	b+ c−	a+ c−			a+ b−	b+ c−	a+ c−
1	A B	+	−	0	5	A B	−	0	−
	B C	0	+	+		B C	+	−	0
	A C	+	0	+		A C	0	−	−
2	A B	+	−	−	6	A B	−	+	−
	B C	+	+	+		B C	−	+	−
	A C	+	−	−		A C	−	+	−
3	A B	0	−	−	7	A B	+	+	0
	B C	+	0	+		B C	0	−	−
	A C	+	−	0		A C	−	0	−
4	A B	−	−	−	8	A B	−	+	+
	B C	+	−	+		B C	−	−	+
	A C	+	−	−		A C	−	+	−

续表

组别	通电相+ −	低压侧表计指示			组别	通电相+ −	低压侧表计指示		
		a+ b−	b+ c−	a+ c−			a+ b−	b+ c−	a+ c−
9	A B	0	+	+	11	A B	+	0	+
	B C	−	0	−		B C	−	+	0
	A C	+	+	0		A C	0	+	+
10	A B	+	+	+	0	A B	+	−	+
	B C	−	+	−		B C	−	+	+
	A C	−	+	+		A C	+	+	+

测试过程中还应注意以下两点，在测定大变比变压器时，可用 6V 或更高直流电源，在低压侧应用小量程表计，使表计指针能保持在半偏以上。操作时应先接通低压表计然后通电，读数完毕，应先断开电源再断开测量回路。

2. 变比电桥法

利用变比电桥在测定变压器变比的同时测定接线组别的方法称之为电桥法。此试验方法为验证性试验。

在用自动变比电桥测试变压器变比前通常要对变比电桥进行参数设置，其中就有供选择的接线组别，如果被试变压器的接线组别与变比电桥上所选定的接线组别一致，则测试时电桥平衡，所测出的变比是正确的；如果变比不正确，则有可能变比电桥中选定的接线组别和变压器铭牌组别不一致，如果确定电桥中输入的接线组别无误，则可判定变压器实际接线组别有误，此时可通过直流法进行重新测定。另外也可用全自动变比电桥的组别自动分析功能测定变压器组别。

3. 双电压表法

连接变压器的高压侧 A 端与低压侧 a 端，在变压器的高压侧通入适当的低压电源，用双电压表法检测变压器接线组别如图 TYBZ01910002-1 所示。

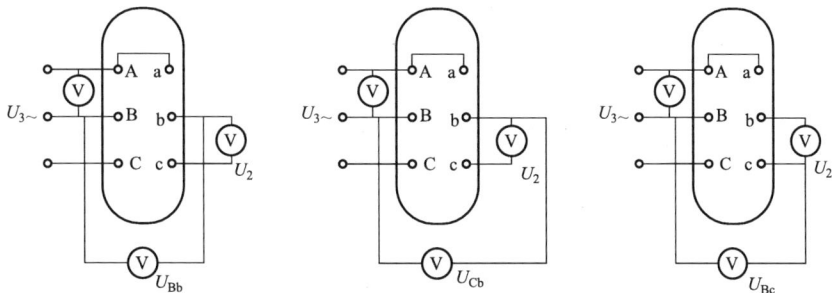

图 TYBZ01910002-1 用双电压表法检测变压器接线组别示意图

测量电压 U_{Bb}、U_{Bc}、U_{Cb}，并测量两侧的线电压 U_{AB}、U_{BC}、U_{CA} 和 u_{ab}、u_{bc}、u_{ca}。根据测得的电压值，来判断组别。

4. 相位表法

相位表法就是利用相位表可直接测量出高压与低压线电压间的相位角，从而来判断组别，所以又叫直接法。用相位表法确定接线组别示意图如图 TYBZ01910002–2 所示。

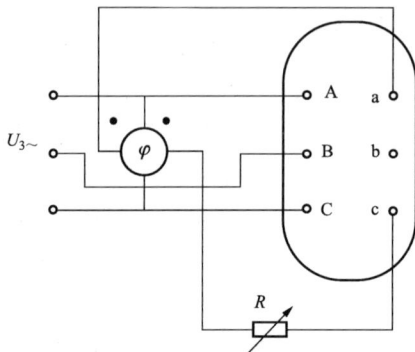

图 TYBZ01910002–2　相位表法确定接线组别示意图

将相位表的电压线圈接于高压，其电流线圈经可变电阻接入低压的对应端子上。当高压通入三相交流电压时，在低压感应出一定相位的电压，由于接的是电阻性负载，所以低压侧电流与电压同相。因此，测得的高压侧电压对低压侧电流的相位就是高压侧电压对低压侧电压的相位。

【思考与练习】

1. 变压器接线组别测定的意义？
2. 写出几种常用的变压器接线组别测定的方法。

第十一章　变压器绕组的直流电阻测量

变压器绕组的直流电阻是变压器在交接、大修、改变分接开关后及预防性试验中必不可少的试验项目，也是故障后的重要检查项目。

测量直流电阻的目的是：

（1）检查绕组焊接质量；

（2）分接开关各位置接触是否良好及分接开关实际位置与指示位置是否相符；

（3）绕组或引出线有无断裂；

（4）多股导线并绕的绕组是否有断股情况；

（5）有无层、匝间短路。

模块 1　测量的物理过程 （TYBZ01911001）

【模块描述】本模块介绍测量变压器绕组直流电阻的物理过程。通过对原理图和公式的讲解，掌握变压器绕组直流电阻测量过渡过程。

【正文】

变压器由于有巨大的电感，其绕组可视为电感 L 与电阻 R 串联的等值电路。变压器绕组直流电阻测量原理如图 TYBZ01911001-1 所示。

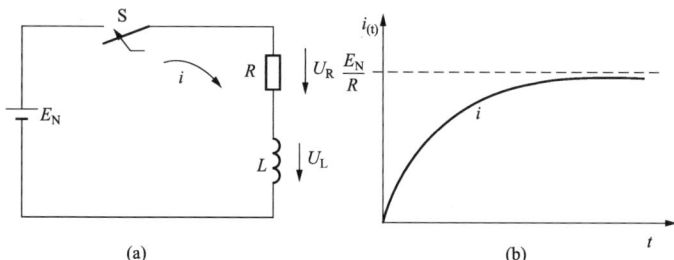

图 TYBZ01911001-1　变压器绕组直流电阻测量原理图

（a）RL 充电电路原理图；（b）电流随时间变化关系曲线图

R—绕组电阻；L—绕组电感；E_N—试验电源

正是由于电感的存在,当合上开关 S 时,由于电感中的电流不能突变,因此变压器绕组直流电阻测量回路的过渡存在如下关系

$$u = iR + L\frac{\mathrm{d}i}{\mathrm{d}t}$$

$$i = \frac{E_\mathrm{N}}{R}(1 - \mathrm{e}^{-t/\tau}) \qquad (\text{TYBZ01911001}-1)$$

式中　E_N——外施直流电压,V;

　　　R——绕组的直流电阻,Ω;

　　　L——绕组的电感,H;

　　　i——通过绕组的直流电流,A。

$\tau = \dfrac{L}{R}$ 称为电路时间常数。可见,充电电流达到稳定 $\left(\dfrac{E_\mathrm{N}}{R}\right)$ 时间的长短,取决于 τ 值,即 L 与 R 的比值。由于大型变压器的 τ 值比小变压器的大得多,所以大型变压器达到稳定的时间相当长,即 τ 越大,达到稳定的时间越长,反之则时间越短。因此,测量大型变压器的直流电阻必须考虑缩短测量时间的方法。

【思考与练习】

1. 变压器直流电阻测量的过渡过程方程式是什么?

2. 电路时间常数是由什么决定的?

模块 2　测量方法 (TYBZ01911002)

【模块描述】本模块介绍变压器绕组直流电阻测量方法。通过要点归纳、步骤讲解和对原理图的讲解,掌握电流电压表法、平衡电桥法和辅助测量法测量变压器绕组直流电阻的试验接线、仪表的选择、试验步骤及注意事项。

【正文】

测量变压器直流电阻主要有电流电压表法和电桥法,现场实际测量中一般采用电桥法。

一、电流电压表法

电流电压表法又称电压降法。电压降法的测量原理是在被测电阻中通过直流电流,在被测电阻两端产生电压降,测量其两端的电压和通过的电流,然后利用欧姆定律 $\left(R_\mathrm{x} = \dfrac{U}{I}\right)$ 计算出被测的直流电阻值。

1. 试验接线

电流电压表法测量直流电阻的原理图如图 TYBZ01911002-1 所示。为了减小接

线方式所造成的测量误差，测量大电阻时（被测电阻大于电流表内阻 200 倍以上），应采用图 TYBZ01911002–1（a）的接线；而在测量小电阻时（电压表内阻大于被测电阻的 200 倍以上），应采用图 TYBZ01911002–1（b）的接线。

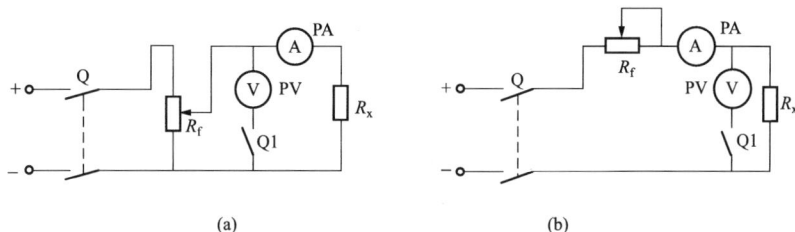

图 TYBZ01911002–1　电流电压表法测量直流电阻的原理图

（a）测量大电阻的接线；（b）测量小电阻的接线

Q—电源开关；Q1—电压表开关；R_f—可变电阻；

R_x—被测电阻；PA—电流表；PV—电压表

2. 仪表的选择

所用仪表应在 0.5 级以上，其量程选择应尽量满足在测量时指针指示在满刻度的 2/3 以上位置。

3. 试验步骤

（1）根据被测电阻的大小，选择合适的接线方式。

（2）测量时，应先合上电源开关 Q，待电流稳定后，再合上电压表开关 Q1，进行电压测量。

（3）待电流、电压稳定后，同时读取电流、电压值。

（4）测完后，应先断开电压表回路的开关 Q1，然后断开电源开关 Q。

（5）每测一个电阻，最好选用三个不同的电流值分别测量，然后计算出三次电阻值的平均值作为被测电阻值。

（6）测量时，要记录试品的温度。

4. 注意事项

（1）接线时，应注意仪表的正、负极性。

（2）使用的直流电源应电压稳定、容量充足，以防止由于电流波动产生自感电动势而影响测量的准确性。

（3）如被测试品是电感量较大绕组，则在改变测量电流时，须将电压表的测量回路开关 Q1 断开，以免电压表因受自感电动势的冲击而损坏。

（4）试验电流不得大于被测电阻额定电流的 20%，且通过电流的时间不宜过长，以减少被测电阻因发热而产生较大的误差。

二、平衡电桥法

电桥法是指用直流电桥来测量直流电阻的一种方法。它具有较高的灵敏度和准确性。常用的直流电桥有单臂电桥和双臂电桥两种。

1. 电桥的工作原理

（1）单臂电桥。单臂电桥原理接线和外形如图 TYBZ01911002-2 所示。

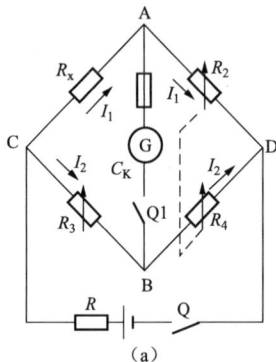

图 TYBZ01911002-2 单臂电桥原理接线和外形图

（a）原理接线图；（b）外形图

当被测电阻 R_x 上的电压降等于 R_3 上的电压降时，则 A、B 两点之间就没有电位差，即检流计中没有电流，此时 I_1 流经 R_x 和 R_2，I_2 流经 R_3 和 R_4，电桥达到平衡。当电桥平衡时，有以下等式

$$U_{CA} = U_{CB}$$

而 $U_{CA} = \dfrac{R_x U_{CD}}{R_x + R_2}$，$U_{CB} = \dfrac{R_3 U_{CD}}{R_3 + R_4}$

所以 $\dfrac{R_x}{R_x + R_2} = \dfrac{R_3}{R_3 + R_4}$，

即 $R_x = \dfrac{R_2}{R_4} R_3$

如果 R_2 和 R_4 作成一定比例的可调电阻，R_3 为平滑可调节电阻，调节 R_3 可使电桥达到平衡，则 $R_x = \dfrac{R_2}{R_4} R_3 = mR_3 \left(设 m = \dfrac{R_2}{R_4} \right)$。$R_x$ 包括了引线电阻在内，故实际的电阻应等于 R_x 减去引线电阻。当被测电阻越小时，引线电阻造成的测量误差越大。因此，测量时应尽量减小引线电阻的影响。单臂电桥常用于测量 1Ω 以上的电阻。

（2）双臂电桥。双臂电桥原理接线和外形如图 TYBZ01911002-3 所示。

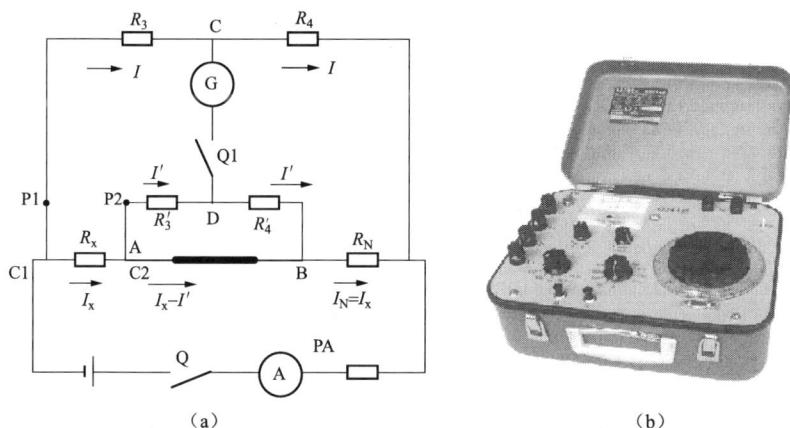

图 TYBZ01911002-3　双臂电桥原理接线和外形图

（a）原理接线图；（b）外形图

G—检流计；　R—被测电阻；R_3、R_4、R_3'、R_4'—桥臂电阻；R_N—标准电阻；

C1、C2—被测电阻的电流接头；P1、P2—被测电阻的电压接头

当检流计中没有电流通过时，C、D 两点的电位相等。由于双臂电桥在制造中使

$$R_3 = R_3', \quad R_4 = R_4'。$$

因此

$$R_x = R_N \frac{R_3}{R_4}$$

双臂电桥将被测电阻的引线和标准电阻引线电阻值做成相等的（即采用四根截面相同、长度相等的相同导线），同时保证被测电阻电压引线接触良好。从而消除了电压引线电阻和接触电阻带来的误差。因此，双臂电桥能够消除引线电阻和接触电阻带来的误差，常用于测量 1Ω以下的电阻。

2．电桥的选择

一般被测电阻在 1Ω以上时，选用单臂电桥；在 1Ω以下时，选择双臂电桥。例如，在测量小容量的 10kV 站变低压侧直流电阻时，因其直阻值很小，如采用单臂电桥，因引线电阻带来的误差将非常严重。

3．双臂电桥的测量步骤

（1）将电桥放平稳后，打开检流计锁扣或灵敏度旋钮，并调整指针至零位。

（2）将被测电阻接于电桥相应的接线柱上，电压线端（P1、P2）和电流线端（C1、C2）应分开，C1、P1 接在被试品一端，而 C2、P2 接在被试品的另一端，并且使电压线端（P1、P2）连接点比电流线端（C1、C2）连接点更靠近被测电阻。

（3）根据被测电阻初值选择适当的量程进行测量。

（4）测量时先按下电源按钮，再按下检流计按钮，调节电桥臂，使电桥达到平衡。

（5）测量完毕后，先松开检流计按钮，再断开电源按钮。可以防止在测量具有大电感回路的直流电阻时，因突然断开电源产生的感应电动势损坏检流计。

（6）测量完毕，应将检流计的指针锁住或灵敏度旋钮回零，防止在搬动电桥过程中，因较强的振动损坏检流计。

（7）记录测量值和环境温度。

三、数字电桥——辅助测量法

数字电桥与传统的电桥相比，具有操作简便、测试速度快、量程可选择、结果准确等优点。其操作步骤和注意事项参考仪器使用说明书。数字电桥外形如图TYBZ01911002-4所示。

使用数字式直流电阻电桥需满足以下技术条件，才能得到可靠测量值：

（1）恒流源纹波系数要小于 0.1%。

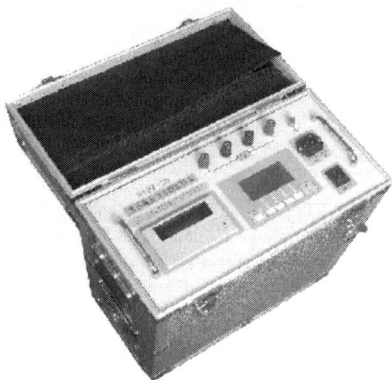

图 TYBZ01911002-4　数字电桥外形图

（2）测量数据要在回路达到稳态时读取，测量电阻值应在 5min 内测值变化不大于 5‰。

（3）测量软件要求为近期数据均方根处理，不能用全事件平均处理。

【思考与练习】

1. 单臂电桥与双臂电桥的测量范围有何不同？

2. 双臂电桥测量直流电阻的试验步骤是什么？

模块 3　缩短测量时间的方法（TYBZ01911003）

【模块描述】本模块介绍变压器绕组直流电阻缩短测量时间的方法。通过原理图和接线图的讲解，掌握变压器绕组直流电阻缩短测量时间的五种方法。

【正文】

缩短直流电阻测量时间，即减小时间常数 τ。由 $\tau=L/R$，可见要减小时间常数有两个途径，一是减小回路电感 L，一是增大回路电阻 R。

一、增大回路电阻——回路电阻突变法

增大电阻的回路电阻突变法原理如图 TYBZ01911003-1 所示。

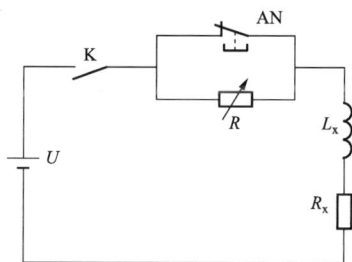

图 TYBZ01911003-1　回路电阻突变法原理图

由电路可得

AN 闭合时
$$i' = \frac{U}{R_x}\left(1 - e^{-\frac{R_x}{L_x}t'}\right)$$
（TYBZ01911003-1）

AN 断开时
$$i' = \frac{U}{R+R_x}\left(1 - e^{-\frac{R+R_x}{L_x}t'}\right)$$
（TYBZ01911003-2）

根据式（TYBZ01911003-1）、式（TYBZ01911003-2）可绘出测量电流和充电时间的关系曲线，如图 TYBZ01911003-2 所示。曲线 1 对应式（TYBZ01911003-1），曲线 2 对应式（TYBZ01911003-2）。

测量时，将按钮 AN 闭合，附加电阻 R 短路，使全部电压加在被试绕组上，强迫有较大的电流上升速度，一直达到预定电流 $I\left(I = \dfrac{U}{R+R_x}\right)$ 值时断开按钮 AN，则电流 i' 由由图 TYBZ01911003-2 所示的曲线 1 立即稳定到曲线 2 上。可见，充电时间由 t'' 缩短到 t'。

此方法常在电桥法时应用，但需提高测量电源的电压。

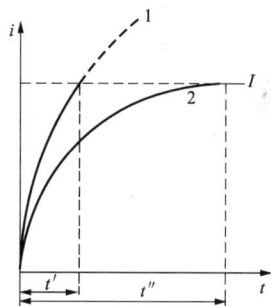

图 TYBZ01911003-2　电流和充电时间变化关系

二、减小回路电感

1. 全压恒流源法

全压恒流电源是由一恒压电压源和一恒流源及控制回路构成，恒压源电压一般为 45～100V，其作用是在充电初始使电流有较快的上升速度；恒流源则强迫充电电流很快稳定在预定值（即恒压源下充电，恒流源下测量）。将其应用于电桥法或电压降法中，能大大地减少充电时间，准确迅速地测量大型变压器绕组的直流电阻。

全压恒流源测量回路电流与时间变化关系曲线如图 TYBZ01911003-3 所示。在

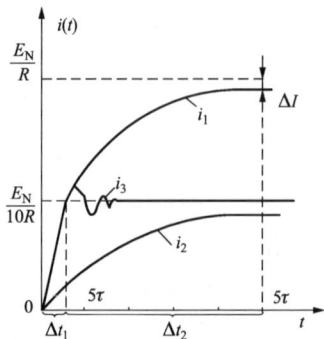

图 TYBZ01911003-3 全压恒流源测量
回路电流与时间变化关系曲线

i_1—电压为 E_N 时的充电曲线；i_2—电压为 $E_N/10$

时的充电曲线；i_3—全压恒流充电曲线；

Δt_1—稳压时间；Δt_2—恒流时间；

ΔI—充电到 6τ 的电流误差

充电初始时用较高的充电电压 E_N，这时充电电流上升速度比较快，过渡过程如 i_1 曲线；当 i_1 充到 E_N/R 时，电路自动将输出电压为 E_N 的充电电源切换到输出端电压为 $E_N/10$、输出电流为 $I_N=E_N/（10R）$ 的恒流电源，强迫充电电流突变为稳态电流。当电流切换后，过渡过程很快稳定，充电电流曲线由原来的 i_1 变为 i_3。

2. 助磁法

变压器铁心是非线性铁磁材料，当励磁电流产生的磁势足够大时，变压器铁心会因磁饱和而使 L 减小，助磁法就是基于铁心的这样一种特性提出来的。

一般变压器的高低压绕组的匝数比达十到数十倍，那么在相同磁势（$\Phi=NI$）的情况下，其励磁电流就相差十到数十倍。在测量低压绕组电阻时，如果仅是在所测量的低压绕组中通一直流电流，使铁心达到饱和减小电感 L，所需的电流将比较大，时间也很长，在现场不容易做到。由于在相同磁通的条件下，高压绕组的励磁电流比低压绕组要小十到数十倍，所以测量时可将被测的低压绕组和其所在相的高压绕组串联供电，由高低压绕组共同给铁心励磁，这样会大大减小铁心磁饱和所需要的励磁电流，降低了对电源电流数值的要求，同时测试速度也大大加快。

以测量变压器低压绕组 a 相电阻为例，图 TYBZ01911003-4 是采用助磁测法测量变压器低压绕组电阻的接线图。接线图连接时需注意各绕组的接线方式，应使磁通为同一方向（即高、低压绕组流过的电流为同极性），外接全压恒流电源。

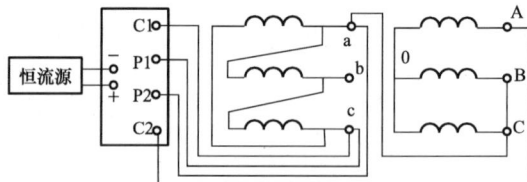

图 TYBZ01911003-4 助磁法测量变压器低压绕组电阻的接线图

3. 消磁法

同一铁心柱的两个绕组中通以相反的电流以使磁通抵消，从而使测量电路达到基本属于纯电阻（电感≈0）的线性电路，使测量准确稳定、简单迅速。具体的测量仍可用电桥法或数字式仪器测量，测量回路工作电流的大小，以满足测量用仪器或电桥灵敏度的要求为原则，通常为2～5A。

测量时，在对被测绕组通电的同时，向同相另一侧绕组的对应端施加反向电流。消磁法测量三绕组变压器绕组电阻接线如图 TYBZ01911003-5 所示。

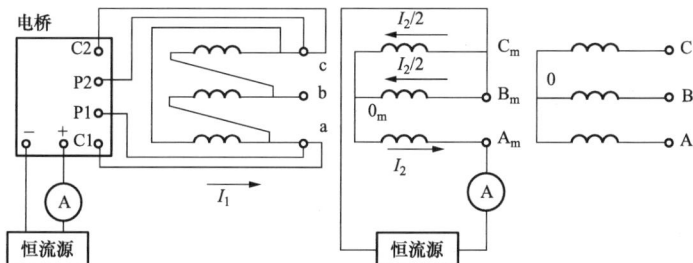

图 TYBZ01911003-5 消磁法测量三绕组变压器绕组电阻接线图

保证铁心磁通为零的条件是两侧绕组的磁势之和为零，即 $I_1N_1+I_2N_2=0$（其中 I_1、N_1 为一侧绕组的匝数和电流，I_2、N_2 为另一侧绕组的匝数和电流）。试验时应注意根据 $I_1N_1+I_2N_2=0$ 对两侧施加的电流进行计算，以保证铁心零磁通状态。

三、增大回路电阻和减小回路电感——成套数字式直阻测试仪

现阶段各种成套的数字式直阻测试仪已经非常成熟，具有增大回路电阻和减小回路电感的双重功能，它们具有较高的灵敏度和准确性，测试速度快，现场使用方便。有的产品具有同时测量星接绕组的三相直阻值、同时进行相间误差计算的功能。需要指出的是，直流电阻测量时输出电流不易过大，防止绕组过热产生测量误差。

【思考与练习】

1. 缩短直流电阻测量时间的方法有哪几种？
2. 试画出助磁法测量直流电阻的试验接线。

模块 4 测量中的注意事项及结果判断（TYBZ01911004）

【模块描述】本模块介绍变压器绕组直流电阻测量中的注意事项及结果判断。通过要点归纳，掌握变压器绕组直流电阻测量中的注意事项以及测量结果的判断和分析处理的方法。

【正文】

一、注意事项

变压器绕组直流电阻由于影响测量结果的因素很多，如引线松紧、仪表精度、温度高低、接触情况和稳定时间等。因此，测试中应注意以下事项：

（1）测量仪表的准确度应不低于 0.5 级。

（2）连接导线应有足够的截面，且接触必须良好（用单臂电桥时应减去引线电阻）。

（3）准确测量绕组的平均温度，一般以变压器的上层油温作为绕组温度。无法准确测定绕组温度时，测量结果只能按相间是否平衡进行比较判断，绝对值只作参考。

（4）由于变压器绕组具有较大的电感，在测量过程中，不能随意切断电源及拉掉接在试品两端的充电连接线。测试完毕后，应先将变压器绕组两端短接或按下仪器放电按钮且放电完毕后，才可以切断电源及连接线。

（5）直流电阻测量时输出电流不易过大，防止绕组过热产生测量误差，一般测试电流应取 2%～10%额定电流。

（6）用双臂电桥测量或数字式测量仪测量小电阻值时，电压线端（P1、P2）和电流线端（C1、C2）应分开，C1、P1 接在被试品一端，而 C2、P2 接在被试品的另一端，并且使电压线端（P1、P2）连接点比电流线端（C1、C2）连接点更靠近被测电阻。

二、测量结果判断及分析处理

1. 测量结果判断

（1）《输变电设备状态检修试验规程》规定：

1）1.6MVA 以上变压器，扣除原始差异后，相间互差不大于 2%。

2）与同相初值比较，其变化不大于±2%（警示值）。

注：互差计算公式为 $\dfrac{R_{\max} - R_{\min}}{R_{\min}} \times 100\%$

（2）电阻温度换算。准确测量绕组的平均温度，将不同温度下测量的直流电阻按式（TYBZ01911004-1）换算到同一温度，即

$$R_{x} = R_{a}\dfrac{T + t_{x}}{T + t_{a}} \qquad \text{（TYBZ01911004-1）}$$

式中　R_{x}——换算至温度为 t_{x} 时的电阻；

　　　R_{a}——温度为 t_{a} 时所测得的电阻；

　　　T——温度换算系数，铜线为 235，铝线为 225；

　　　t_{x}——需换算 R_{x} 的温度；

　　　t_{a}——测量 R_{a} 时的温度。

（3）线电阻换算成相电阻换算公式如下。

1）对于无中性点引出的星型接线（如图 TYBZ01911004-1 所示）的变压器，直流电阻由线电阻换算到相电阻计算公式如下

$$\begin{cases} R_{\mathrm{a}} = \dfrac{R_{\mathrm{AB}} + R_{\mathrm{CA}} - R_{\mathrm{BC}}}{2} \\[2mm] R_{\mathrm{b}} = \dfrac{R_{\mathrm{BC}} + R_{\mathrm{AB}} - R_{\mathrm{CA}}}{2} \\[2mm] R_{\mathrm{c}} = \dfrac{R_{\mathrm{BC}} + R_{\mathrm{CA}} - R_{\mathrm{AB}}}{2} \end{cases} \qquad (\text{TYBZ01911004–2})$$

式中　R_{AB}、R_{BC}、R_{CA}——线端电阻；

　　　　R_{a}、R_{b}、R_{c}——相绕组电阻。

2）无中性点引出的三角形型接线（如图 TYBZ01911004–2 所示）的变压器，直流电阻由线电阻换算到相电阻计算公式如下

$$\begin{cases} R_{\mathrm{a}} = (R_{\mathrm{CA}} - R_{\mathrm{t}}) - \dfrac{R_{\mathrm{AB}} R_{\mathrm{BC}}}{R_{\mathrm{CA}} - R_{\mathrm{t}}} \\[3mm] R_{\mathrm{b}} = (R_{\mathrm{AB}} - R_{\mathrm{t}}) - \dfrac{R_{\mathrm{BC}} R_{\mathrm{CA}}}{R_{\mathrm{AB}} - R_{\mathrm{t}}} \\[3mm] R_{\mathrm{c}} = (R_{\mathrm{BC}} - R_{\mathrm{t}}) - \dfrac{R_{\mathrm{CA}} R_{\mathrm{AB}}}{R_{\mathrm{BC}} - R_{\mathrm{t}}} \end{cases} \qquad (\text{TYBZ01911004–3})$$

其中
$$R_{\mathrm{t}} = \frac{R_{\mathrm{AB}} + R_{\mathrm{BC}} + R_{\mathrm{CA}}}{2}$$

式中　R_{AB}、R_{BC}、R_{CA}——分别为绕组的线间电阻；

　　　　R_{a}、R_{b}、R_{c}——分别为绕组各相的相电阻；

　　　　R_{t}——线间电阻值和的一半。

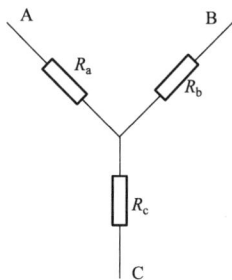

图 TYBZ01911004–1　星形接线　　　　图 TYBZ01911004–2　三角形接线

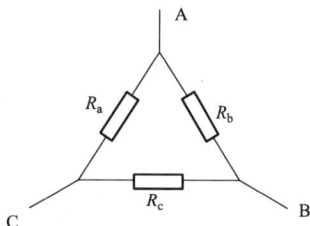

2. 测量结果的分析处理

为了与出厂及历次测量数值比较，应将不同温度下测量的直流电阻换算到同一温度，以便于比较。三相电阻不平衡的原因一般有以下几种情况：

（1）分接开关接触不良。分接开关接触不良反映在一个或二个分接处电阻偏大，

而且三相之间不平衡。这主要是分接开关不清洁、电镀层脱落、弹簧压力不够等。固定在箱盖上的分接开关也可能在箱盖紧固以后，使开关受力不均造成接触不良。

（2）焊接不良。由于引线和绕组焊接处接触不良造成电阻偏大；当有多股并联绕组，可能其中有一、二股没有焊上，这时一般电阻偏大较多。

（3）三角形连接绕组其中一相断线。测出的三个线端的电阻都比设计值大得多，没有断线的两相线端电阻为正常时的 1.5 倍，而断线相线端的电阻为正常值的 3 倍。

此外，变压器套管的导电杆和绕组连接处由于接触不良也会引起直流电阻增加。

【思考与练习】

1. 三相电阻不平衡的原因一般有哪几种情况？

2. 如何进行电阻温度换算？

3. 一台 SFSL1–31500/110 型变压器，测得其 10kV 侧（角接）直流电阻为 R_{AB}=0.563Ω、R_{BC}=0.572Ω、R_{CA}=0.56Ω，油温 15℃，试换算为 20℃电阻值，并计算直流电阻相电阻。

第十二章 变压器的短路和空载试验

模块 1 变压器损耗的测量 （TYBZ01912001）

【模块描述】本模块介绍变压器损耗的测量。通过对原理图的讲解和要点归纳，了解损耗的概念及测量意义，掌握单相、三相变压器损耗的测量方法和产生测量误差的原因。

【正文】

变压器的损耗主要是由绕组的阻抗和变压器的铁心所造成的，即由绕组内阻引起的铜损耗和由铁心引起的铁损耗两部分组成，因此在变压器出厂、投入运行前和大修后应进行变压器的损耗测量。

一、损耗概念及测量意义

变压器的初级绕组通电后，线圈所产生的磁通在铁心流动，因为铁心本身也是导体，在垂直于磁力线的平面上就会感应出电势，这个电势在铁心的断面上形成闭合回路并产生电流，称为"涡流"。这个"涡流"使变压器的损耗增加，并且使变压器的铁心发热，变压器的温升增加。由"涡流"所产生的损耗称为"铁损"。另外在绕制变压器时需要用大量的铜线，这些铜导线存在着电阻，电流流过时此电阻会消耗一定的功率，这部分损耗往往变成热量而消耗，称这种损耗为"铜损"。电力变压器损耗测试对于变压器制造单位的出厂试验，以及电力部门有效降低线损、防止高耗变压器进入电网有着重要的意义。

二、损耗测量

1. 单相变压器损耗测量

测量单相变压器损耗有两种方法，即直接测量法和间接测量法。测量仪表主要有电流表、电压表、功率表和频率表等。

（1）直接测量法。直接测量法是直接在变压器损耗测试电路中接测量仪表。目前，直接测量法根据表计规格，仅适用于电流不超过 10A、电压不超过 600V 的测量。单相变压器空载损耗的直接测量接线如图 TYBZ01912001-1 所示。

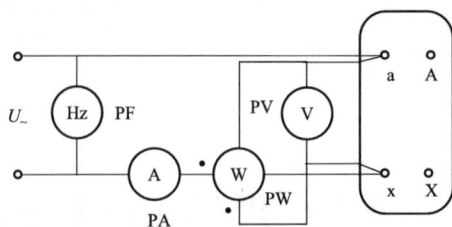

图 TYBZ01912001-1　单相变压器空载损耗的直接测量接线图

PF—频率表；PA—电流表；PV—电压表；PW—功率表

（2）间接测量法。进行大型变压器损耗测量时，由于电压高、电流大，采用间接测量法，即测量表计经过电流互感器和电压互感器接入电路。测得的读数应分别乘以相应的变比，单相变压器损耗的间接测量接线如图 TYBZ01912001-2 所示。

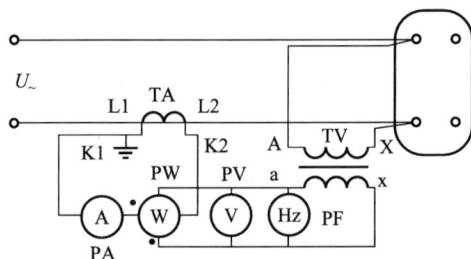

图 TYBZ01912001-2　单相变压器损耗的间接测量接线图

PF—频率表；PA—电流表；PV—电压表；PW—功率表；

TV—电压互感器；TA—电流互感器

2. 三相变压器损耗测量

三相变压器的损耗测量可用三功率表法和双功率表法来测量。

（1）三功率表法测量。三功率表法测量总损耗等于三个功率表读数的算术和。由于三功率表法需要较多仪表，一般较少采用。但对三相变压器相间有缺陷时，用它可以比较分析。三功率表法间接测量三相变压器损耗接线如图 TYBZ01912001-3 所示。

（2）双功率表法测量。双功率表法测量变压器的损耗等于两个功率表读数的代数和。利用双功率表法测量时，要特别注意有功功率表的进出线极性，否则读数计算将造成错误的结果。双功率表法测量三相变压器损耗的接线如图 TYBZ01912001-4 所示。

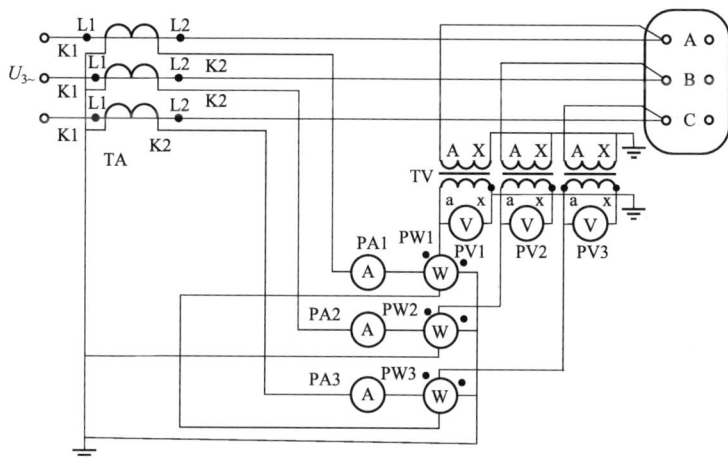

图 TYBZ01912001-3 三功率表法间接测量三相变压器损耗接线图

TA—电流互感器；TV—电压互感器；PA1、PA2、PA3—电流表；

PV1、PV2、PV3—电压表；PW1、PW2、PW3—功率表

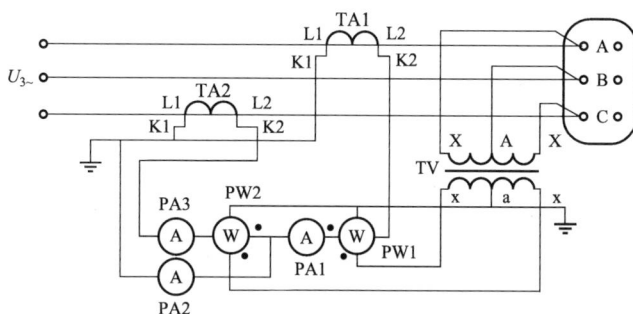

图 TYBZ01912001-4 双功率表法测量三相变压器损耗的接线图

PA1、PA2、PA3—电流表；PW1、PW2—功率表；TV—电压互感器；TA1、TA2—电流互感器

三、测量损耗的误差

1. 测量回路增加的损耗

在用间接测量法试验大型变压器时，仪表、互感器及引线中的损耗占总损耗的比例很小，一般可不予考虑。但在直接测量时，仪表回路本身和引线电阻的损耗将导致显著误差，致使测量值大于实际值。因此要从实测损耗中减去仪表损耗和引线损耗才得到实际损耗。

2. 互感器的角误差

互感器的角误差对测量准确度影响较大，若使用 0.5 级电流互感器和电压互感器，在最不利的情况下，角误差会使被试变压器的损耗误差大于 18%。而使用 0.2

级互感器，在最不利的情况下，误差也达 3%～6%，因此要进行角误差校正。

【思考与练习】

1. 单相变压器损耗测量有哪几种方法？

2. 三相变压器损耗测量有哪几种方法？

3. 测量损耗的误差有几种？

模块 2　变压器空载试验方法（TYBZ01912002）

【模块描述】本模块介绍了变压器空载试验方法。通过概念介绍、要点归纳，掌握空载电流和空载损耗的概念，了解变压器空载试验的目的，熟悉双功率表法和变压器损耗参数测试仪法进行变压器空载试验方法。

【正文】

变压器空载试验是测量铁心中的空载电流 I_0 和空载损耗 P_0，可以有效的发现铁心磁路中的局部或整体缺陷，同时也能发现绕组匝间短路等缺陷。

一、空载电流和空载损耗的概念

空载损耗是由于铁心的磁化所引起的磁滞损耗和涡流损耗，同时也包括空载附加损耗和空载电流通过绕组时产生的电阻损耗。后两种损耗只占总损耗的百分之几，可以忽略不计，所以又将空载损耗称为铁心损耗。

空载电流通常以实测的空载电流占额定电流的百分数表示，表示为 $I_0\%$，即

$$I_0\% = (I_0/I_n) \times 100\% \qquad \text{（TYBZ01912002-1）}$$

三相变压器的空载电流取三相算术平均值，并核算为额定电流的百分数，即

$$I_0\% = (I_{0A} + I_{0B} + I_{0C})/(3I_n) \times 100\% \qquad \text{（TYBZ01912002-2）}$$

电力变压器电压等级为 35kV 及以上，容量在 2000kVA 以上时，空载电流约占额定电流的 0.3%～1.5%；10kV 及以下的中小型变压器，空载电流约占额定电流的 2%～10%。同一容量的变压器由于铁心采用硅钢片材料不同，其空载电流的差异也比较大。在制造过程中，铁心接缝大小对空载电流的影响也比较大，尤其对于中小型变压器影响更为显著。当试验测得的数值与设计计算值、出厂值、同类型变压器或大修前的数值有显著差异时，应查明原因。

二、空载试验的目的

空载损耗主要是铁心损耗，包括磁滞损耗和涡流损耗。进行空载试验的主要目的有以下几方面：

（1）检查磁路中是否存在局部或整体缺陷，如铁心硅钢片整体装配质量不良、硅钢片松动、较大面积的硅钢片短路、片间绝缘不良、硅钢片质量低劣（小型配电变压器），穿心螺栓、压板以及夹件绝缘损坏。

（2）发现变压器绕组缺陷，如匝间或层间短路、并联支路短路、绕组与分接开关接线错误、并联绕组匝数不正确等。

三、空载试验的方法

变压器空载试验一般是以正弦波形、额定频率的额定电压加入被试变压器低压绕组上，在其他绕组开路的情况下，测量变压器的空载电流和空载损耗。

根据现场需要，现在常进行低电压下的空载试验，通过与历史数据比较及横向比较，能够灵敏地发现变压器是否发生了绕组变形缺陷。

1. 双功率表法

双功率表法测量三相变压器空载损耗接线图如图 TYBZ01912002–1 所示。可根据试验电压、电流的大小，选择是否使用互感器。

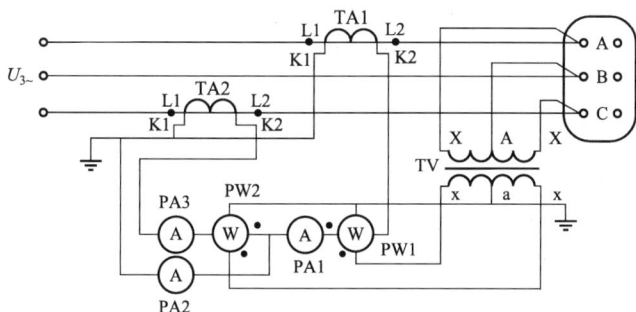

图 TYBZ01912002–1　双功率表法测量三相变压器空载损耗接线图

PA1、PA2、PA3—电流表；PW1、PW2—功率表；TV—电压互感器；TA1、TA2—电流互感器

2. 变压器损耗参数测试仪法

现场多采用成套的变压器损耗参数测试仪进行，该方法具有接线简单、操作便捷、各种误差自动校正、数据准确等优点。变压器空载试验的微机化系统采用数字采样技术，利用微机进行数字滤波、数据处理、数值计算，减少或排除了各种误差，避免了繁琐的人为读表和计算，提高了测试精度和效率。

【思考与练习】

1. 空载试验的目的是什么？
2. 空载损耗和空载电流增大的原因是什么？
3. 试画出双功率表法空载试验接线图。

模块 3　变压器短路试验方法（TYBZ01912003）

【模块描述】本模块介绍变压器短路试验方法。通过要点归纳和原理图的讲解，了解变压器短路试验的目的，掌握变压器短路试验的接线和试验方法。

【正文】

变压器绕组是由铜或铝线绕制而成的，由于导线存在着电阻，通过电流时就要发热，将有一部分能量消耗掉；且变压器有漏磁通的存在，也将引起损耗。变压器短路损耗包括电流在绕组电阻上产生的损耗和漏磁通引起的各种附加损耗，主要有在交变磁场作用下的绕组中的涡流损失和漏磁通穿过绕组压板、铁心夹件、油箱等构件所形成的涡流损耗。

一、短路试验的目的

进行变压器短路试验的主要目的有以下 7 方面：

（1）测量短路损耗和阻抗电压，为并联运行提供依据，以便确定变压器的并列运行；

（2）计算变压器的效率、热稳定和动稳定；

（3）计算变压器二次侧的电压变动率以及确定变压器温升等，为系统稳定计算提供参数；

（4）通过短路试验可发现变压器各结构件（屏蔽、压环和电容环、轭铁梁板等）或油箱箱壁中由于漏磁通所致的附加损耗过大、局部过热；

（5）油箱箱盖或套管法兰等附件损耗过大并发热；

（6）有载调压变压器中的电抗绕组匝间短路；

（7）大型电力变压器低压绕组中并联导线间短路或换位错误，这些缺陷均可能使附加损耗显著增加。

二、短路试验方法

短路试验将变压器一侧绕组（通常是低压侧）短路，而从另一侧绕组（分接头在额定电压位置上）加入额定频率的交流电压，使变压器绕组内的电流为额定值，测量所加的电压和功率，这一试验就称为变压器的短路试验。

将测得的有功功率换算至额定温度下的数值，称为变压器的短路损耗。所加电压 U_K 称为阻抗电压，通常以占加压绕组额定电压的百分数表示，即

$$U_K\%=U_K/U_N\times100\%$$

三绕组变压器应对每两绕组进行一次短路试验（非被试绕组开路），如两绕组容量不等，应通入容量较小绕组的额定电流，并注明测得的阻抗电压所对应的容量。阻抗电压包括有功分量和无功分量两部分，两分量的比值随容量而变。容量越大，电抗电压 U_x（无功分量）对电阻电压 $U_r\%$（有功分量）的比值 $U_x\%/U_r\%$ 也越大，大容量变压器可达 10～15；中小变压器为 1～5。

三、短路试验接线

短路试验的电源频率应为 50Hz（偏差不超过±5%），调节电压使绕组中电流等于额定值，受条件所限时允许电流可小些，但一般不应低于 $I_n/4$。在现场有时不得

不在更低电流下做试验，这时测得的结果误差较大。因短路试验数据与温度有关，试验前应准确测量绕组直流电阻并求出平均温度，短路损耗与直流电阻有关，因此绕组的短路线必须尽可能短，截面应不小于被短路绕组出线的截面，连接处要接触良好。变压器短路试验接线如图 TYBZ01912003-1 所示。

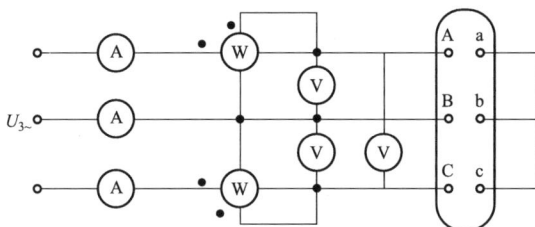

图 TYBZ01912003-1　变压器短路试验接线

【思考与练习】

1. 短路试验的目的是什么？
2. 试画出短路试验接线图。

模块 4　零序阻抗的测量（TYBZ01912004）

【模块描述】本模块介绍变压器零序阻抗的测量。通过要点归纳和对原理图的讲解，掌握变压器零序阻抗的概念，掌握变压器零序阻抗的测量方法及注意事项。

【正文】

变压器对各相序（正、负、零序）电压、电流所表现的阻抗叫做序阻抗，它们分别称为正序、负序和零序阻抗。

一、零序阻抗

正序阻抗是正常运行时所表现的阻抗，当系统不对称运行时，就会产生零序电流。零序阻抗由于任一瞬间所有三相的零序电流的大小和方向都是一样的，即它们的总和不等于零，所以零序阻抗与正序阻抗和负序阻抗有本质上的区别。零序阻抗的大小不仅与绕组的连接方式有关，还与铁心结构有关。因此零序阻抗须由实测确定。

二、零序阻抗测量

1. 星形-三角形接线

星形-三角形接线的变压器中，一次侧为星形绕组中的零序电流是能够流得通的，建立的磁通分别在各个铁心柱的绕组中所感应出来的电压同相，所以使得由三角形绕组所形成的闭路中有一个循环电流，起着短路作用，反对零序磁通的建立。

由于零序激磁阻抗为一有限值，所以带有三角形绕组的变压器的零序阻抗小于正序阻抗，三角形绕组使得零序阻抗为一较低值，基本上由零序漏抗所决定，故零序阻抗基本上为线性的。因此零序阻抗测量即可将三相绕组并联后，对中性点施加单相电源，则三个铁心柱获得零序磁通，于是得到零序阻抗，即

$$Z_0 = 3U_0/I_0$$

式中　Z_0——每相零序阻抗，Ω；

$\quad\quad I_0$——试验电流，A；

$\quad\quad U_0$——试验电压，V。

星形–三角形接线变压器零序阻抗测量接线如图 TYBZ01912004–1 所示。

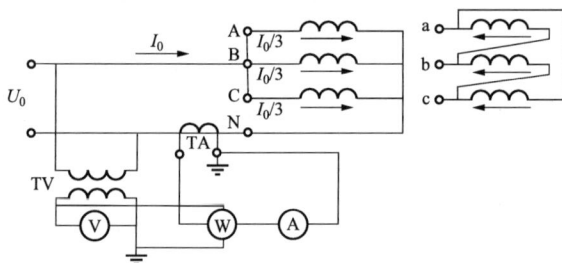

图 TYBZ01912004–1　星形–三角形接线变压器零序阻抗测量接线图

TV—电压互感器；TA—电流互感器；V—电压表；W—功率表；A—电流表

2. 星形–星形接线

星形–星形接线变压器零序阻抗的测量时一次侧开路，将二次侧绕组的三个线端用导线短接，在中性点和三个线端间施加工频电压，即可测出其零序阻抗。应当指出，由于这种接线变压器的零序阻抗是非线性的，它随着施加电流的增大而减小，所以它需要测量一系列的阻抗值，一般不少于 5 点，例如测量 20%、40%、60%、80% 和 100%试验电流时的零序阻抗数值。试验电流一般不超过额定电流，如果零序阻抗太大，还要控制试验电流，使试验电压不超过额定相电压。星形–星形接线变压器的零序阻抗测量试验接线如图 TYBZ01912004–2 所示。

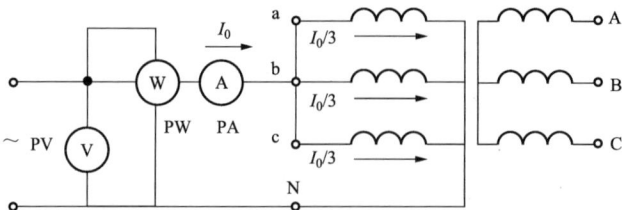

图 TYBZ01912004–2　星形–星形接线变压器的零序阻抗测量试验接线图

PV—电压表；PW—功率表；PA—电流表

3. 零序阻抗测试注意事项

零序阻抗测试时，试验电流一般不超过额定电流，如果零序阻抗太大，还要控制试验电流，使试验电压不超过额定相电压。测试中密切观察变压器油箱各部位，防止零序磁通集中，引起箱壁的局部过热，特别是大型变压器，有时会使箱壁局部灼热变红。

【思考与练习】

1. 画出星形–三角形接线变压器零序阻抗接线图。
2. 画出星形–星形接线变压器零序阻抗接线图。
3. 零序阻抗测试注意事项是什么？

模块 5　变压器空载试验数据分析判断（TYBZ01912005）

【模块描述】本模块介绍变压器空载试验数据分析判断。通过要点归纳和案例分析，熟悉空载试验可以发现的缺陷，掌握对试验结果数据的判断和分析处理的方法。

【正文】

变压器通过空载特性的试验数据的分析判断，可有效的发现变压器缺陷，及时采取措施，进行变压器缺陷的消除，保证设备安全运行。

一、空载试验可以发现的缺陷

（1）硅钢片间绝缘不良缺陷。

（2）铁心极间、片间局部短路烧损缺陷。

（3）穿心螺栓或绑扎钢带、压板、上轭铁等的绝缘部分损坏，形成短路缺陷。

（4）磁路中硅钢片松动、错位、气隙太大缺陷。

（5）铁心多点接地缺陷。

（6）线圈匝间、层间短路或并联支路匝数不等，安匝不平衡等缺陷。

二、试验案例

1. 案例一

[问题说明] 一台配电变压器为 S9–200/10，Yyn0，用两瓦特表法测量该变压器的空载损耗，数据如下：$U_{ab}=U_{bc}=U_{ca}=400V$，$P_1=-220W$，$P_2=700W$，求该配电变压器空载损耗？

[问题分析] 空载试验两瓦特表法有 $P=P_1+P_2=480W$

[结果评价] 变压器空载损耗为 480W。

2. 案例二

[问题说明] 有一台额定电压 35/0.4kV，额定容量 800kVA，连接组别 Yyn0 的

变压器，在运行时低压侧发生故障，使高压侧熔断器熔断，进行空载试验，空载电流试验数据 I_{0ab}、I_{0bc} 和 I_{0ac} 分别为 915mA、910mA 和 823mA，试判断变压器是否正常？（变压器铭牌空载电流为 820mA）

［问题分析］从空载电流三相试验数据分析，I_{0ab}、I_{0bc} 基本相等且大于 I_{0ac}，且大于铭牌值，因此正常的空载电流是 I_{0ac} 相。由于 I_{0ab}、I_{0bc} 比铭牌值增大了约 11%，提高试验数据发现，电压加在有 b 相时，试验数据异常。

［结果评价］因为是在运行时低压侧发生故障，因此判断该变压器 B 相线圈存在匝间短路。

3. 案例三

［问题说明］变压器空载试验电源的容量一般是怎样考虑的？

［问题分析］为了保证电源波形失真度不超过 5%，试品的空载容量应在电源容量的 50% 以下。

［结果评价］采用调压器加压试验时，空载容量应小于调压器容量的 50%；采用发电机组试验时，空载容量应小于发电机容量的 25%。

【思考与练习】

1. 空载试验可以发现什么缺陷？
2. 变压器空载试验电源的容量一般是怎样考虑的？

模块 6 变压器短路试验结果的计算与分析判断
（TYBZ01912006）

【模块描述】本模块介绍变压器短路试验结果的计算与分析判断。通过要点归纳和案例分析，熟悉变压器短路试验的注意事项，掌握根据试验结果数据计算短路阻抗、短路损耗的方法。

【正文】

变压器短路试验所加的电压很低，铁心中的磁通密度很小，这是铁心中的损耗相对于绕组中的电阻损耗可以忽略不计，所以变压器短路试验所测得的损耗可以认为就是绕组的电阻损耗。

一、短路试验注意事项

（1）试验时，被试绕组应在额定分接上。

（2）三绕组变压器，应每次试验一对绕组，试三次，非被试绕组应开路。

（3）连接短路用的导线必须有足够的截面（一般电流密度可取 2.5A/mm²），并尽可能短，接处接触必须良好。

（4）合理选择电源容量、设备容量及表计。一般互感器应不低于 0.2 级，表计应不低于 0.5 级。

（5）试验前应反复检查试验接线是否正确、牢固，安全距离是否足够，被试设备的外壳及二次回路是否已牢固接地。

二、案例

1. 案例一

[问题说明] 某变压器做负载试验时，室温为 25℃，测得短路电阻 r_k=3Ω，短路电抗 x_k=35Ω，求 75℃时的短路阻抗 $Z_{k75℃}$ 是多少？（该变压器线圈为铜导线）

[问题分析] 对于铜导线

$$r_{k75℃}=\frac{235+75}{235+25}r_k=\frac{235+75}{235+25}\times 5=3.58（\Omega）;$$

$$Z_{k75℃}=\sqrt{{r_{k75℃}}^2+{x_k}^2}=\sqrt{3.58^2+35^2}=35.2（\Omega）$$

[结果评价] 75℃时的短路阻抗 $Z_{k75℃}$ 是 35.2Ω。

2. 案例二

[问题说明] 一台单相变压器，S_N=20000kVA，$\frac{U_{1N}}{U_{2N}}=\frac{220}{\sqrt{3}}$/11kV，$f_N$=50Hz，绕组由铜线绕制，在 15℃时做短路试验，电压加在高压侧，测得 U_k=9.24kV，I_k=157.4A，P_k=129kW，试求折算到高压侧的短路参数 Z_k、r_k、x_k，并求折算到 75℃时的值？

[问题分析] 高压侧的额定电流

$$I_{1N}=\frac{S_N}{U_{1N}}=\frac{20\,000\times 10^3}{\frac{220}{\sqrt{3}}\times 10^3}=157.46（A）$$

根据试验数据，折算至高压侧的短路参数为

$$Z_k=\frac{U_k}{I_{1N}}=\frac{9.24\times 10^3}{157.46}=58.70（\Omega）$$

$$r_k=\frac{P_k}{I_{1N}^2}=\frac{129\times 10^3}{(157.46)^2}=5.20（\Omega）$$

$$x_k=\sqrt{Z_k^2-r_k^2}=\sqrt{58.70^2-5.20^2}=58.47（\Omega）$$

[结果评价] 折算至 75℃时的参数为

$$r_{k75℃} = \frac{235+75}{235+15} \times 5.20 = 6.45 \ (\Omega)$$

$$Z_{k75℃} = \sqrt{r_{k75℃}^2 + x_k^2} = 58.82 \ (\Omega)$$

【思考与练习】

1. 短路试验应注意什么事项？

2. 75℃时的短路阻抗怎样折算？

第十三章　变压器温升试验

模块 1　变压器温升试验目的和要求（TYBZ01913001）

【模块描述】本模块介绍变压器温升试验目的和要求。通过要点归纳，掌握变压器温升试验目的和试验要求，掌握试验时应测量变压器各部位温度的要求。

【正文】

一、试验目的

变压器在正常工作或局部产生故障的情况下，引起温升过高且已超出变压器材料件（如骨架、线包、漆层等）所能承受的温度，可使变压器绝缘失效。温升试验的目的是确定变压器各部件的温升符合标准规定的要求，为变压器长期安全运行提供可靠的依据。变压器的温升试验是型式试验中鉴定产品质量的重要试验项目之一。

二、试验要求

变压器的温升试验，应在变压器特性和绝缘项目等试验之后，按铭牌数据或有关规定进行。

（1）对强油循环冷却的变压器，试验时冷却器入口的油温最高不超过 25℃；油自然循环冷却的变压器，最高气温不超过 40℃。

（2）温升试验的发热状态取决于变压器的总损耗。当空载损耗和短路损耗（换算至条件温度）的标准值与实测值不同时，试验所施加的损耗应取其中较大的数值，并应使被试变压器处于额定冷却状态。

（3）各种型式的变压器的条件温度均应符合有关标准或技术条件的规定。

（4）受试验设备所限，不可能在全损耗下进行大容量变压器的温升试验时，允许在降低发热条件下进行试验。通常要求在确定上层油的温升时，试验所施加的损耗应不小于 80%额定总损耗；在确定绕组温升时，应不小于 90%额定短路损耗。

（5）试验完毕，将所测得的温升数据校正到额定状态。

（6）试验时应测量变压器下列各部位相对于冷却介质的温升：

1）绕组（或称线圈）温升；

2）铁心温升；

3）上层油温升（油浸变压器）；

4）对附加损耗较大的变压器，还应测量其结构件（如铁心夹件、线圈压板、箱壁和箱盖等）的温升；

5）强油循环冷却的变压器，应测量冷却器的进出油温，以及需要测量的其他部位的温升。

温升试验应在环境温度 10～40℃下进行。为了缩短试验时间，试验开始时可以用增大试验电流或恶化冷却条件的办法，使温度迅速上升。当监视部位的温度达 70%预计温升时，应立即恢复额定发热和冷却条件进行试验。每隔半小时记录一次各部位的温度，油浸变压器以上层油温为准，干式变压器以铁心温升为准，如果 3h 以内其每小时温度变化不超过 1℃时，则认为被试变压器的温度已经稳定，便可记录各部位及冷却介质的温度。

【思考与练习】

1. 变压器温升试验目的是什么？

2. 变压器温升试验应测量变压器哪些部位的温度？

模块 2   变压器温升试验方法（TYBZ01913002）

【模块描述】本模块介绍变压器温升试验方法。通过要点介绍，了解变压器温升直接负载法、循环负载法、短路法、相互负载法、系统负载法五种试验方法及其特点。

【正文】

一、变压器的温升试验方法

1. 直接负载法

变压器的温升试验采用直接负载法时，在被试变压器的二次侧接以适当负载（如电阻、电感或电容器等），在一次侧施加额定电压，然后调节负载，使负载电流等于额定电流进行测量。直接负载法的试验接线结果准确、可靠，但因试验所需的电源容量要大于被试品的容量且不易找到适当负载，故该方法适用于小容量变压器及干式变压器的温升试验。

2. 循环电流法

当变压器容量较大时，采用一台与被试变压器相同容量的辅助变压器，使电流循环进行温升试验。其方法简单，所需设备少。

3. 用系统负载作试验

当被试变压器位于发电厂时，可用发电机开机进行试验，调节发电机励磁，使被试变压器满载并达到额定电流。这种方法适用于高压大容量的变压器在现场做试验。

4. 相互负载法

采用相互负载法进行变压器的温升试验时，需要三台变压器和两个试验电源，并将被试变压器与供给空载损耗的辅助变压器同一侧的各同名端并联。由电源供给额定频率的额定电压，使在被试变压器中产生额定电压下的空载损耗。同时调节辅助变压器电压，使被试变压器产生额定电流下的短路损耗。相互负载法其所提供的数据准确可靠，且试验电源容量较小。

5. 短路法

采用短路法做温升试验时，应按下列步骤进行：

（1）确定被试变压器上层油温升。调节外加电压，使加入被试变压器的功率等于空载损耗和短路损耗的总和，使变压器产生与运行工况等效的损耗后进行试验。施加等效损耗的试验电流后，定时测量变压器上层油温、箱壁等油温。当温度稳定后，测量各部位和环境温度，计算上层油温升。

（2）确定绕组温升。降低电压，使输入被试变压器的功率等于短路损耗，定时测量与（1）项中相同的各部位的温度，直到测得各部位的稳定温度后，计算出绕组温升。

（3）确定铁心温升。将被试变压器的短路线拆除，进行额定频率和额定电压下的空载温升试验。测量的温度也同上，直到温度稳定后，测量铁心和环境的温度，计算出铁心温升。

二、五种试验方法的特点

进行变压器的温升试验时，其热源主要来自绕组、铁心和结构件（如铁心夹件、拉紧螺杆、绕组压板、箱壁等）中的损耗。当被试变压器由于损耗而引起的发热和通过冷却介质的散热相平衡时，各部的温升就能稳定在某一数值。因此在进行温升试验时，必须考虑它们的冷却方式和实际的使用状况，选用适当的试验方法。

（1）直接负载法，若现场有条件时可以采用。其测量结果比较准确，但负载调节比较困难。

（2）相互负载法和循环电流法，若有合适的辅助变压器或专用的调压变压器，进行温升试验，也能获得比较准确的结果。但实际上在变电站实施比较困难，仅限于在室内对配电变压器进行试验。

（3）短路法是在低电压下施加试验电流，这种试验方法不需要增加附属设备，所以对于油浸式变压器常采用这种方法进行试验。但对于干式变压器，由于没有中间冷却介质，热源直接与冷却介质接触，会给试验造成很大的误差，所以干式变压器不能采用短路法进行温升试验。

【思考与练习】

1. 变压器温升试验有几种方法？

2. 变压器温升试验方法各有什么特点？

模块 3　测量温度（TYBZ01913003）

【模块描述】本模块介绍变压器温升测量。通过要点归纳和步骤讲解，熟悉变压器温升试验的测量要求，掌握变压器温升测量温度的部位和方法。

【正文】

一、测量的要求

温升试验时，试验地点不得有墙壁、热源、杂物以及外来辐射热、气流等的影响，以保证各测量部位温度的准确性。所有的温度计须经过校验，在测量范围内其互差小于正负 0.5℃。在有强磁场的部位进行测量时，采用准确度不受磁场影响的温度计。

二、温度的测量

1. 测量变压器周围的气温

采用四支温度计测量周围的气温，放置在被试变压器的周围，相距 3m 处，并应置于被试变压器高度的中部，温度计不受日光、气流以及表面热辐射的影响，变压器周围的气温是这些温度计读数的算术平均值。

2. 测量上层油温

温度计的测量端应浸于油面之下约 50～100mm 处，测量变压器的上层油温时，没有温度计管座时，管中应充以变压器油，再插入温度计进行测量。

3. 测量铁心的温度

采用康铜和铜组成热电偶测温元件测量，将热电偶的测温头插到铁轭（铁心）片间，保证有三个测量点。

4. 测量绕组的平均温度

采用测量直流电阻法测量绕组的平均温度。测量直流电阻时，选择数字式直流电阻测试仪。切断电源，立即测量绕组的直流电阻，通过电阻值进行换算，计算出变压器绕组的温度。

【思考与练习】

1. 变压器温升测量什么部位的温度？

2. 变压器绕组的平均温度怎样测量？

模块4 变压器温升试验结果计算及分析判断
（TYBZ01913004）

【模块描述】本模块介绍变压器温升试验结果计算及分析判断。通过案例分析，掌握根据变压器温升试验结果进行温升计算的方法。

【正文】

通过变压器温升试验两个案例的结果计算及分析判断，达到变压器温升试验方法和计算的了解。

1. 案例一

[问题说明] 为了测量变压器在温升试验中的铁心温度，将一铜线圈埋入铁心表面温度 $t_1=16℃$ 时，该线圈电阻 $R_1=20.1\Omega$，当温升试验结束时，测得该线圈电阻 $R_2=25.14\Omega$，试计算铁心的温升 Δt 是多少（T 为常数，对于铜绕组为235）？

[解析说明] 根据铜线圈温度计算公式得试验结束时线圈的平均温度 t_2 为

$$t_2=\frac{R_2}{R_1}（T+t_1）-T=\frac{25.14}{20.1}（235+16）-235=78.9（℃）$$

[结果评价] 铁心的温升 $\Delta t=t_2-t_1=78.9-16=62.9$（℃）

2. 案例二

[问题说明] 一台 KSGJY-100/6 的变压器做温升试验，当温度 $t_m=13℃$ 时，测得一次绕组的直流电阻 $R_1=2.96\Omega$，当试验结束时，测得一次绕组的直流电阻 $R_2=3.88\Omega$，试计算该绕组的平均温升 Δt_p？

[解析说明] 试验结束后绕组的平均温度 t_p 可按下式计算

$$t_p=\frac{R_2}{R_1}(T+t_m)-T=\frac{3.88}{2.96}(235+13)-235=90.1（℃）$$

式中 T—常数，对于铜线，T 为235。

[结果评价] 绕组的平均温升 $\Delta t_p=t_p-t_m=90.1-13=77.1$（℃）

【思考与练习】

1. 怎样利用线圈电阻测量进行铁心温升的计算？
2. 变压器绕组的温升需要什么试验数据计算？

第十四章 互 感 器 试 验

模块 1 电流互感器极性检查（TYBZ01914001）

【模块描述】本模块介绍电流互感器极性检查。通过要点归纳和对原理图的讲解，掌握电流互感器极性检查的意义和方法。

【正文】

一、极性检查的意义

极性检查是为了验证电流互感器极性是否正确，如极性错误会使计量仪表指示错误，更为严重的是使带有方向性的继电保护误动作。

二、极性检查的方法

电流互感器的一、二次绕组为减极性，极性检查一般采用直流法。试验时电源加在互感器的一次侧，测量仪表接在互感器的二次侧。电流互感器极性检查接线如图 TYBZ01914001-1 所示。开关 S 合上瞬间，表针正偏（右摆）；开关 S 断开瞬间，表针负偏（左摆），则判断互感器为减极性。

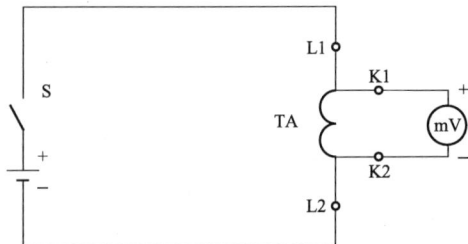

图 TYBZ01914001-1 电流互感器极性检查接线图

【思考与练习】

1. 极性检查的意义是什么？

2. 如何进行电流互感器的极性检查？

模块 2　电流互感器的励磁特性试验（TYBZ01914002）

【模块描述】本模块介绍电流互感器的励磁特性试验。通过概念介绍和对原理图的讲解，掌握电流互感器励磁特性的概念及其试验的目的和方法。

【正文】

一、励磁特性定义

互感器的励磁特性（伏安特性）是指互感器一次侧开路、二次侧励磁电流与所加电压的关系曲线，实际上就是铁心的磁化曲线。

二、励磁特性试验的目的

励磁特性试验的主要目的是校核用于继电保护的电流互感器特性是否符合要求，并从励磁特性曲线发现一次绕组有无匝间短路。

三、励磁特性试验的方法

电流互感器的励磁特性试验接线如图 TYBZ01914002-1 所示。

试验前，应将电流互感器二次绕组引线和接地线均拆除。试验时，一次侧开路，从二次侧施加电压，升压时以电流为基准，读取电压值。通入的电流或电压以不超过制造厂技术条件的规定为准。当电流增大而电压变化不大时，说明铁心已饱和，应停止试验。试验后，根据试验数据绘出励磁特性曲线即伏安特性曲线。

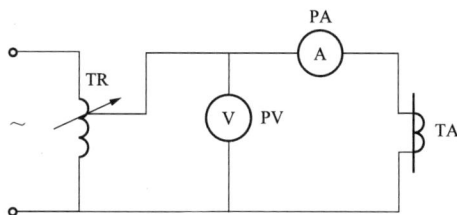

图 TYBZ01914002-1　电流互感器励磁特性试验接线

TR—调压器；PA—电流表；PV—电压表

只对继电保护有要求的二次绕组进行电流互感器的励磁特性试验。

图 TYBZ01914002-2 为电流互感器的励磁特性正常、短路 1 匝和短路 2 匝曲线，由图可知，当电流互感器二次绕组有匝间短路时，其励磁特性曲线在开始部分电压较正常的偏低。

应注意的是，励磁特性试验前后，应对电流互感器铁心进行退磁处理。

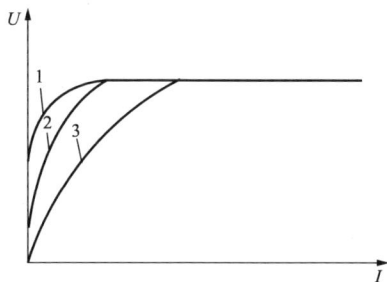

图 TYBZ01914002-2　电流互感器的励磁特性正常、短路 1 匝和短路 2 匝曲线图

1—正常曲线；2—短路 1 匝；3—短路 2 匝

【思考与练习】

1. 互感器励磁特性的定义是什么？

2. 正常和有短路匝缺陷的励磁特性曲线有什么区别？

模块 3　电流互感器的铁心退磁（TYBZ01914003）

【模块描述】 本模块介绍电流互感器的铁心退磁试验。通过要点介绍和步骤讲解，掌握电流互感器的铁心剩磁的产生原因，掌握铁心退磁的方法及试验电流大小的选取原则。

【正文】

一、铁心剩磁的产生原因

电流互感器在大电流下切断电源或在运行中发生二次开路时，通过短路电流或采用直流电源的试验后，都有可能在电流互感器的铁心中留下剩磁，剩磁使电流互感器的比差尤其是角差增大，因此应对电流互感器铁心进行退磁。

二、铁心退磁的方法

将电流互感器一次绕组开路，二次绕组通入 50Hz 交流电流，然后使电流从最大值均匀降到零（时间不少于 10s），并在切断电源前将二次绕组短路。如此重复二、三次，即可退去电流互感器铁心中的剩磁。

电流的大小按以下原则选取：

（1）二次绕组额定电流为 5A 时，退磁电流为 1～2.5A；

（2）二次绕组额定电流为 1A 时，退磁电流为 0.2～0.5A。

【思考与练习】

1. 电流互感器铁心剩磁的产生原因是什么？

2. 电流互感器铁心退磁的电流大小如何选取？

模块 4　电压互感器的感应耐压试验（TYBZ01914004）

【模块描述】 本模块介绍电压互感器的感应耐压试验。通过对原理图的讲解，掌握对全绝缘电压互感器进行外施工频耐压试验的方法，掌握对电压互感器进行感应耐压试验的方法和试验电压持续时间要求，掌握三倍频电源的获取方法。

【正文】

一、外施工频耐压试验

外施工频耐压试验主要是考核互感器主绝缘的电气强度，即一、二次绕组间及绕组对地的绝缘。

1. 全绝缘电压互感器

外施工频耐压试验时一次绕组短路接高压，二次绕组短路接地。全绝缘电压互感器交流耐压试验接线如图 TYBZ01914004-1 所示。

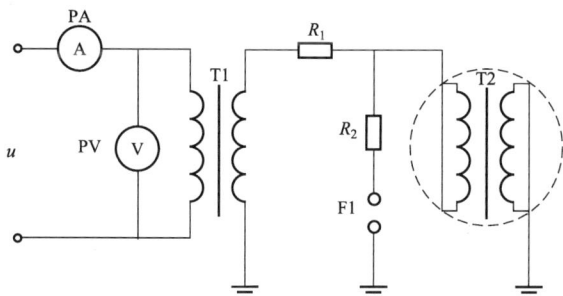

图 TYBZ01914004-1 全绝缘电压互感器交流耐压试验接线图

PA—电流表；PV—电压表；T1—试验变压器；R_1—限流电阻；

R_2—球隙保护电阻；F1—保护球隙；T2—被试电压互感器

2. 分级绝缘电压互感器

分级绝缘电压互感器因一次绕组首尾两端的绝缘水平不同，不能采用外施工频耐压试验考核其绝缘，只能采用感应耐压试验。

二、感应耐压试验

1. 分级绝缘电压互感器

分级绝缘电压互感器因其结构上的特点，只能进行感应耐压试验。试验时把电压互感器一次绕组末端接地，从某一个二次绕组加压，在一次绕组感应出所需要的电压。感应耐压试验考核了互感器的纵绝缘及部分主绝缘。为避免铁心磁饱和，常采用提高试验电源频率的方法，一般采用三倍频（150Hz），此时的加压时间为 40s。倍频感应耐压试验接线如图 TYBZ01914004-2 所示。

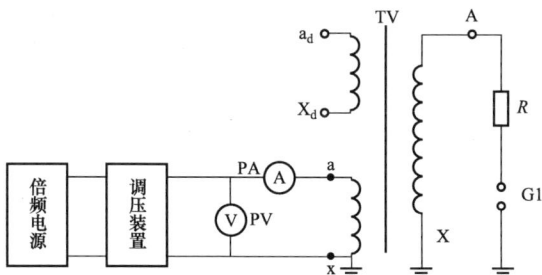

图 TYBZ01914004-2 倍频感应耐压试验接线图

2. 全绝缘电压互感器

外施工频耐压试验仅仅考核了互感器的主绝缘，但其纵绝缘，即绕组匝间的绝缘未得到考核，而感应耐压试验主要考核的就是纵绝缘。如对纵绝缘水平怀疑，可进行全绝缘电压互感器的感应耐压试验。试验进行两次，即从二次绕组加压，A、X 分别接地。

3. 试验电压持续时间

试验电压持续时间为：$t = 60\dfrac{100}{f}$，但不得少于 15s。

4. 三倍频电源的获取

用星形–开口三角形接线的变压器获得，将三台单相变压器的一次侧绕组接成星形，二次侧绕组接成开口三角形。星–开口三角变压器组的连接及相量图如图 TYBZ01914004-3 所示。一次侧接于工频电源，并适当过励磁。由于正弦波电流在饱和的铁心中产生非正弦的磁通，由此感应的电动势也是非正弦的，而其中主要成分是基波和三次谐波分量。在二次侧的三角形开口端，三相绕组基波感应电动势的相量和为零，而三次谐波感应电动势相位相同。因此，从开口三角输出 150Hz 的高频电压。此方法在现场较多使用。

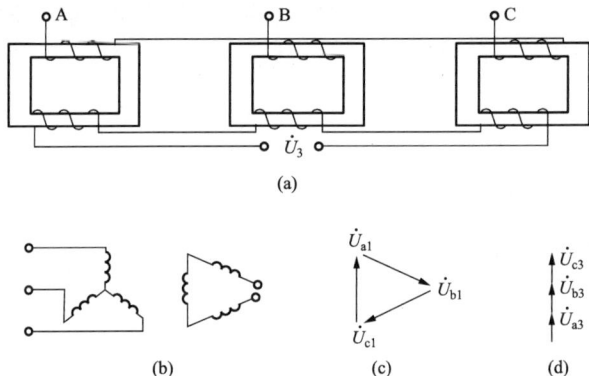

图 TYBZ01914004–3　星–开口三角变压器组的连接及相量图

（a）星–开口三角变压器组的连接；（b）星–开口三角连接；

（c）基波相量；（d）三次谐波电压相量

【思考与练习】

1. 如何获取三倍频试验电源？

2. 如何对分级绝缘电压互感器进行感应耐压试验？

模块 5　电压互感器的 $\tan\delta$ 值测量（TYBZ01914005）

【模块描述】 本模块介绍电压互感器的 $\tan\delta$ 值测量试验。通过要点归纳和对原理图的讲解，掌握串级式电压互感器常规法、自激法、末端加压法及末端屏蔽法 $\tan\delta$

值测量方法,熟悉四种测量方法的特点。

【正文】

测量 35kV 及以上电压互感器一次绕组的 $\tan\delta$ 值,能够灵敏发现绝缘受潮、劣化及套管绝缘损坏等缺陷。本模块重点介绍串级式电压互感器常规法、自激法、末端加压法及末端屏蔽法 $\tan\delta$ 值测量方法。

一、全绝缘电压互感器

测量时一次绕组首尾端短接后加电压,其余绕组首尾端短接接地,采用反接线测量,试验电压为 10kV。

二、串级式电压互感器

测量电压互感器绝缘 $\tan\delta$ 的目的主要是检测进水受潮缺陷,尤其希望在进水受潮的初期应能有效地检测出来,这样才能防止运行中爆炸和烧坏事故。

1. 常规法

常规法分为正接线法和反接线法。常规正接线法接线和常规反接线法接线如图 TYBZ01914005-1 和图 TYBZ01914005-2 所示。

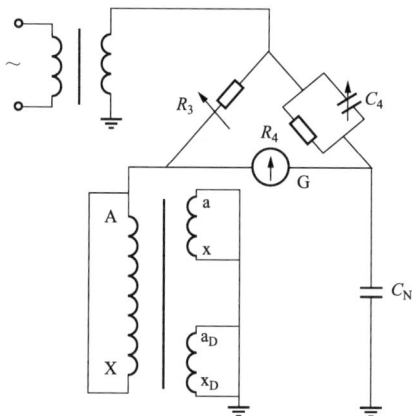

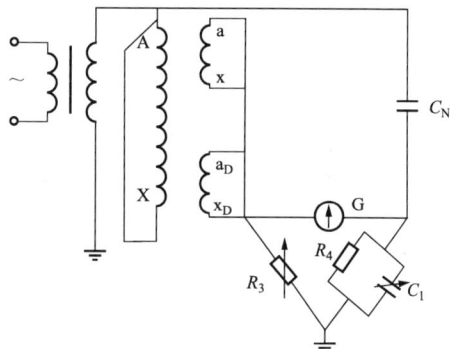

图 TYBZ01914005-1　常规正接线法接线图　　图 TYBZ01914005-2　常规反接线法接线图

常规法测量的缺点:

(1)试验电压低,只有 3000V,导致电桥灵敏度降低。

(2)主要反映一次静电屏(即 X 端)对二、三次绕组间绝缘的介损值,一次绕组对二、三次绕组端部绝缘的介损值却难以反映,而这部分是电压互感器运行中最易受潮的部位,也就是说即使互感器存在绝缘缺陷,常规法也不宜测到。

(3)易受 X 端引出端子板及小套管脏污的影响。

2. 自激法

自激法测量电压互感器 $\tan\delta$ 的接线如图 TYBZ01914005-3 所示。

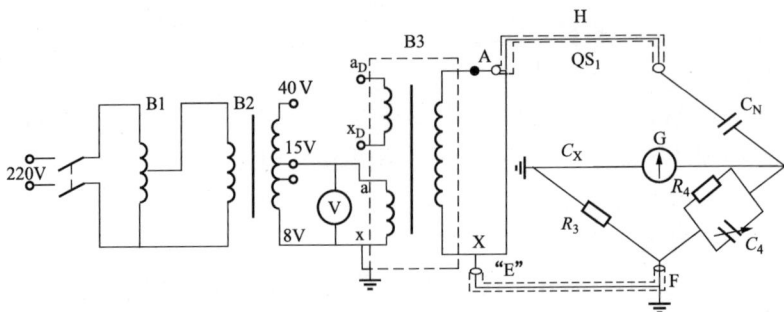

图 TYBZ01914005-3　自激法测量电压互感器 tanδ 的接线图

B1—调压器；B2—隔离变压器；B3—110kV 电压互感器；H—耐压 10kV 的高频电缆

自激法利用互感器本身的感应关系，即可在高压绕组上产生一个较高的试验电压。自激法的主要缺点是：

（1）因一次绕组对大地的杂散电容也被测进去，故测量结果为负误差。

（2）低压励磁可能引起一次绕组电压的相位偏移，导致测量误差。

（3）易受空间电场干扰。

3. 末端加压法（首端屏蔽法）

末端加压法测量绕组间绝缘 tanδ 的接线如图 TYBZ01914005-4 所示。

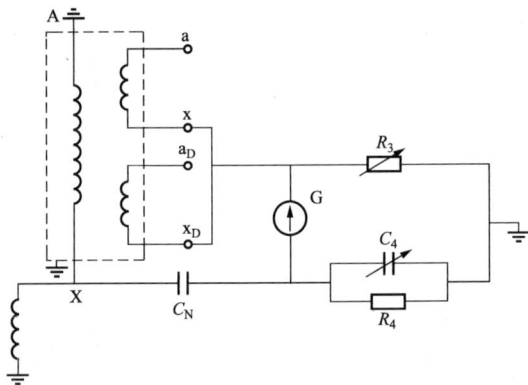

图 TYBZ01914005-4　末端加压法测量绕组间绝缘 tanδ 的接线图

末端加压法的主要缺点是：

（1）试验电压低（3000V），导致电桥灵敏度降低。

（2）主要测量的是一、二次绕组间绝缘的介损值。

（3）易受 X 端引出端子板及小套管脏污的影响。

4. 末端屏蔽法

末端屏蔽法接线图如图 TYBZ01914005-5 所示。

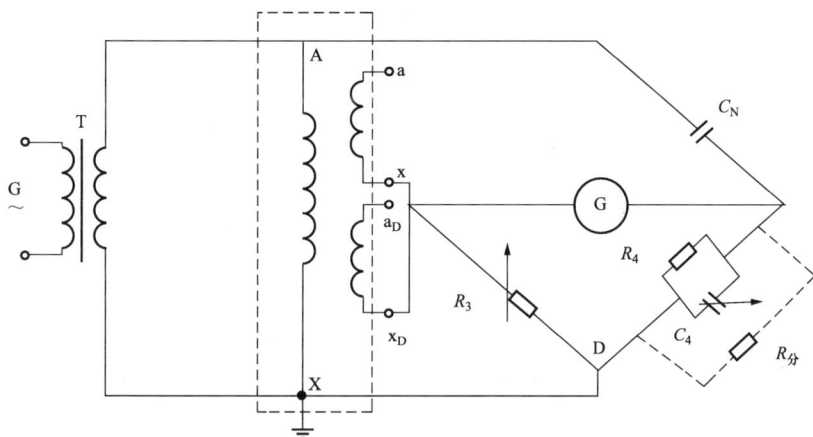

图 TYBZ01914005–5　末端屏蔽法接线图

末端屏蔽法测量的是下铁心柱上一次绕组对二、三次绕组间绝缘的介损值，而该处是运行中长期承受高电压的部分，又是最容易受潮的部位，所以能较真实地反映互感器内部绝缘状况。虽然末端屏蔽法也存在一些不足，但相比其他方法有效性更高。《输变电设备状态检修试验规程》就将末端屏蔽法列为串级式电压互感器 $\tan\delta$ 值测量推荐方法。

【思考与练习】

1. 常规法测量有什么缺点？
2. 末端屏蔽法试验如何接线？

模块 6　串级式电压互感器感应耐压试验（TYBZ01914006）

【模块描述】 本模块介绍串级式电压互感器感应耐压试验。通过要点归纳和对原理图的讲解，掌握串级式电压互感器感应耐压试验的方法及其注意事项。

【正文】

串级式电压互感器由于绝缘结构上的特点，只能进行感应耐压试验。为防止加压过程中铁心的磁饱和，需采用倍频电源，现场试验常采用三倍频（150Hz）成套装置进行试验，该试验又称倍频感应耐压试验。

一、三倍频电源的获取

用星形–开口三角形接线的变压器获得，将三台单相变压器的一次侧绕组接成星形，二次侧绕组接成开口三角形。星–开口三角变压器组的连接及相量图如图 TYBZ01914006–1 所示。一次侧接于工频电源，并适当过励磁。由于正弦波电流在饱和的铁心中产生非正弦的磁通，由此感应的电动势也是非正弦的，而其中主要成分是基波和三次谐波分量。在二次侧的三角形开口端，三相绕组基波感应电动势的相量和为零，而三次谐波感应电动势相位相同。因此，从开口三角输出 150Hz 的高频电压。此方法在现场较多使用。

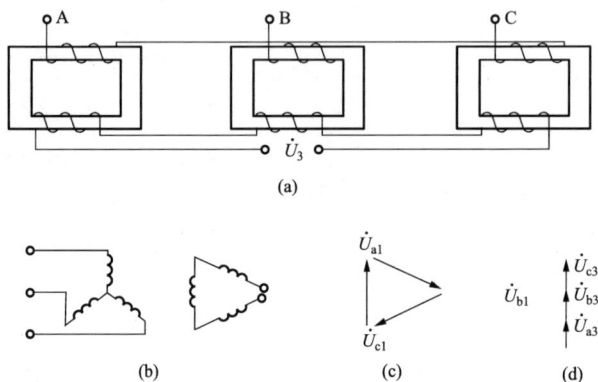

图 TYBZ01914006-1 星-开口三角变压器组的连接及相量图

（a）星-开口三角变压器组的连接；（b）星-开口三角连接；

（c）基波相量；（d）三次谐波电压相量

二、试验方法

试验时一次绕组末端（X 点）接地，试验电压一般应加在电压较高的二次线圈，在一次绕组感应出所需要的电压。倍频感应耐压试验接线如图 TYBZ01914006-2 所示。

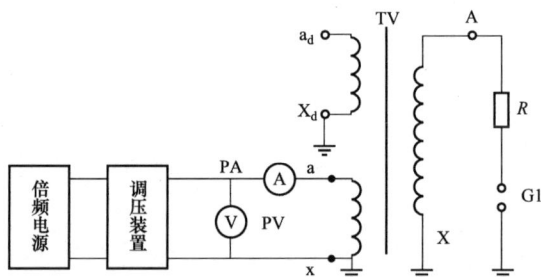

图 TYBZ01914006-2 倍频感应耐压试验接线

三、注意事项

（1）试验应在其他绝缘试验项目做完并合格后方可进行。

（2）感应耐压值应从高压侧测量。如采用在低压侧测得的数值通过变比换算的方法，必须考虑容升带来的影响。表 TYBZ01914006-1 为三倍频时，各电压等级电压互感器的容升电压。

表 TYBZ01914006-1　三倍频时，各电压等级电压互感器的容升电压

额定电压（kV）	35	66	110	220
容升电压百分数（%）	3	4	5	8

（3）试验电压持续时间为：$t = 60\dfrac{100}{f}$，但不得少于 15s。

（4）耐压前后应进行空载试验，不应有明显差别，否则说明绝缘存在问题。

【思考与练习】

1. 如何进行串级式电压互感器感应耐压试验接线？

2. 串级式电压互感器感应耐压试验注意事项是什么？

第十五章　断路器试验

模块 1　断路器导电回路直流电阻的测量（TYBZ01915001）

【模块描述】本模块介绍断路器导电回路直流电阻的测量。通过要点介绍，掌握断路器导电回路直流电阻测试的意义、方法及注意事项。

【正文】

断路器导电回路电阻取决于断路器的动、静触头之间接触电阻。导电回路电阻是检验断路器安装、检修质量的重要手段。

一、导电回路电阻测试要求

导电回路电阻测量应在断路器合闸状态下进行。规程规定，测试断路器导电回路电阻应采用直流压降法，电流不小于100A。现在成套的导电回路电阻测试仪操作简单、测量精度高，已广泛应用于各生产现场。图 TYBZ01915001–1 为导电回路电阻测试仪。另外，许多单位配套使用了高空接线钳，省去了攀爬断路器的麻烦，现场使用良好。图 TYBZ01915001–2 为高空接线钳。

图 TYBZ01915001–1　导电回路电阻测试仪

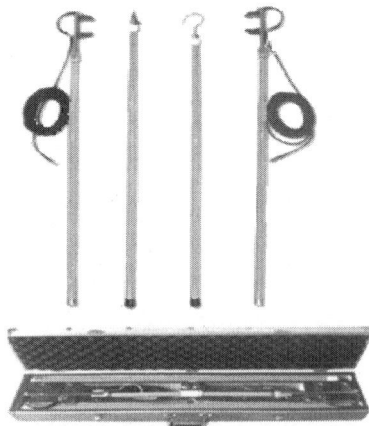

图 TYBZ01915001–2　高空接线钳

二、导电回路电阻测量时的注意事项

（1）测量时电压线接在断口的触头端，电流线接在电压线的外侧，接触应紧密良好。

（2）通常在电动合闸数次后进行测量，以消除动静触头表面氧化膜的影响。

（3）测量值大时应分段测试，以确定不良部位。

【思考与练习】

1. 断路器导电回路电阻有什么测试要求？

2. 导电回路电阻测量时有什么注意事项？

3. 断路器导电回路电阻测试的意义是什么？

模块 2　断路器的机械特性试验（TYBZ01915002）

【模块描述】本模块介绍断路器机械特性试验。通过概念介绍和要点归纳，掌握分合闸时间和同期性、分合闸速度及分合闸动作电压测试的基本概念以及测试的意义、方法和判断依据。

【正文】

断路器机械特性试验包括分合闸时间和同期性、分合闸速度及分合闸动作电压的测试。

一、分合闸时间和同期性测定

1. 定义

（1）分闸时间：由发布分闸命令（指分闸回路接通）起到所有触头刚分离的一段时间。

（2）合闸时间：由发布合闸命令（指合闸回路接通）起到所有触头刚接触为止的一段时间。

（3）分闸和合闸同期性：分闸和合闸时三相时间之差。

2. 测试意义

分合闸时间及同期性是断路器的重要参数之一。动作时间的长短关系到分合故障电流的性能；如果分合闸严重不同期，将造成线路或变压器的非全相接入或切断，从而可能出现危害绝缘的过电压。

3. 测试方法

时间特性应在额定操作电压（气压或液压）下进行，测试断路器时间及同期性的方法很多，现在普遍使用的是成套的开关综合测试仪，不但使用方便，而且测量数据准确。

4. 判断依据

（1）合、分指示正确；辅助开关动作正确；合、分闸时间，合、分闸不同期，合、分时间满足技术文件要求且没有明显变化。

（2）除制造厂另有规定外，断路器的分、合闸同期性应满足下列要求：

相间合闸不同期≤5ms；相间分闸不同期≤3ms；

同相各断口间合闸不同期≤3ms；同相各断口间分闸不同期≤2ms。

二、分合闸速度测定

1. 定义

（1）分闸速度：断路器分闸过程中，动触头与静触头分离瞬间的运动速度（刚分后 0.01s 内平均速度）。

（2）合闸速度：断路器合闸过程中，动触头与静触头接触瞬间的运动速度（刚合前 0.01s 内平均速度）。

2. 测试意义

分、合闸速度是断路器的一项重要参数，尤其油断路器。分、合闸速度直接影响断路器分合短路电流的能力。

3. 测试方法和判断依据

断路器的速度，现场一般不需要测量。如果断路器特性有了问题或检修后，必须进行测量。测量时使用成套的开关综合测试仪，测量方法和测量结果应符合制造厂规定。

三、分合闸动作电压测量

1. 测试意义

分合闸动作电压是关系到断路器能否正常运行的重要数据。一方面是由于断路器动作的无规律，在每次小修中也应进行分合闸动作电压测量，以验证其动作性能是否有明显变化；另一方面是保证其动作电压处于合格范围内，以防止拒动和误动事故。

2. 测试方法

采用突然加压法测量，使用成套的开关综合测试仪。

3. 判断依据

（1）并联合闸脱扣器应能在其额定电压的 85%～110% 范围内可靠动作；并联分闸脱扣器应能在其额定电源电压 65%～110%（直流）或 85%～110%（交流）范围内可靠动作；当电源电压低至额定值的 30%时不应脱扣。

（2）在使用电磁机构时，合闸电磁铁线圈的端电压为操作电压额定值的 80%（关合电流峰值大于 50kA 时为 85%）时应可靠动作。

【思考与练习】

1. 断路器机械特性包括什么参数？

2. 分合闸时间和同期性的定义是什么？有什么测试意义？

3. 分合闸动作电压的判断依据是什么？

第十六章　GIS　试　验

GIS 指气体绝缘金属封闭开关设备，也称作组合电器。它是由断路器、隔离开关、接地开关、避雷器、电压互感器、电流互感器、套管和母线等元件直接连接在一起，装在金属壳内，壳内充以一定压力的 SF_6 气体作为绝缘和灭弧介质。GIS 具有结构紧凑、占地面积和空间占有体积小等优点。GIS 试验包括元件试验、主回路电阻测量、SF_6 气体微水含量和检漏试验以及交流耐压试验等。其中，SF_6 气体微水含量和检漏试验基本原理与敞开式断路器一致。

模块 1　主回路直流电阻测量（TYBZ01916001）

【模块描述】本模块介绍 GIS 主回路直流电阻测量，通过要点归纳和举例介绍，掌握 GIS 主回路直流电阻测试的目的、方法及注意事项。

【正文】

所谓主回路，是指不包括避雷器、电压互感器并联支路在内的其他回路。测量主回路的电阻，可以检查主回路中的连接和触头接触情况。

一、测试方法

采用电流不小于 100A 的直流压降法。因 GIS 结构的特殊性，具体方法如下：

（1）对于有进出线套管的 GIS，尽量利用进出线套管进行测量。

（2）对于利用一侧为进线（或出线）套管、另一侧为接地开关测量的，可在不对接地开关进行任何操作的基础上进行测量（要确保套管上无接地线及测试回路中无其他接地开关在合位）。

（3）对于必须利用两组接地开关进行测量的，根据接地开关的不同，分为：

1）接地开关导电杆与外壳绝缘，引到金属外壳的外部以后再接地，测量时可将活动接地片打开，利用回路上的两组接地开关导电杆关合到测量回路上进行测量。

2）接地开关导电杆与外壳不能绝缘分隔时，测量 abcd 回路电阻值示意图如图 TYBZ01916001–1 所示。首先合上接地开关，测量 abcd 回路电阻与 ad 间直流电阻

的并联值 R_0；然后打开接地开关，测量外壳 ad 间直流电阻值 R_1，则回路电阻值

$$R = \frac{R_1 R_0}{R_1 - R_0} \text{。}$$

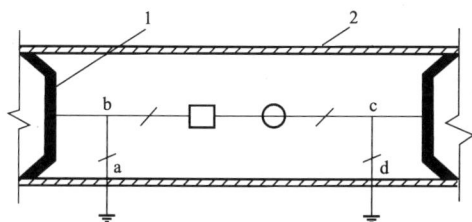

图 TYBZ01916001-1 测量 abcd 回路电阻值示意图

1—盆形绝缘子；2—外壳

二、测试中的注意事项

（1）交接试验一般在充 SF_6 气体之前进行，测试部位为每个分段的数值，将数值作为初始值。

（2）根据因现场测试的要求，需解除断路器、隔离开关之间的电气闭锁，因此测试中需要电气试验与运行人员做好配合。

（3）因 GIS 结构的特殊性，测试时需较长的测试线，因此在不影响数据准确性的基础上，根据现场情况采用加长测试线。

三、现场实例

以某站一次接线图（图 TYBZ01916001-2）为例，工作内容为 110kV I 段母线部分（包括 101 断路器）测量主回路的电阻试验。

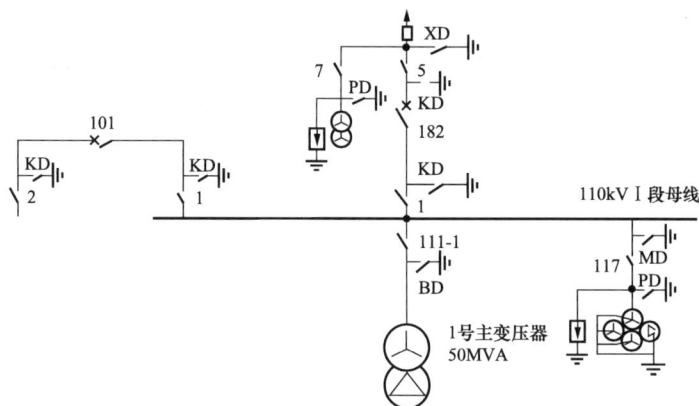

图 TYBZ01916001-2 某站一次接线图

现场主要安全措施为合上 101-2KD、182-5XD（182 为电缆出线，无法在 182-5 隔离开关线路侧挂地线）。

解：进行回路的电阻测试有：

（1）182-5XD 至 111-1 隔离开关（利用主变侧套管）之间接触电阻。

此时需 182-5XD、182-5 隔离开关、182 断路器、182-1 隔离开关、111-1 隔离开关同时在合位。但中间的接地开关 182-5KD、182-1KD、111-1BD 不允许在合位。

（2）进行 101-2KD 至 111-1 隔离开关（利用主变侧套管）之间接触电阻。

此时需 101-2KD、101 断路器、101-1 隔离开关、111-1 隔离开关同时在合位。但中间的接地开关 101-1KD、111-1BD 不允许在合位。

现场需要解除电气闭锁，实现以上各断路器及隔离开关位置，完成回路电阻的测量。

【思考与练习】

1. GIS 主回路直流电阻测试的方法是什么？

2. 测试中有什么注意事项？

模块 2　GIS 元件电气试验（TYBZ01916002）

【模块描述】本模块介绍 GIS 元件电气试验。通过要点归纳，掌握 GIS 元件例行试验和诊断试验的项目及试验要求。

【正文】

由于 GIS 各元件直接连接在一起，并全部封闭在接地的金属外壳内，测试信号可通过进出线套管加入；或通过打开接地开关导电杆与金属外壳之间的活动连接片，从接地开关导电杆加入测试信号。

国家电网公司《输电设备状态检修试验规程》规定：GIS 各元件试验项目和周期按设备技术文件规定或根据状态评价结果确定，试验项目和要求主要有：

1. 例行试验

（1）主回路电阻测量。在合闸状态下测量，测量电流可取 100A 到额定电流之间的任一值。

（2）元件试验。除进行 GIS 规定的各项试验项目，各元件的其他试验项目和周期按设备技术文件规定或根据状态评价结果确定。

（3）SF$_6$ 气体湿度检测。按 DL/T 506、DL/T 914、DL/T 915 进行。SF$_6$ 气体可从密度继电器处取样，测量完成后，按要求恢复密度继电器。

（4）红外测温检测。红外测温采用红外成像仪测试，测试应尽量在负荷高峰、夜晚进行。

TYBZ01916002

2. 诊断试验

（1）主回路绝缘电阻测量。采用 2500V 绝缘电阻表测试。

（2）局部放电测量。当怀疑有绝缘缺陷时进行。

（3）主回路交流耐压试验。试验在 SF_6 气体额定压力下进行；试验时，电磁式电压互感器和金属氧化物避雷器应与主回路断开。

（4）SF_6 气体成分分析。怀疑 SF_6 气体质量存在问题和配合事故分析时进行。

（5）SF_6 气体密度监视器（包括整定值）检验。当外观破损和数据异常时进行。

（6）气体密封性检测。当气体密度表显示密度下降或定性检测发现气体泄漏时进行。

【思考与练习】

1. GIS 主回路电阻测量电流选取多大？

2. 主回路交流耐压试验有什么要求？

模块 3　现场耐压试验的原理及接线（TYBZ01916003）

【模块描述】本模块介绍现场耐压试验的原理及接线。通过对原理图的讲解，掌握 GIS 现场耐压试验的意义以及串联谐振耐压试验的原理和方法。

【正文】

一、GIS 现场耐压试验的意义

对 GIS 核心部件或主体进行解体性检修或检验主回路绝缘时，进行耐压试验能有效地检查内部导电微粒的存在、绝缘子表面污染、电场严重畸变等故障。

二、耐压试验

由于 GIS 电容量较大，交流耐压试验需要大容量的试验变压器、调压器和试验电源，现场往往很难做到。因此常采用调频式串联谐振法来解决试验电源容量不足的问题。

1. 串联谐振的原理及原理接线

串联谐振试验回路原理图如图 TYBZ01916003-1 所示。

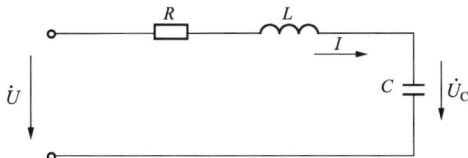

图 TYBZ01916003-1　串联谐振试验回路原理图

C—被试电容；*L*—高压电抗器的电感；

R—回路中等效电阻；$\dot{U}$ —电源电压；$\dot{U}_C$ —试品上的电压

$$U_C = IX_C = \frac{U}{\sqrt{R^2 + (X_L - X_C)^2}} X_C$$

当串联谐振时

$$X_L = X_C, \quad U_C = \frac{U}{R} X_C = \frac{U}{R} X_L$$

设谐振回路的品质因数为 Q，$Q = \dfrac{\sqrt{\dfrac{L}{C}}}{R} = \dfrac{\omega L}{R} = \dfrac{1}{\omega CR}$，则 $U_C = QU$，可见试品

上获得的电压为电源电压的 Q 倍。换言之，所需电源容量仅为工频试验变压器的 $1/Q$ 倍。

2. 调频式串联谐振耐压试验装置

调频式串联谐振耐压试验装置结构原理如图 TYBZ01916003-2 所示。

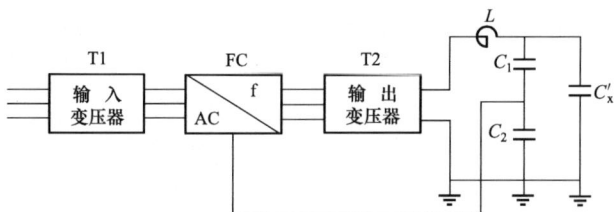

图 TYBZ01916003-2　调频式串联谐振耐压试验装置结构原理图

T1—输入变压器；FC—变频电源柜；T2—输出变压器；

L—固定电压电抗器；C_1、C_2—分压器；C_x'—被试品

当调节变频柜输出电压频率达到谐振条件 $\omega L = \dfrac{1}{\omega C}$，即 $f = \dfrac{1}{2\pi\sqrt{LC}}$ 时，就可实现串联谐振。

【思考与练习】

1. GIS 现场耐压试验有什么意义？

2. 串联谐振的品质因数怎样计算？

模块 4　现场交流耐压试验方法（TYBZ01916004）

【模块描述】 本模块介绍 GIS 现场交流耐压的试验方法。通过要点归纳、流程介绍、图形解释，掌握 GIS 现场交流耐压试验的加压方法、试验程序、结果判据以及对被试品的要求。

【正文】

一、被试品要求

GIS 对核心部件或主体进行解体性检修后，或检验主回路绝缘时，在主回路接触电阻、各元件试验、微水含量和检漏试验及主回路绝缘电阻试验合格后，进行交流耐压试验。

（1）试验时所有电流互感器二次绕组短路接地。

（2）交流耐压试验前，应将下列设备与 GIS 断开：

1）高压电缆和架空线；

2）电力变压器和电磁式电压互感器；

3）金属氧化物避雷器。

二、试验电压的加压方法

试验电压应施加到每相导体与外壳之间，每次一相，其他非试相导体与接地的外壳相连。试验电压一般由进出线套管施加，试验过程中应使每个部件至少承受一次试验电压。同时，为避免同一部件多次承受电压而导致绝缘劣化，试验电压应尽可能分别由几个部位施加。若整体容量较大，GIS 耐压试验可分段进行。

三、交流耐压试验程序

1. "老练净化"

（1）老练试验是指对设备逐步施加交流电压，可以阶梯式地或连续地加压，其目的是将设备中可能存在的活动微粒杂质迁移到低电场区域，在此区域，这些微粒对设备的危险性减低，甚至没有危害；通过放电烧掉细小的微粒或电极上的毛刺、附着的尘埃等。

（2）老练试验的基本原则是既要达到设备净化的目的，又要尽量减少净化过程中微粒触发的击穿，还要减少对被试设备的损害，即减少设备承受较高电压作用的时间，所以逐级升压时，在低电压下可保持较长时间，在高电压下不允许长时间耐压。

（3）老练试验应在现场耐压试验前进行。

2. 耐压试验

在 "老练净化" 过程结束后进行耐压试验，时间为 1min。施加交流电压值与时间的关系可参考如下方案或与制造厂商定。

方案 1：加压程序是：$U_m/\sqrt{3}$ 15min→U_t 1min，电压与时间关系曲线如图 TYBZ01916004–1 所示。

方案 2：加压程序是：$0.25U_t$ 2min→$0.5U_t$ 10min→$0.75U_t$ 3min→U_t 1min，电压与时间关系曲线如图 TYBZ01916004–2 所示。

模块 4

TYBZ01916004

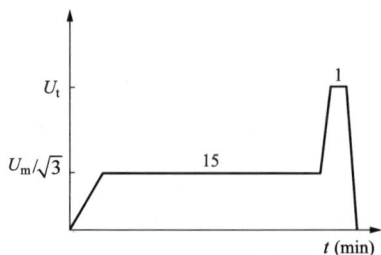

图 TYBZ01916004-1　GIS 交流耐压
试验加压程序 1

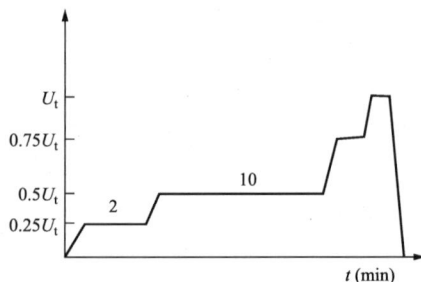

图 TYBZ01916004-2　GIS 交流耐压
试验加压程序 2

方案 3：加压程序是：$U_m/\sqrt{3}$　5min→U_m 3min→U_t 1min，电压与时间关系曲线如图 TYBZ01916004-3 所示。

方案 4：加压程序是：$U_m/\sqrt{3}$　3min→U_m15min→U_t 1min→$1.1U_m$3min，电压与时间关系曲线如图 TYBZ01916004-4 所示。

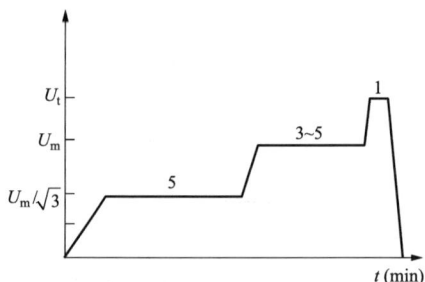

图 TYBZ01916004-3　GIS 交流耐压
试验加压程序 3

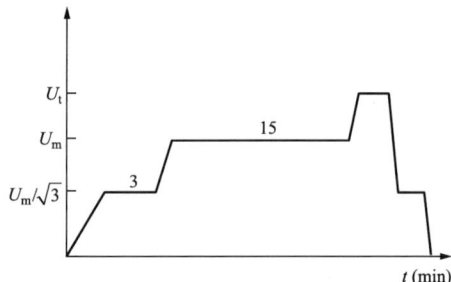

图 TYBZ01916004-4　GIS 交流耐压
试验加压程序 4

四、现场耐压试验的判据

（1）如 GIS 的每一部件均已按选定的试验程序耐受规定的试验电压而无击穿放电，则认为整个 GIS 通过试验。

（2）在试验过程中如果发生击穿放电，则应根据放电能量和放电引起的声、光、电、化学等各种效应及耐压试验过程中进行的其他故障诊断技术所提供的资料，进行综合判断。遇有放电情况，可采取下述步骤：

1）进行重复试验。如果该设备或气隔还能承受规定的试验电压，则该放电是自恢复放电，认为耐压试验通过。如重复试验再次失败，则应解体进行检查。

2）设备解体，打开放电气隔，仔细检查绝缘情况，修复后，再一次进行耐压试验。

【思考与练习】

1. GIS 老练试验的目的是什么？
2. GIS 老练试验的加压程序是如何规定的？
3. GIS 现场耐压试验结果如何进行判断？

模块 5　GIS 中 SF_6 气体湿度测试（TYBZ01916005）

【模块描述】本模块介绍 GIS 中 SF_6 气体湿度测试。通过要点归纳，掌握 GIS 中 SF_6 气体湿度测试的意义、方法、注意事项及判断标准。

【正文】

一、SF_6 气体湿度测试的原因、意义

SF_6 气体湿度测试是 GIS 运行维护的主要内容之一。SF_6 气体中的水分超过一定标准会造成严重不良后果，其危害表现在以下方面：

（1）使设备的绝缘强度大大降低。

（2）水分的存在会加速 SF_6 在电弧作用下的分解反应，生成许多有害物质，引起设备的化学腐蚀，并危及工作人员的人身安全。

因此，对于 SF_6 气体中的水分含量必须严格控制。

二、SF_6 气体湿度测试的方法

应对每个独立气室的 SF_6 气体进行湿度测试。依据所使用仪器不同，主要有电解法、露点法和阻容法三种。

某电解法露点仪外形如图 TYBZ01916005-1 所示，该仪器具有操作简便、受环境干扰小、数据重复性好、响应速度快等优点。

图 TYBZ01916005-1　电解法露点仪外形图

三、SF_6 气体湿度测试的注意事项

（1）气路管道连接要可靠，严防泄漏。

（2）仪器的排气应用 10m 以上的排气管引至下风口。

（3）取样接头、管道应做好防潮处理。

（4）通常不应在相对湿度大于 85% 的环境中测试，阴雨天气不能在室外测试。

（5）SF_6 气体可从密度继电器处取样，测量完成后，按要求恢复密度继电器，注意按力矩要求紧固。

四、SF_6 气体湿度测试的标准（20℃，0.1013MPa）

（1）断路器灭弧室气室：新充气后不大于 150μL/L，运行中不大于 300μL/L。

（2）无电弧分解物气室：新充气后不大于 250μL/L，运行中不大于 500μL/L。

（3）箱体及开关（SF_6 绝缘变压器）：新充气后不大于 125μL/L，运行中不大于 220μL/L。

（4）电缆箱及其他（SF_6 绝缘变压器）：新充气后不大于 220μL/L，运行中不大于 375μL/L。

【思考与练习】

1. SF_6 气体湿度测试有什么意义？

2. SF_6 气体湿度测试有什么注意事项？

3. SF_6 气体湿度测试的标准如何规定？

模块 6　GIS 中 SF_6 气体泄漏检查（TYBZ01916006）

【模块描述】 本模块介绍 GIS 中 SF_6 气体泄漏的检查方法，通过要点介绍，掌握 GIS 中 SF_6 气体现场检漏的部位以及定性检漏、定量检漏的方法。

【正文】

GIS 中 SF_6 气体泄漏是 GIS 的致命缺陷，所以其密封性是考核产品质量的关键性指标之一，它对保证 GIS 的安全运行和人身安全具有重要意义。

现场检漏的部位主要是气室的接头、阀门、表计、法兰面接口等。检漏可分为定性检漏和定量检漏，对应的仪器为定性检漏仪和定量检漏仪。

1. 定性检漏

定性检漏是判断设备漏气与否及确定设备漏点的一种手段，通常作为定量检漏前的预检。图 TYBZ01916006-1 为定性检漏仪。

检漏过程中，检漏仪探头沿着设备各连接口表面移动，根据仪器读数或其报警信号来判断接口的气体泄漏情况。一般探头移动速度以 10mm/s 左右为宜，并防止接口油脂、灰尘及大气环境的影响。

2. 定量检漏

定量检漏可以测出泄漏处的泄漏量，从而得到气室的漏气率。定量检漏的方法主要有挂瓶检漏法和整机扣罩法。

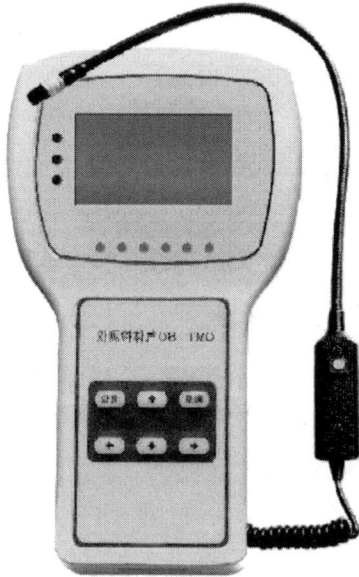

图 TYBZ01916006-1　定性检漏仪

【思考与练习】

1. SF_6 气体泄漏分几种检测？

2. GIS 检漏的主要部位是什么？

第十七章 绝 缘 子 试 验

　　电力系统中使用着大量绝缘子，承担绝缘和机械固定的作用。绝缘子按形状和使用场所可分为悬式、支柱、棒式、针式绝缘子等。从绝缘子材料上看，应用最广泛的是以瓷绝缘为主的瓷质绝缘子和玻璃绝缘子，近年来电力系统开始大量使用以有机合成材料制成的合成绝缘子。

模块 1　绝缘子串电压分布规律（TYBZ01917001）

　　【模块描述】本模块介绍绝缘子串电压分布的规律。通过图文结合的讲解，掌握杂散电容对绝缘子电压分布的影响，掌握绝缘子串电压分布规律。

　　【正文】

　　绝缘子串可等效为电容的串联回路。虽然每个绝缘子电容量相等，但组成绝缘子串后，因每个绝缘子金属部分对杆塔及导线之间存在着杂散电容，造成每片绝缘子分担的电压并不相同。

一、绝缘子金属部分与杆塔之间杂散电容的影响

　　设绝缘子本身电容为 C，对杆塔杂散电容为 C_z。绝缘子串的等值电路由图 TYBZ01917001-1 可见，仅考虑 C_z 的等值电路，越靠近导线的电容 C 流过的电流越大，即越靠近导线的绝缘子上的电压降越大。若仅考虑绝缘子与地之间杂散电容的影响，则绝缘子串的电压分布规律如图 TYBZ01917001-2 中曲线 1 所示。

二、绝缘子金属部分与导线之间杂散电容的影响

　　设绝缘子对导线杂散电容为 C_d。绝缘子串的等值电路由图 TYBZ01917001-3 可见，仅考虑 C_d 的等值电路，越远离导线的电容 C 流过的电流越大，即越靠近杆塔的绝缘子上的电压降越大。若仅考虑绝缘子与导线之间杂散电容的影响，则绝缘子串的电压分布规律如图 TYBZ01917001-2 中曲线 2 所示。

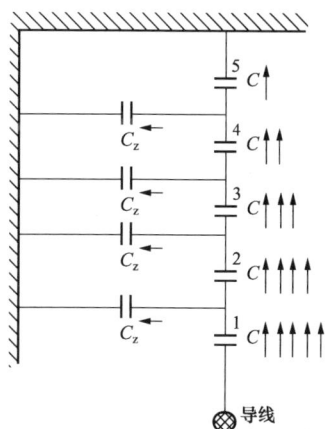

图 TYBZ01917001-1　仅考虑 C_z 的
绝缘子串等值电路

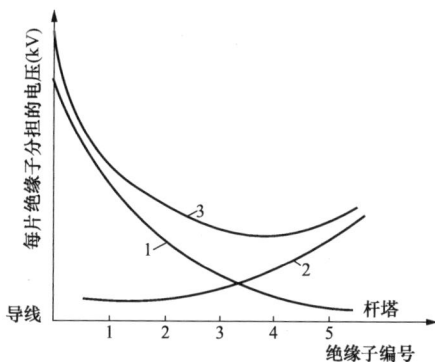

图 TYBZ01917001-2　绝缘子串电压分布规律

1—仅考虑 C_z 时的电压分布；2—仅考虑 C_d 时的
电压分布；3—同时考虑 C_z 与 C_d 时的电压分布

三、综合绝缘子金属部分与杆塔、导线之间杂散电容的影响

由于 $C_d < C_z$，因而流过 C_z 的电流大，由此产生的电压降就大。也就是说，沿绝缘子串的电压分布应考虑所得到的电压分布相叠加，如图 TYBZ01917001-2 中曲线 3 所示。由图可见，离开导体时绝缘子两端电压逐渐下降，靠近杆塔横担时，绝缘子电压又升高。

研究表明，绝缘子串越长，电压分布越不均匀，越容易导致某些部位的绝缘损坏，所以测量其电压分布就更有意义。

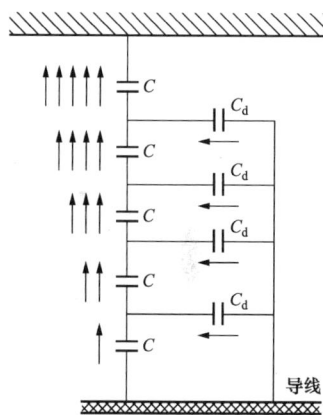

图 TYBZ01917001-3　仅考虑 C_d 的
绝缘子串等值电路

【思考与练习】

1. 杂散电容对绝缘子电压分布有什么影响？

2. 绝缘子串可等效为什么串联回路？

模块 2　绝缘子电压分布测量方法（TYBZ01917002）

【模块描述】本模块介绍绝缘子电压分布的测量方法。通过图文结合的讲解，熟悉火花间隙法、电阻分压杆法和电容分压杆法测量绝缘子电压分布的方法。

【正文】

绝缘子运行中因承受电压、机械力及化学腐蚀等作用，绝缘性能会劣化，出现一定数量的低值绝缘子甚至绝缘为零的零值绝缘子。当系统出现过电压或工频电压升高时，有低值或零值绝缘子的绝缘子串易形成闪络。因此，加强对运行中的绝缘子进行电压分布测量，以便在停电时更换检测出的不良绝缘子，保证电网安全运行。检测方法主要有三种。

一、火花间隙法

火花间隙法带电检测绝缘子示意图如图 TYBZ01917002–1 所示，用一个适当间隙的开口杈搭在绝缘子两侧，良好的绝缘子两端有一定的电位差，电位差通过导电杈传到一个可调的很小的间隙上，间隙被击穿发出放电声；不良绝缘子两端电位差较小甚至没有，火花间隙不会被击穿，无放电声。

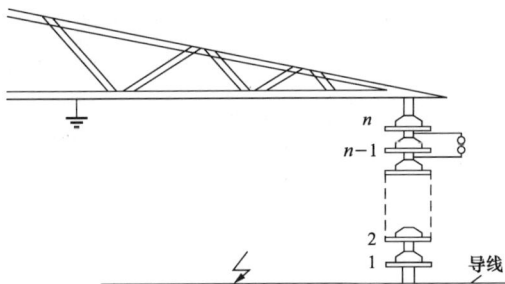

图 TYBZ01917002–1　火花间隙法带电检测绝缘子示意图

该方法的缺点是需试验人员进行高空带电作业，工作量很大。

当用火花间隙法检测零值绝缘子，发现每片绝缘子中零值绝缘子数达到表 TYBZ01917002–1 规定片数时，不允许再继续检测，防止发生人身损伤。此外，针式绝缘子及少于 3 片的悬式绝缘子不得使用火花间隙法进行测量。

表 TYBZ01917002–1　　使用火花间隙法时不允许继续检测的零值绝缘子片数

电压等级（kV）	35	63	110	220	330	500
绝缘子串片数	3	5	7	13	19	28
零值片数	1	2	3	5	4	6

二、电阻分压杆法

电阻分压杆内部结构和接线图如图 TYBZ01917002–2 所示，图 TYBZ01917002–2（a）表示测量两点之间电位差的外部和内部连接图，适用于 110kV 及以上绝缘子串测量；图 TYBZ01917002–2（b）表示测量某点对地电位的外部和内部连接图，适用于 35kV 变电站内支柱绝缘子的测量。

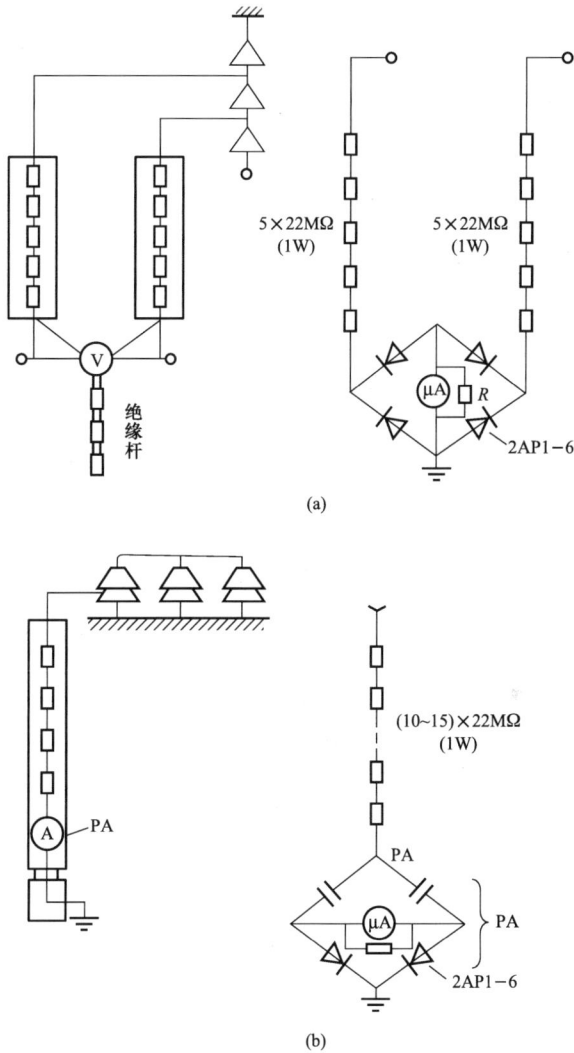

5×22MΩ
(1W)

5×22MΩ
(1W)

μA R

绝缘杆

2AP1-6

(a)

PA
A

PA

(10~15)×22MΩ
(1W)

PA

μA

2AP1-6

(b)

图 TYBZ01917002-2　电阻分压杆

（a）测量两点之间电位差；（b）测量对地电位

这种电阻杆应预先在室内求出端部电压和微安表读数的关系，并应经常校准。测量时其接地线应可靠连接，引线采用屏蔽线。

三、电容分压杆法

电容分压杆与电阻分压杆类似，只是将电阻串和带有桥式整流的微安表换成一个或几个串联且承受被测电压的高压电容器。当电容器的电容量取得足够小时，被测量的电压全都分布在电容器上，因此小量限的电压表就可测量几千到几万伏的电压。为做到指示准确，要求电容器的电容量稳定不变。

【思考与练习】

1. 绝缘子电压分布测量方法有哪几种？
2. 火花间隙法有什么缺点？

第十八章 电力电缆试验

模块 1 电力电缆绝缘试验项目和要求
(TYBZ01918001)

【模块描述】本模块介绍电缆的绝缘试验项目和要求。通过以表单形式列举要点，掌握纸绝缘电力电缆、橡塑电力电缆、充油电缆的绝缘试验的试验项目及要求。

【正文】

针对电力电缆的不同种类，相关规程规定了其绝缘试验项目及要求，其中常规项目如下：

一、纸绝缘电力电缆

纸绝缘电力电缆的试验项目及要求见表 TYBZ01918001-1。

表 TYBZ01918001-1　　纸绝缘电力电缆的试验项目及要求

序号	项目	要求			说明
1	红外热像检测	电缆终端及接头无异常			无异常升温、温差和（或）相对温差
2	绝缘电阻	（1）绝缘电阻与上次相比不应有显著下降，否则应做进一步分析 （2）耐压前后，绝缘电阻应无明显变化			0.6/1kV 电缆用 1000V 绝缘电阻表；0.6/1kV 及以上电缆用 2500V 绝缘电阻表（6/6kV 及以上电缆可用 5000V 绝缘电阻表）
3	直流耐压及泄漏电流试验	（1）试验电压值按如下规定，加压 5min，不击穿			6/6kV 及以下电缆泄漏电流小于 10μA，8.7/10kV 电缆的泄漏电流小于 20μA 时对不平衡系数不作规定
		额定电压 U_0/U（kV）	黏性油纸绝缘（kV）	不滴流油纸绝缘（kV）	
		0.6/1	4	4	
		1.8/3	12	—	
		3.6/6	24	—	
		6/6	30	—	

续表

序号	项　目	要　　　求		说　　明
3	直流耐压及泄漏电流试验	6/10	40	—	6/6kV 及以下电缆泄漏电流小于10μA，8.7/10kV 电缆的泄漏电流小于20μA 时对不平衡系数不作规定
		8.7/10	47	30	
		21/35	105	—	
		26/35	130	—	
		（2）耐压 5min 时的泄漏电流值不应大于耐压 1min 时的泄漏电流值			
		（3）三相之间的泄漏电流不平衡系数不应大于 2			

二、橡塑电力电缆

橡塑电力电缆的试验项目及要求见表 TYBZ01918001−2。

表 TYBZ01918001−2　　　　橡塑电力电缆的试验项目及要求

序号	项　目	要　　　求			说　　明
1	红外热像检测	电缆终端及接头无异常			无异常升温、温差和（或）相对温差
2	主绝缘绝缘电阻	（1）绝缘电阻与上次相比不应有显著下降，否则做进一步分析 （2）耐压前后，绝缘电阻应无明显变化			0.6/1kV 电缆，用 1000V 绝缘电阻表；0.6/1kV 以上电缆用2500V 或 5000V 绝缘电阻表
3	外护套及内衬层绝缘电阻	每千米绝缘电阻值不应低于 0.5MΩ			（1）采用 1000V 绝缘电阻表 （2）对电缆外护套有引出线者进行
4	主绝缘交流耐压试验	试验电压频率及时间如下：			推荐使用频率 30～300Hz 谐振耐压试验
		试验电压频率（Hz）	加压倍数	持续时间（min）	
		0.1	$2.1U_0$	5	
		30～300	$1.6U_0$（≤110kV） $1.36U_0$（220kV）	5	
5	交叉互联系统	应符合相关技术标准			

三、充油电缆

充油电缆的试验项目及要求见表 TYBZ01918001−3。

表 TYBZ01918001−3　　　　充油电缆的试验项目及要求

序号	项　目	要　　　求	说　　明
1	红外热像检测	电缆终端及接头无异常	无异常升温、温差和（或）相对温差

模块 1

TYBZ01918001

续表

序号	项 目	要 求			说 明
2	电缆及附件内绝缘油试验	符合生产厂家要求			
3	主绝缘直流耐压试验	直流试验电压：			耐压时间 5min

直流试验电压：

电缆 U_0（kV）	雷电冲击耐受电压（kV）	直流试验电压（kV）
48	325	165
	350	175
64	450	225
	550	275
127	850	425
	950	475
	1050	510
190	1050	525
	1175	585

4	交叉互联系统	应符合相关技术标准			

【思考与练习】

1. 橡塑电缆的试验项目和要求是什么？

2. 纸绝缘电缆的绝缘电阻测量有什么要求？

模块 2 电力电缆绝缘试验操作（TYBZ01918002）

【模块描述】本模块介绍电力电缆绝缘试验操作。通过步骤讲解和要点归纳，掌握电力电缆绝缘电阻试验、直流耐压和泄漏电流试验、橡塑电缆交流耐压试验的意义、方法、注意事项及对试验结果分析判断的方法。

【正文】

电力电缆绝缘试验包括绝缘电阻、直流耐压和泄漏电流、交流耐压试验项目，在此重点介绍绝缘各项目测试的意义、试验方法和注意事项。

一、绝缘电阻试验

1. 绝缘电阻试验的意义

测量电缆的绝缘电阻，可以初步判断电缆绝缘是否受潮和老化，同时还可以通过耐压前后绝缘电阻的变化来判别电缆在耐压时所暴露出来的绝缘缺陷。

2. 试验方法

电力电缆的绝缘电阻，是指电缆芯线对外皮或电缆某芯线对其他芯线及外皮间的绝缘电阻。因此测量时除测量芯线外，非被测相芯线及外皮应短路接地。由于电缆容量较大，测试前后应充分放电；测量完毕前，应首先断开测试线，以防止电容电流反冲对绝缘电阻表造成的损害。必要时，采用屏蔽方法消除表面泄漏的影响。现场试验进行中，电缆两端应派人看守监护。

3. 试验结果分析判断

（1）相间及与历史数据比较不应有显著差异。

（2）电缆绝缘随温度升高而减小，并注意温度影响。

二、直流耐压和泄漏电流试验

1. 直流耐压和泄漏电流试验的意义

直流耐压对检查绝缘中的气泡、机械损伤等局部缺陷比较有效，泄漏电流对反映绝缘老化、受潮比较有效。

2. 试验方法

电力电缆泄漏电流试验接线如图 TYBZ01918002–1 所示，采用一端屏蔽，另一端接收泄漏电流的接线。

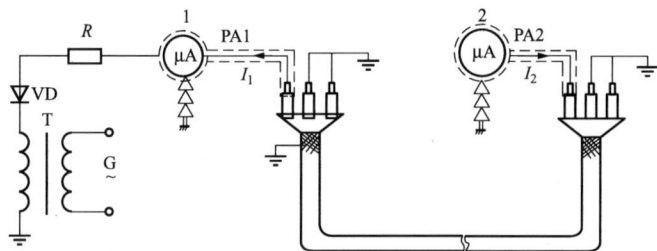

图 TYBZ01918002–1　电力电缆泄漏电流试验接线图

试验仪器选用成套直流高压发生器，为消除电缆两端表面泄漏的影响，应采用屏蔽方式，测试结果为 $I_X = I_1 - I_2$。其试验步骤如下：

（1）直流耐压时，应按 0.25、0.50、0.75、1.0 倍的试验电压逐级升压，每升高一级应停留 1min，以便观察和读取 1min 后的泄漏电流值，最后把电压升到规定试验电压，读取 1min 和 5min 的泄漏电流值，以上的 5min 为电缆直流耐压持续时间。

（2）每相试验完毕后，应立即降压并断开电源。然后通过约 80kΩ/kV 的放电电阻对地放电后，才允许直接对地放电，放电时间一般不少于 5min。

3. 注意事项

（1）应注意电缆两端头的相间距离满足试验电压要求。

（2）耐压试验前后应进行绝缘电阻测量。

（3）试验进行时，电缆两端应派人看守。

4. 试验结果分析判断

（1）某一电压下，泄漏电流突然增大、微安表指针周期性摆动或随加压时间延长不断增加；或者泄漏电流随电压上升不成比例的剧增，都说明电缆绝缘存在缺陷。

（2）耐压 5min 时的泄漏电流值不应大于耐压 1min 时的泄漏电流值。

（3）电缆三相之间的泄漏电流不平衡系数不应大于 2。

三、橡塑电缆交流耐压试验

对于橡塑电缆不可进行直流耐压，而应采用交流耐压对其绝缘进行考核。

1. 试验方法

交联电缆容量很大，耐压试验需要大容量的试验电源，现场不宜满足，采用谐振装置便解决了这个问题。现场一般采用变频串联谐振成套装置，调频式串联调谐耐压试验装置结构原理如图 TYBZ01918002-2 所示。

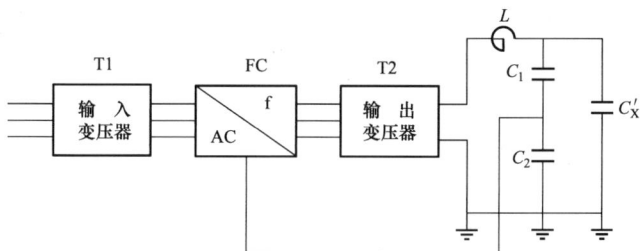

图 TYBZ01918002-2　调频式串联调谐耐压试验装置结构原理图

T1—输入变压器；FC—变频电源柜；T2—输出变压器；

L—固定电压电抗器；C_1、C_2—分压器；C'_X—被试品

当调节变频柜输出电压频率达到谐振条件，即 $f = \dfrac{1}{2\pi\sqrt{LC}}$ 时，可使被试品上获得的电压为电源电压的 Q 倍，即被试品上得到的容量为试验电源容量的 Q 倍。

2. 试验要求

国家电网公司《输变电设备状态检修试验规程》规定：电缆主绝缘交流耐压试验采用谐振电路，谐振频率应在 300Hz 以下。220kV 及以上，试验电压为 $1.36U_0$；110kV/66 kV，试验电压为 $1.6U_0$，时间 5min。

GB 50150—2006《电气装置安装工程电气试验交接试验标准》规定：交接试验中，橡塑电缆 20～300Hz 交流耐压试验电压和时间见表 TYBZ01918002-1。

表 TYBZ01918002-1　　　　橡塑电缆 20～300Hz 交流耐压试验电压和时间

额定电压 U_0/U（kV）	试验电压	时间（min）
18/30 及以下	$2.5U_0$（或 $2U_0$）	5（或 60）

续表

额定电压 U_0/U（kV）	试验电压	时间（min）
21/35～64/110	$2U_0$	60
127/220	$1.7U_0$（或 $1.4U_0$）	60
190/330	$2.5U_0$（或 $1.3U_0$）	60
290/500	$2.5U_0$（或 $1.1U_0$）	60

【思考与练习】

1. 怎样进行电缆绝缘电阻试验？如何进行结果判断？
2. 怎样进行电缆直流耐压和泄漏电流试验？如何进行结果判断？
3. 橡塑电缆交流耐压试验方法是什么？

模块 3　电力电缆绝缘试验设备的使用和维护
（TYBZ01918003）

【模块描述】本模块介绍电力电缆常用试验设备的使用和维护。通过要点归纳，掌握对绝缘电阻表、直流耐压成套装置、交流耐压成套装置等设备的使用和维护的要求。

【正文】

电力电缆绝缘试验项目，包括绝缘电阻、直流泄漏电流和耐压、交流耐压试验项目。进行绝缘试验时，试验设备一般采用成套设备，包括绝缘电阻表、直流耐压成套装置、交流耐压成套装置，试验设备的使用和维护除严格按照生产厂家说明书进行外，还应注意以下事项。

一、试验设备的维护

（1）新设备购入后，应及时开箱进行外观检查，按装箱单清点技术资料、备件及附件等。

（2）对新购设备应认真阅读说明书，掌握其技术指标、测试方法等。

（3）验收合格后将试验设备统一编号并列入设备档案。

（4）对试验设备进行定期校验，鉴定合格后方可使用。

（5）试验设备应定期进行维护保养，保持清洁，放置有序，搬运时轻拿轻放，放置地点应保持通风干燥。

（6）试验设备发生故障，使用人员不得私自拆修，应及时联系厂家人员进行修理。

（7）试验设备应设专人保管。

二、试验设备的使用

1. 绝缘电阻表

（1）试验前应断开被试设备电源及一切对地连线，并将被试设备短接后接地充分放电，防止试验人员触电或烧坏仪器。

（2）校验绝缘电阻表是否短路指针指零或开路指针指示无穷大。

（3）根据被试设备铭牌选择绝缘电阻表的电压等级。连接好试验接线，打开绝缘电阻表电源或驱动绝缘电阻表至额定转速，将 L 端引出线连至被试品，待 1min 时读取绝缘电阻值。

（4）试验完毕或重复试验时，必须将被试物短接后对地充分放电。

2. 直流泄漏及直流耐压试验

（1）试前试后均应对被试设备进行充分的放电，保证测量的准确与试验安全。

（2）防止高压连接导线对地泄漏电流和空气湿度的影响，采用带屏蔽的连接导线等措施，以减小对地泄漏电流对测量结果的影响。

（3）直流试验中被试设备的泄漏电流不应随加压时间的延长而有所增大。否则说明设备存在绝缘缺陷。

（4）被试设备在规定的电压和持续的时间内，若不发生击穿，并保持泄漏电流基本不变，应判为合格，否则为不合格。

3. 交流耐压

（1）在升压过程中如果发现电压表摆动大，或电流表指示电流急剧上升，应停止试验查明原因。

（2）升压必须从 0V 电压开始，不可冲击合闸。升压速度在 40%试验电压以前可快速匀速升到，其后应以每秒 3%试验电压的速度升压。

（3）耐压试验前后应测量被试设备的绝缘电阻。

【思考与练习】

1. 电力电缆绝缘试验包括什么试验项目？

2. 试验设备的维护应注意什么？

模块 4　电缆主绝缘绝缘电阻试验的规定（TYBZ01918004）

【模块描述】本模块介绍电缆主绝缘绝缘电阻试验的规定。通过要点归纳和步骤介绍，掌握电缆主绝缘电阻的测试步骤、注意事项及结果判断依据，掌握电缆主绝缘绝缘电阻试验的有关规定。

【正文】

所谓电缆主绝缘，是指电缆芯线对外皮或电缆某芯线对其他芯线及外皮间的绝缘。测量绝缘电阻目的是检查主绝缘是否老化、受潮，以及判别在耐压试验中暴露出来的绝缘缺陷。

一、主绝缘绝缘电阻测试步骤

（1）记录电缆铭牌，运行编号及大气条件等。

（2）试验前应拆除一切对外连线，并将电缆短接后接地充分放电，以免试验人员触电或烧坏仪器。

（3）校验绝缘电阻表是否短路指针指零和开路指针指示无穷大。

（4）用干燥清洁的柔软布擦去电缆头的表面污垢，必要时可用汽油擦拭，以消除表面泄漏电流的影响，如环境湿度较大需加屏蔽线。

（5）根据电缆铭牌选择绝缘电阻表的电压等级。连接好试验接线，打开绝缘电阻表电源或驱动绝缘电阻表至额定转速，将 L 端引出线连至电缆，待 1min 时读取绝缘电阻值。

（6）绝缘电阻测试完毕，应先断开接至电缆的测试线，然后再停止摇动绝缘电阻表。

（7）试验完毕或重复试验时，必须将被试物短接后对地充分放电。这样既可以保证安全又可以提高测量准确性。

二、注意事项

（1）电缆容量较大，测试前后放电必须足够充分。

（2）被测电缆较长时，充电电流很大，开始绝缘电阻表指示值很小，并不表示绝缘不良，需测试较长时间才能得到正确结果。

（3）绝缘电阻应在耐压试验前后进行，是为避免造成更大的绝缘损伤及发现耐压试验暴露出的绝缘缺陷。

（4）试验时，应分别在每一相上进行，其他两相导体、金属屏蔽和铠装层一起接地。

三、结果判断

国标及国网公司试验规程对电缆主绝缘电阻试验要求进行了明确规定。

1. 绝缘电阻试验电压选取

（1）0.6/1kV 电压等级的电力电缆，选用 1000V 绝缘电阻表进行测量。

（2）0.6/1kV 至 6/6kV 间电压等级的电力电缆，选用 2500V 绝缘电阻表。

（3）6/6kV 电压等级及以上电缆，选用 5000V 绝缘电阻表。

2. 要求

（1）绝缘电阻与上次相比不应有显著下降，否则应做进一步分析。

（2）耐压前后，绝缘电阻应无明显变化。

【思考与练习】

1. 电缆主绝缘绝缘电阻试验电压如何选取？

2. 简述电缆主绝缘绝缘电阻测试时的注意事项。

模块5　电缆外护套绝缘电阻试验要求与规定
（TYBZ01918005）

【模块描述】本模块介绍电缆外护套绝缘电阻试验要求与规定。通过要点归纳和方法介绍，掌握电缆外护套绝缘电阻试验的前提要求以及试验的要求与规定，掌握判断电缆外护套破损进水的方法。

【正文】

一、实现电缆外护套绝缘电阻试验的前提

如需实现本模块及电缆内衬层绝缘电阻试验、铜屏蔽层电阻和导体电阻比试验，必须对橡塑电缆附件安装工艺中金属层的传统接地方式进行改变，方法如下：

1. 终端

终端的铠装层和铜屏蔽层应分别用带绝缘的绞合铜导线单独接地。铜屏蔽层接地线的截面不得小于 $25mm^2$；铠装层接地线的截面不应小于 $10mm^2$。

2. 中间接头

中间接头内铜屏蔽层的接地线不得和铠装层连在一起，对接头两侧的铠装层必须用另一根接地线相连，而且还必须铜屏蔽绝缘。如接头的原结构中无内衬层时，应在铜屏蔽层外部增加内衬层，而且与电缆本体的内衬层搭接处的密封必须良好，即必须保证电缆的完整性和延续性。连接铠装层的地线外部必须有外护套，而且具有与电缆外护套相同的绝缘和密封性能，即必须确保电缆外护套完整性和延续性。

二、电缆外护套绝缘电阻试验要求与规定

所谓外护套是包裹在电缆最外面的保护覆盖层，主要对金属铠装层起防腐蚀作用。测量外护套的绝缘电阻就是测量金属铠装层对地的绝缘电阻，使用 1000V 绝缘电阻表测量，要求外护套的绝缘电阻（MΩ）与被测电缆长度（km）的乘积大于 0.5MΩ。

当外护套的绝缘电阻（MΩ）与被测电缆长度（km）的乘积小于 0.5MΩ时，应判断其是否已破损进水。用万用表的"正"、"负"表笔轮换测量铠装层对地的绝缘

电阻，如表笔调换前后的绝缘电阻差异明显，可初步判断外护套已破损进水。

【思考与练习】

1. 实现电缆外护套绝缘电阻试验的前提是什么？

2. 怎样判断外护套破损进水？

模块 6　电缆内衬层绝缘电阻试验要求与规定
（TYBZ01918006）

【模块描述】本模块介绍电缆内衬层绝缘电阻试验要求与规定。通过要点归纳和方法介绍，掌握绝缘电阻试验的要求与规定以及试验数据的判断依据，掌握判断电缆内衬层破损进水的方法。

【正文】

内衬层是包裹在屏蔽层上的保护覆盖层，用以防止绝缘层受潮。

1. 绝缘电阻试验要求与规定

测量内衬层的绝缘电阻就是测量屏蔽层对金属铠装层的绝缘电阻，使用 1000V 绝缘电阻表测量，要求内衬层的绝缘电阻（MΩ）与被测电缆长度（km）的乘积大于 0.5MΩ。

2. 试验数据判断

当内衬层的绝缘电阻（MΩ）与被测电缆长度（km）的乘积小于 0.5MΩ时，应判断其是否已破损进水。用万用表的"正"、"负"表笔轮换测量铠装层对屏蔽层的绝缘电阻，如表笔调换前后的绝缘电阻差异明显，可初步判断内衬层已破损进水。外护套破损不一定要立即修理，但内衬层破损进水后应尽快检修。

【思考与练习】

1. 内衬层绝缘电阻试验有什么要求？

2. 如何判断内衬层破损进水？

模块 7　铜屏蔽层电阻和导体电阻比试验
（TYBZ01918007）

【模块描述】本模块介绍电缆铜屏蔽层电阻和导体电阻比试验方法。通过要点介绍，掌握电缆铜屏蔽层电阻和导体电阻比试验的方法和对试验数据判断的依据。

【正文】

判断屏蔽层是否出现腐蚀，或者重做终端头或接头后，需要进行铜屏蔽层电阻和导体电阻比试验。

1. 试验仪器

用双臂电桥测量。

2. 试验方法

在相同温度下，测量铜屏蔽层电阻和导体的电阻，铜屏蔽层电阻和导体电阻之比应无明显变化。

3. 试验判断

比值增大，可能是铜屏蔽层出现腐蚀（内衬层绝缘有损伤）；比值减小，可能是附件中导体连接点的接触电阻增大。

【思考与练习】

1. 电缆铜屏蔽层电阻和导体电阻比试验方法是什么？

2. 对试验数据如何判断？

模块 8　交联电缆主绝缘交流耐压试验方法与要求（TYBZ01918008）

【模块描述】本模块介绍交联电缆主绝缘交流耐压试验。通过要点归纳和对原理图的讲解，掌握交联电缆主绝缘交流耐压试验的必要性和有效性、试验原理与要求及注意事项。

【正文】

一、交流耐压试验必要性和有效性

交联电缆不易采用直流耐压试验已经达成共识，原因不再赘述。现在交流耐压为交联电缆的例行试验项目之一。

工频交流耐压是鉴定电缆绝缘好坏最有效和最直接的方法，是保证电缆安全运行的一个重要手段。但由于试验电压较高，过高的试验电压会使绝缘介质发热、放电，会加速绝缘缺陷的发展，因此是一种破坏性试验。在进行工频交流耐压试验前，应首先进行各种非破坏性试验，如测量绝缘电阻、吸收比等，在对各项试验结果综合分析后，方可进行工频交流耐压试验，防止在交流耐压试验过程中使缺陷扩大。

二、串联谐振耐压试验原理

交联电缆容量很大，耐压试验需要大容量的试验电源，现场不宜满足，采用谐振装置便解决了这个问题。现场一般采用变频串联谐振成套装置，调频式串联调谐耐压试验装置结构原理如图 TYBZ01918008−1 所示。

当调节变频柜输出电压频率达到谐振条件，即 $f = \dfrac{1}{2\pi\sqrt{LC}}$ 时，可使被试品上获得的电压为电源电压的 Q 倍，即被试品上得到的容量为试验电源容量的 Q 倍。

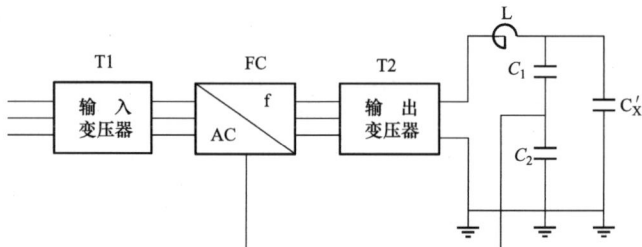

图 TYBZ01918008−1　调频式串联调谐耐压试验装置结构原理图

T1—输入变压器；FC—变频电源柜；T2—输出变压器；

L—固定电压电抗器；C_1、C_2—分压器；C'_x—被试品

三、交流耐压试验要求

国家电网公司《输变电设备状态检修试验规程》规定：电缆主绝缘交流耐压试验采用谐振电路，谐振频率应在 300Hz 以下。220kV 及以上，试验电压为 $1.36U_0$；110kV/66 kV，试验电压为 $1.6U_0$，时间 5min。

GB 50150—2006《电气装置安装工程电气试验交接试验标准》规定：交接试验中，橡塑电缆 20～300Hz 交流耐压试验电压和时间见表 TYBZ01918008−1。

表 TYBZ01918008−1　橡塑电缆 20～300Hz 交流耐压试验电压和时间

额定电压 U_0/U（kV）	试验电压	时间（min）
18/30 及以下	$2.5U_0$（或 $2U_0$）	5（或 60）
21/35～64/110	$2U_0$	60
127/220	$1.7U_0$（或 $1.4U_0$）	60
190/330	$2.5U_0$（或 $1.3U_0$）	60
290/500	$2.5U_0$（或 $1.1U_0$）	60

四、注意事项

（1）使用前应仔细阅读使用说明书，并经反复操作训练。操作人员应不少于 2 人，严格遵守本单位有关高压试验的安全作业规程。

（2）根据被试品电容量，选择适当参数（电感量、额定电流、额定电压）的谐振电抗器及数量。

（3）串联谐振试验系统是利用谐振电抗器与被试品谐振产生高电压的，也就是

说，能不能产生高电压主要是看试品与谐振电抗器是否谐振。所以，试验人员在分析现场不能够产生所需高电压时，应该分析什么破坏了谐振条件，回路是否接通等。

（4）串联谐振试验系统的激磁变压器有特定的电压和电流要求，在选用代替品时，一定要考虑电压和电流，不能采用只是容量相同的普通的试验变压器。

（5）天气情况对 Q 值影响很大，阴天或湿度较大的天气，Q 会减小 30%，故该项试验最好选择在晴天或较干燥的天气进行。

【思考与练习】

1. 交联电缆主绝缘交流耐压试验频率有什么要求？

2. 交接试验中 220kV 电压等级电缆试验电压值及耐压持续时间是多少？

模块 9　交叉互联系统试验规定和要求
（TYBZ01918009）

【模块描述】本模块介绍电缆交叉互联系统试验规定和要求。通过概念介绍和以表单形式列举要点，掌握电缆交叉互联系统的概念及其试验的项目和规定、要求。

【正文】

一、交叉互联系统定义

电缆线路很长时（大约在 1000m 以上），可以采用金属护套交叉互联。即将电缆线路分成若干大段，每大段原则上分成长度相等的小段，每个小段之间装设绝缘接头，绝缘接头处金属护套三相之间用同轴引线经接线盒进行换位连接（即交叉互联），绝缘接头处设一组保护器，每一大段的两端金属护套分别互联接地。

二、交叉互联系统试验规定和要求（见表 TYBZ01918009-1）

表 TYBZ01918009-1　　交叉互联系统试验规定和要求

序号	项　目	要　求	说　明
1	电缆外护套和接头外护套的直流耐压试验	在每段电缆金属屏蔽或金属护套与地之间加试验电压 5kV，试验时间 1min 不击穿	试验时必须将保护层过电压保护器断开，在互联箱中应将另一侧的所有电缆金属套都接地
2	护层过电压保护器 （1）非线性电阻片的直流伏安特性 （2）非线性电阻片及其引线对地绝缘电阻	（1）伏安特性或参考电压应符合产品标准规定 （2）用 1000V 绝缘电阻表测量绝缘电阻不低于 10MΩ	按产品标准规定值加压于碳化硅电阻片，若试验时温度为 t℃，则被测电流乘以修正系数 $(120-t)/100$
3	互联箱 （1）闸刀（或连接片）的接触电阻 （2）检查闸刀（或连接片）连接位置	（1）在正常工作位置进行测量，接触电阻不大于 20μΩ （2）应正确无误	密封互联箱之前进行；发现连错改正后必须重测闸刀（或连接片）的接触电阻

【思考与练习】

1. 什么是交叉互联系统？
2. 互联箱如何进行试验？有什么要求？

模块 10　电缆相位检查与要求（TYBZ01918010）

【模块描述】本模块介绍电缆相位检查与要求。通过要点介绍和对原理图的讲解，掌握电缆相位检查试验的目的、原理和方法。

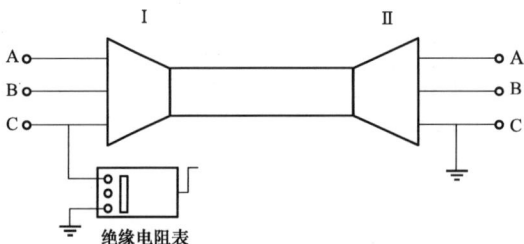

图 TYBZ01918010-1　电缆相位检查接线示意图

【正文】

新装电力电缆竣工验收时，运行中电缆重装接线盒、终端头或拆过接头后，必须检查电缆的相位，以保证电能的正确传输。

检查电缆相位一般用万用表、绝缘电阻表等检查，电缆相位检查接线示意图如图 TYBZ01918010-1 所示。

电缆相位检查方法是依次在 II 端将芯线接地，在 I 端用万用表或绝缘电阻表测量对地的通断，每芯测 3 次，共测 9 次，测后将两端的相位标记一致即可。

【思考与练习】

1. 相位检查采用什么仪器？
2. 电力电缆相位检查有什么要求？

模块 11　自容式充油电缆及油纸绝缘电缆主绝缘直流耐压试验规定和要求（TYBZ01918011）

【模块描述】本模块介绍充油电缆直流耐压试验。通过要点介绍，掌握对充油电缆外护套和接头外护套进行直流电压耐压试验的规定和要求以及对试验结果的判断方法。

【正文】

充油电缆是利用补充浸渍剂原理来消除绝缘中形成的气隙，以提高电缆工作场强的一种电缆结构。自容式充油电缆是充油电缆的一种，按其工作油压可分为高压力（1～1.5MPa）、中压力（0.4～0.8MPa）和低压力（0.02～0.4MPa）三种形式；按其护套可分为铅护套和铝护套自容式充油电缆，按其线芯又可分为三芯和单芯自容式充油电缆。

对充油电缆而言，直流耐压试验是指对电缆外护套和接头外护套进行试验，而非其主绝缘的直流耐压试验，外力对充油电缆的破坏可以通过对外护套的绝缘电阻和对油压进行监视，绝缘老化则可通过油性能变化进行监视，无需再做直流耐压试验。充油电缆的电压等级一般比较高，因此试验电压也高，而且在终端头周围还有其他许多电气设备，一般难以进行电压很高的直流耐压试验。

进行电缆外护套和接头外护套直流电压耐压试验时，施加的试验电压为 6kV，试验时间为 1min，若试验过程中不发生击穿，则视为合格。当以往的试验结果很好，且取得一定经验时，可以用测量绝缘电阻代替，若绝缘电阻测量结果有异常，可再做直流耐压试验。

【思考与练习】

1. 充油电缆的直流耐压试验为什么不做主绝缘直流耐压试验？
2. 充油电缆的直流耐压试验电压和试验时间是如何要求的？

模块 12 自容式充油电缆及附件内电缆油击穿电压试验和 $\tan\delta$ 介损试验要求（TYBZ01918012）

【模块描述】本模块介绍自容式充油电缆及附件内电缆油击穿电压试验和 $\tan\delta$ 介损试验。通过要点介绍，了解电缆油击穿电压试验和 $\tan\delta$ 介损试验的测试仪器和试验结果的判断依据。

【正文】

油的击穿电压与介质损耗因数测量现均采用成套试验仪器进行，具体要求应参照仪器说明书进行，这里不再详述。

一、油的击穿电压

测量应在室温下进行，测得的击穿电压不应低于 45kV。

二、介质损耗因数 $\tan\delta$ 测量

采用电桥以及带有加热套能自动控制温度的专用油杯进行测量。

电缆油在温度 100±1℃和场强 1mV/m 下的 $\tan\delta$ 不应大于下列数值：

53/66～127/220kV	0.03
190/330kV	0.01

【思考与练习】

1. 充油电缆中油的击穿电压是如何要求的？
2. 电缆油在温度 100±1℃和场强 1MV/m 下的 $\tan\delta$ 如何要求？

第十九章 电容器试验

模块 1 电容器的试验项目及方法（TYBZ01919001）

【模块描述】本模块介绍电力电容器的试验项目及方法。通过要点介绍，掌握对电容器绝缘电阻、极间电容量、两极对外壳交流耐压以及冲击合闸试验等试验项目的方法。

【正文】

电力系统中常用的电容器有并联电容器、耦合电容器、断路器均压电容器、电容式电压互感器的电容分压器等，由于结构和用途的不同，各类电容器的试验项目及标准也有所不同。

一、电容量测试

电容量是电力电容器的一个重要参数，通过电容量的变化可以反映出电容器内部状况，当电容器内部元件发生击穿、短路或电容器缺油时，其电容量将发生变化。电容量的测量方法一般有电容表法、电流电压表法、双电压表法和电桥法四种方法。

二、测量绝缘电阻

电容器的绝缘电阻可分为极间绝缘电阻和两极对外壳的绝缘电阻。

由于大量试验证明极间绝缘电阻反映极间绝缘缺陷不够明显，因此现在交接和预试中都不进行，但对于耦合电容器，应测量两极间的绝缘电阻。对并联电容器，应测量两极对外壳的绝缘电阻，这主要是检查器身套管等的对地绝缘情况。

值得注意的是，在测量电容器绝缘电阻前后都应对电容器进行充分的放电。对于离散式电容器组，如遇烧断熔断器的单只电容，放电时应使用带大容量电阻的放电杆或通过树枝放电，严禁手拿地线直接进行放电，以防电击伤人。在测试过程中，应先断开绝缘电阻表的高压引线，然后再关闭绝缘电阻表的电源，以免电容器向绝缘电阻表放充电，造成仪器损坏。

三、交流耐压试验

电容器的交流耐压试验可分为极间交流耐压和两极对外壳的交流耐压试验两种。

电容器的极间一般不做交流耐压试验，只有出厂试验或返修后才进行。由于电容器电容量很大，当试验设备的容量不够时可使用补偿的办法来解决。

电容器的两极对外壳的交流耐压试验能比较有效的发现油面下降、内部进入潮气、套管损坏等缺陷，此试验方法不需要大容量的试验设备，比较简单可行。电气装置安装工程电气设备交接试验标准（GB 50151—2006）给出了不同电压等级的电容器交流耐压试验的标准，见表 TYBZ01919001-1。

表 TYBZ01919001-1　　不同电压等级的电容器交流耐压试验的标准

额定电压（kV）	<1	1	3	6	10	15	20	35
出厂试验电压（kV）	3	6	18/25	23/30	30/42	40/55	50/65	80/95
交流耐压试验电压（kV）	2.25	4.5	18.76	22.5	31.5	41.25	48.75	71.25

注　斜线下的数据为外绝缘的耐受电压。

交流耐压时间为 1min，如出厂试验电压与表 TYBZ01919001-1 不同时，交流耐压试验电压值为出厂试验电压值的 75%。

四、冲击合闸试验

为了保证新安装电容器组能安全运行，往往在投运前要进行现场冲击合闸试验，以考察断路器投切电容器组的能力，检查所用熔断器是否合适，三相电流是否平衡。

试验方法是在电容器组及配套设施安装好后，投入相应的继电保护装置，在额定电压下，对电容器组进行三次投、切冲击试验。冲击合闸试验后，断开断路器及隔离开关，合上电容器的接地开关，对电容器进行极间充分放电，检查电容器组有无鼓肚、喷油、熔断器熔断等情况。若有问题，应查明原因，消除后才可继续进行投切试验。

冲击试验时，应监视系统电压的变化及电容器组每相电流的大小，观察三相电流是否平衡以及合闸及分闸时是否给系统造成较高的过电压和谐振现象。三相电流不平衡率一般不超过 5%，超过时应查明原因，消除后方可投运。

【思考与练习】

1. 列举几种常用电容设备。

2. 新安装的电容器组为什么要做冲击合闸试验？

模块 2　电容器极间电容量的测量方法（TYBZ01919002）

【模块描述】本模块介绍测量电容器极间电容量的方法。通过要点介绍，掌握电容表法、电压电流表法、双电压表法和电桥法测量电容器极间电容量测试方法。

【正文】

电容量是电力电容器的一个重要参数，通过电容量的变化可以反映出电容器内部状况，当电容器内部元件发生击穿、短路或电容器缺油时，其电容量将发生变化。下面就介绍四种测量电容量的方法。

一、电容表法

现在国内外生产的电容表很多，可方便测量电容器两极的电容量，电容表外形如图 TYBZ01919002-1 所示。

由于电容表用电池供电，导致其输出电压低，测量精度差。在电容器有缺陷需做检查试验时不建议采用电容表测量。

二、电压、电流表法

用电压、电流表测量电容量的接线图如图 TYBZ01919002-2 所示。测量电压可取 220V 或 380V，测量时要求电源频率稳定，波形不畸变，所用电压、电流表均不低于 0.5 级。

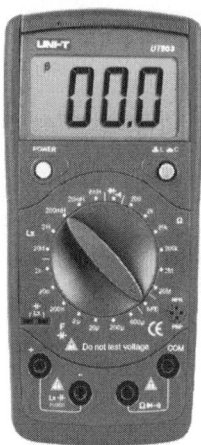

图 TYBZ01919002-1 电容表外形   图 TYBZ01919002-2 用电压、电流表
测量电容量的接线图

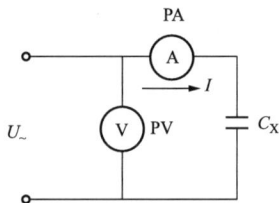

加上试验电压后，待电压、电流表的指示稳定后，同时读取电压、电流值。当被试品的容抗较大时，电流表的内阻可以忽略不计。被测电容量等于

$$C_X = I \times 10^6 / 2\pi f U \qquad \text{(TYBZ01919002-1)}$$

式中　C_X——被测电容量，μF；

　　　I——电流表读数，A；

　　　f——试验电源的频率，Hz；

U ——电压表读数，V。

三、双电压表法

双电压表法的试验接线如图 TYBZ01919002–3 所示。

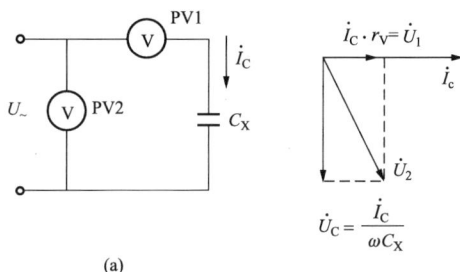

图 TYBZ01919002–3　双电压表法测量电容量

（a）接线图；（b）相量图

由图可知

$$\dot{U}_2 = \dot{U}_1 + \dot{U}_C$$

故有 $U_2^2 = U_1^2 + U_C^2 = U_1^2 + \dfrac{I_C^2}{(\omega C_X)^2}$

$$= U_1^2 + \dfrac{\left(\dfrac{U_1}{r_v}\right)^2}{(\omega C_X)^2} = U_1^2\left[1 + \dfrac{1}{(r_v \omega C_X)^2}\right] \qquad (\text{TYBZ01919002–2})$$

$$\dfrac{U_2^2}{U_1^2} - 1 = \dfrac{1}{(r_v \omega C_X)^2}$$

$$C_X = \dfrac{10^6}{\omega r_v \sqrt{\left(\dfrac{U_2}{U_1}\right)^2 - 1}}$$

式中　r_v——电压表 PV1 的内阻，Ω；

U_1、U_2——电压表 PV1、PV2 的读数，V；

C_X——被测电容器的电容量，μF。

四、电桥法

在测量耦合电容器、电容式电压互感器等电容型设备的 $\tan\delta$ 时可同时测量其电容量。

【思考与练习】

1. 测量电容量有几种方法？

2. 怎样用电压、电流表法测量电容量？

模块 3 试验实例（TYBZ01919003）

【模块描述】本模块介绍电容器开关跳闸后试验的实例。通过实例分析和要点归纳，掌握处理分析电容器故障的方法。掌握电容器开关跳闸处理的注意事项以及高压试验情况的统计分析结果。

【正文】

通过一个电容器故障实例的分析，掌握对不同电容器故障的分析和处理。

案例：

[问题说明] 某站电容器（集合式）2003 年投运后共跳闸四次，均为不平衡电压保护动作。前三次跳闸后高压试验合格，并可再次投运。第四次跳闸后 B 相电容量已严重超标。

[问题分析] 历次电容器电容量测试数据如表 TYBZ01919003-1 所示（绝缘电阻均合格）。

表 TYBZ01919003-1　　　　历次电容器电容量测试数据

试验日期	相别（A）	相别（B）	相别（C）	误差%（A）	误差%（B）	误差%（C）
2004 预试	133.2	133	133.1	0.73	0.58	0.66
2005 预试	133.1	133	133	0.66	0.58	0.58
2006.1 第一次 不平衡电压保护动作后	134.2	130.8	133.4	1.49	−1.08	0.88
2006.3 第二次 不平衡电压保护动作后	133.2	128.8	132.4	0.73	−2.59	0.13
2007.10 第三次 不平衡电压保护动作后	134.2	129.2	132.8	1.49	−2.29	0.43
2008.3 预试	134	129.2	132.7	1.34	−2.29	0.36
2008.4 第四次 不平衡电压保护动作后	134.4	105.7	133	1.64	−20.06	0.58
2008 返厂处理后	133.2	132.9	133.0	0.73	0.51	0.58

注　电容器型号：BAMH11/$\sqrt{3}$ -7500-3W；铭牌电容量：396.69μF；出厂日期：2003 年 5 月；该电容器组其
　　他一次设备（电抗器、放电线圈、避雷器及电缆、支瓶等）高压试验均合格。

[结果评价] 电容器第一次不平衡电压保护动作后 B 相就已存在缺陷，但低电压测试（电容表法）时内部绝缘缺陷却不易暴露出来，在运行电压下缺陷才逐步显

现出来。于是该电容器进行了返厂吊芯处理,发现 B 相部分电容单元电容量超标(电容量误差规程要求–5%～+10%),更换了合格的电容单元后试验合格,2008 年 9 月该电容器投运成功。

一、对电容器开关跳闸处理注意事项

(1)现场测量电容器电容量的方法有两种,即电容表法和不拆线测电容量法。进行电容量测量时,因两种方法电压都较低,不一定能正确反映电容器的实际情况。

(2)为减小电容量测试工作的难度,避免频繁拆接引线对电容器套管造成损伤,建议使用不拆引线电容量测试设备。

(3)引起电容器开关跳闸的原因很多,如电容器损坏、熔断器质量不良、继电器损坏、二次接线接触不良、系统故障、电压波动等,应根据是何种保护引起的电容器开关跳闸,相关专业人员再进行分析。

二、统计分析

根据对不同类型电容器开关跳闸后高压试验情况进行统计分析表明:

(1)集合式电容器跳闸后,高压试验发现缺陷率较高。

(2)带熔丝的分散式电容器熔丝熔断后跳闸,高压试验发现缺陷率很低,一般更换合格的熔丝后可恢复运行。

(3)不带熔断器的分散式电容器跳闸后,高压试验发现缺陷率很高。

【思考与练习】

1. 电容器开关跳闸后处理时应注意什么?

2. 引起电容器开关跳闸的主要有什么原因?

模块 3

TYBZ01919003

第二十章 避雷器试验

模块 1 阀型避雷器电导电流试验（TYBZ01920001）

【模块描述】本模块介绍带并联电阻阀型避雷器电导电流试验。通过对原理图的讲解和要点介绍，掌握对阀型避雷器电导电流试验的目的、测试方法以及对试验结果的判断依据。

【正文】

一、电导电流试验的目的

对于 FZ、FCZ、FCD 等带并联电阻的避雷器，需要进行电导电流试验。试验的主要目的是检查避雷器是否受潮、并联电阻有无断裂及老化缺陷，还能通过测量非线性系数，发现同一相各组合元件的组合是否合适。

二、测试方法

（1）具体的试验方法与泄漏电流测试相同。电导电流试验接线图如图 TYBZ01920001-1 所示。

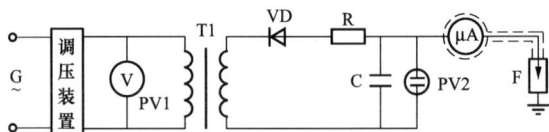

图 TYBZ01920001-1 避雷器电导电流试验接线图

T1—试验变压器；VD—高压硅二极管；R—保护电阻；C—滤波电容；

PV1—低压侧电压表；PV2—高压静电电压表；F—避雷器

需要指出的是，由于避雷器并联电阻的非线性，故整流电压的脉动对测量影响很大，一般要求电压的脉动≤±1.5%，因此滤波电容 C（0.01～0.1μF）是必不可少的；另外，由于该试验对电压的严格要求，需在高压侧测量电压，现场均采用成套的直流高压发生器，此时可不用滤波电容；如果直流高压发生器经过电压校验，也可从低压侧读取电压。

电导电流试验所加的直流电压如表 TYBZ01920001-1 所示。

表 TYBZ01920001–1 测量阀型避雷器的电导电流所加直流电压标准

项 目	施加电压（kV）					
元件额定电压	3	6	10	15	20	30
试验电压 $U_1 = \dfrac{U_2}{2}$	—	—	—	8	10	12
试验电压 U_2	4	6	10	16	20	24

（2）非线性系数 α 的测量与计算。当避雷器是由多节带并联电阻的组合元件串联而成时，即避雷器由两节及以上组成，测量电导电流的同时应测量非线性系数。测量时，根据避雷器组合元件的额定电压按表 TYBZ01920001–1 中的试验电压 U_1 和 U_2 对各元件分别施压，同时测量

相应的电导电流 I_1 和 I_2，然后按公式 $\alpha = \dfrac{\lg \dfrac{U_2}{U_1}}{\lg \dfrac{I_2}{I_1}}$ 计算 α。

三、判断标准

（1）电导电流应符合制造厂标准，并与历次试验数据比较，不应有明显变化。

（2）同一相内各串联组合元件的电导电流相差值 $\dfrac{I_{max} - I_{min}}{I_{max}} \times 100\% < 30\%$。

（3）非线性系数 α 的差值不应大于 0.05。

【思考与练习】

1. 阀型避雷器电导电流试验的目的是什么？

2. 非线性系数 α 如何计算？

模块 2 MOA 运行电压下交流泄漏电流试验
（TYBZ01920002）

【模块描述】本模块介绍 MOA 运行电压下交流泄漏电流试验。通过要点归纳，掌握 MOA 运行电压下交流泄漏电流试验的意义、方法及注意事项。

【正文】

一、MOA 运行电压下交流泄漏电流试验的意义

一支绝缘良好的 MOA（氧化锌避雷器）在正常运行电压下流过的交流泄漏电流很小，而且其中主要为容性电流，只有很小部分的阻性电流。但当其绝缘受潮劣

模块 2

TYBZ01920002

化时，阻性分量会增大很多，容性分量变化不大。因此，测量 MOA 在运行电压下的泄漏电流，特别是阻性电流是判断避雷器运行状态好坏的重要手段，对保证设备安全运行有着重要的意义。

二、试验方法

1. MOA 在线监测装置检测

利用在线监测装置中的电流表进行避雷器全电流即泄漏电流在线测量。虽然此方法有受环境影响大、电流表精度低等缺点，但可操作性很强，观测可随时进行。有的单位就将该方法列入了 MOA 在线监测项目，并做出规定：运行应每周进行巡视和记录，电流变化率不大于 30%，变化率大时应查明原因。

图 TYBZ01920002-1　氧化锌避雷器
带电测试仪外形图

2. 成套测试仪测量

目前，国内市场上生产的测试仪，其原理大致有二次法（采用 TV 二次电压作参考）、感应板法（采用电场强度信号做参考）、谐波分析法等。其中最常用、精确度最高的是采用 TV 二次电压作参考测量阻性电流。此方法利用内阻小于放电计数器内阻的仪器从计数器采集全电流信号，同时从 TV 开口三角采集标准电压信号。经仪器分析，计算出泄漏电流、阻性电流及有功损耗。试验时，应注意相间干扰的影响。氧化锌避雷器带电测试仪外形如图 TYBZ01920002-1 所示。

规程规定测量运行电压下的全电流、阻性电流或功率损耗数值，要求通过与同相间其他金属氧化物避雷器的测量结果比较做出判断，彼此应无显著变化。

【思考与练习】

1. MOA 运行电压下交流泄漏电流试验有什么意义？

2. MOA 在线监测装置检测要求运行多长时间进行巡视和记录？

模块 3　MOA 阻性电流测量（TYBZ01920003）

【模块描述】本模块介绍 MOA 阻性电流测量。通过要点归纳，掌握阻性电流测试的意义、方法及注意事项。

【正文】

一、MOA 运行电压下阻性电流试验的意义

交流电压下，流过 MOA（氧化锌避雷器）的总泄漏电流包含阻性电流（有功分量）和容性电流（无功分量）。对于一支绝缘良好的 MOA 在正常运行电压下流过

的交流泄漏电流很小，而且其中主要为容性电流，只有很小部分的阻性电流。但当其绝缘劣化时，阻性分量会增大很多，容性分量变化不多。因此，测量 MOA 在运行电压下的阻性电流是判断避雷器运行状态好坏的重要手段。

目前，国内市场上生产的测试仪，其原理主要有三种，二次法（采用 TV 二次电压作参考）、感应板法（采用电场强度信号作参考）和谐波分析法。其中，最常用、精确度最高的是采用 TV 二次电压作参考测量阻性电流，下面重点介绍该方法。

二、二次法——利用成套测试仪进行测量

采用 TV 二次电压作参考量是利用内阻小于放电计数器内阻的仪器，从计数器采集全电流信号同时从 TV 开口三角采集标准电压信号。经仪器分析，测出泄漏电流、阻性电流及有功损耗。试验时，应注意相间干扰的影响。对于计数器内阻很小测试时，将引起较大的测量误差，因此该方法不适于内阻很小的计数器。

规程规定，测量运行电压下阻性电流，通过与同相间其他氧化锌避雷器的测量结果比较做出判断，彼此应无显著变化。

【思考与练习】

1. MOA 运行电压下阻性电流试验有什么意义？

2. 阻性电流试验测试仪测试原理主要有几种？

模块 4　MOA 在直流 1mA 下的电压及 75%该电压下泄漏电流试验（TYBZ01920004）

【模块描述】 本模块介绍 MOA 在直流 1mA 下的电压及 75%该电压下泄漏电流试验。通过要点归纳和对对原理图的讲解，掌握试验的目的、方法及注意事项。

【正文】

一、试验目的

MOA（金属氧化物避雷器）在直流 1mA 下的电压及 75%该电压下泄漏电流试验的主要目的是检查避雷器阀片老化程度和受潮情况。

二、测试方法

1. 试验接线

MOA 直流泄漏电流试验接线如图 TYBZ01920004–1 所示。

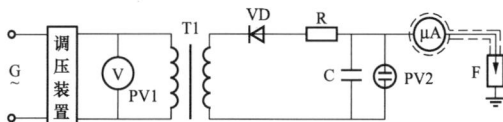

图 TYBZ01920004–1　MOA 直流泄漏电流试验接线图

T1—试验变压器；VD—高压硅二极管；R—保护电阻；C—滤波电容；

PV1—低压侧电压表；PV2—高压静电电压表；F—避雷器

2. 试验步骤

直流 1mA 下的电压是指避雷器通过 1mA 直流电流时，该避雷器两端的电压值。试验中应注意当电流大于 200μA 以后，随着电压升高电流上升很快，此时应缓慢升压，当电流达到 1mA 时即刻停止升压，并迅速读取避雷器的电压 U_{1mA}，然后将电压降至 $75\%U_{1mA}$ 下读取泄露电流值。

三、注意事项

1. 高压连接导线影响

增加导线对地距离、采用带屏蔽的连接导线等。

2. 湿度影响

当空气湿度大时，表面泄漏电流增加，影响测量结果。

解决方法：测试前对被试设备表面进行擦拭和电吹风吹，必要时采用屏蔽线。

3. 温度影响

温度对试验结果的影响较大，温度每升高 10℃，U_{1mA} 约降低 1%，必要时进行换算。

四、判断标准

（1）U_{1mA} 实测值与初始值或制造厂规定值比较，变化不应大于 ±5%。

（2）$0.75U_{1mA}$ 下的泄漏电流初值差 ≤30% 或不应大于 50μA。

【思考与练习】

1. MOA 直流泄漏电流试验目的是什么？

2. MOA 直流泄漏电流试验步骤和注意事项是什么？

3. MOA 直流泄漏电流试验数据如何判断？

模块 5　阀型避雷器试验接线（TYBZ01920005）

【模块描述】本模块介绍阀型避雷器三种常规试验。通过绝缘电阻、工频放电电压、电导电流试验接线的知识讲解，掌握阀型避雷器常规试验接线方法。

【正文】

一、绝缘电阻试验

1. 试验目的

主要是检查内部是否受潮，对于带并联电阻的避雷器还能检查并联电阻是否断裂、老化、接触不良等。

2. 试验方法

采用 2500V 及以上绝缘电阻表。测试时，绝缘电阻表 L 端接避雷器高压侧；E 端接避雷器接地端。测量时，应先检查避雷器外观有无损伤、是否脏污等。若表面泄漏电流较大，应擦拭并加屏蔽，即在第一（或第二）裙下绕一圈裸金属线与绝缘电阻表 G 端相连，以消除表面泄漏电流的影响。

二、电导电流试验

对于 FZ、FCZ、FCD 等带并联电阻的避雷器，需要进行电导电流试验，现场主要为停电试验。

1. 试验目的

检查避雷器内部是否受潮，并联电阻有无断裂、老化以及同一相内各组合元件的非线性系数差值是否符合要求。

2. 试验接线

电导电流试验接线如图 TYBZ01920005-1 所示。

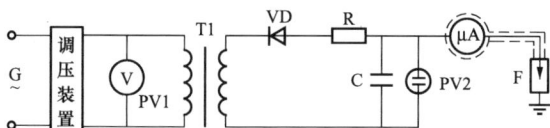

图 TYBZ01920005-1　电导电流试验接线图

T1—试验变压器；VD—高压硅二极管；R—保护电阻；C—滤波电容；

PV1—低压侧电压表；PV2—高压静电电压表；F—避雷器

三、工频放电电压试验

对于 FS 等不带并联电阻的避雷器，测量工频放电电压是一个重要试验项目。

1. 试验目的

检查避雷器火花间隙的结构及放电特性是否正常及在过电压下动作的可靠性。

2. 试验接线

阀型避雷器工频放电电压试验原理接线图如图 TYBZ01920005-2 所示。

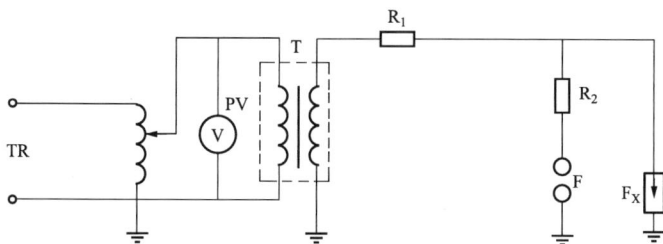

图 TYBZ01920005-2　工频放电电压试验原理接线图

TR—调压器；T—试验变压器；PV—低压电压表；

R_1—限流电阻；F—保护电阻；R_2—球隙保护电阻；F_x—被试避雷器

【思考与练习】

1. 阀型避雷器进行绝缘电阻试验应采用多大电压的绝缘电阻表？

2. 电导电流试验、工频放电电压试验如何接线？

模块 6 阀型避雷器试验参数测量（TYBZ01920006）

【模块描述】本模块介绍阀型避雷器常规试验。通过要点归纳，掌握阀型避雷器绝缘电阻、电导电流、工频放电电压试验的目的、方法、对试验结果的判断依据及注意事项。

【正文】

阀型避雷器试验项目包括绝缘电阻、工频放电电压、电导电流等测试。

一、绝缘电阻试验

1. 采用 2500V 及以上绝缘电阻表。

2. 判断标准

（1）FZ、FCZ 和 FCD 型避雷器的绝缘电阻值与出厂值、初始值或同类型的测量数据进行比较，不应有显著变化。

（2）FS 型避雷器绝缘电阻应不低于 2500MΩ。

二、电导电流试验

对于 FZ、FCZ、FCD 等带并联电阻的避雷器，进行电导电流试验。

1. 试验目的

检查避雷器是否受潮、并联电阻有无断裂及老化缺陷，还能通过测量非线性系数，发现同一相各组合元件的组合是否合适。

2. 试验方法

（1）具体的试验方法与泄漏电流测试相同。需要指出的是，由于避雷器并联电阻的非线性，故整流电压的脉动对测量影响很大，一般要求电压的脉动≤±1.5%，因此滤波电容 C（0.01～0.1μF）是必不可少的；另外，由于该试验对电压的严格要求，需在高压侧测量电压，现场均采用成套的直流高压发生器，此时可不用滤波电容；如果直流高压发生器经过电压校验，也可从低压侧读取电压。

测量阀型避雷器的电导电流试验所加直流电压标准如表 TYBZ01920006–1 所示。

表 TYBZ01920006–1 测量阀型避雷器的电导电流所加直流电压标准

项　　目	施加电压（kV）					
元件额定电压	3	6	10	15	20	30
试验电压 $U_1 = \dfrac{U_2}{2}$	—	—	—	8	10	12
试验电压 U_2	4	6	10	16	20	24

（2）非线性系数 α 的测量与计算。

当避雷器是由多节带并联电阻的组合元件串联而成时，即避雷器由两节及以上组成，测量电导电流的同时应测量非线性系数。测量时，根据避雷器组合元件的额定电压按表 TYBZ01920006-1 中的试验电压 U_1 和 U_2 对各元件分别施压，同时测量

相应的电导电流 I_1 和 I_2，然后按公式 $\alpha = \dfrac{\lg \dfrac{U_2}{U_1}}{\lg \dfrac{I_2}{I_1}}$ 计算 α。

3. 判断标准

（1）电导电流应符合制造厂标准，并与历次试验数据比较，不应有明显变化。

（2）同一相内各串联组合元件的电导电流相差值 $\dfrac{I_{\max} - I_{\min}}{I_{\max}} \times 100\% < 30\%$。

（3）非线性系数 α 的差值不应大于 0.05。

三、工频放电电压试验

对于 FS 等不带并联电阻的避雷器，需要进行工频放电电压试验。

1. 试验目的

检查放电特性，以判断避雷器的灭弧能力、内部装配和元件绝缘是否正常。一般说，避雷器工频放电电压升高，大多因为火花间隙增大；放电电压降低，大多因为火花间隙烧毛、电极氧化及受潮等。

2. 试验方法

阀型避雷器工频放电电压试验中，升压应缓慢，电源保护动作时读取电压值。每只避雷器试验三次，每次间隔大于 1min，取三次试验的平均值即为工频放电电压值。

3. 注意事项

（1）必须在试验回路中装设过流速断保护。在此主要介绍不带并联电阻的 FS 型普阀式避雷器，因此限流电阻 R 取 0.1～0.5Ω/V，不易取的太大；过流保护时间应在间隙放电 0.05s 内切断电源。

（2）升压速度不能过快，以每秒 3～5kV 为宜。

（3）工频放电电压试验后，必须再次测量绝缘电阻，如与试验前绝缘电阻有显著差别，应查明原因。

4. 判断标准

FS 型避雷器工频放电电压见表 TYBZ01920006-2。

表 TYBZ01920006-2　　　　FS 型避雷器工频放电电压

额定电压（kV）		3	6	10
放电电压（kV）	新装及大修	9~11	16~19	26~31
	运行中	8~12	15~21	23~33

【思考与练习】

1. 如何测试 FZ 型避雷器电导电流？

2. 如何测试 FS 型避雷器工频放电电压？

模块 7　非线性系数测量和计算（TYBZ01920007）

【模块描述】本模块介绍带并联电阻阀型避雷器非线性系数的测量和计算。通过要点归纳和对原理图的讲解，掌握带并联电阻阀型避雷器非线性系数测量的目的、方法、计算及注意事项。

【正文】

一、非线性系数测量的目的

对于 FZ、FCZ、FCD 等带并联电阻的避雷器，在进行电导电流试验的同时，还要通过测量非线性系数，发现同一相各组合元件的组合是否合适。

二、测试方法

1. 试验接线

非线性系数测量接线图如图 TYBZ01920007-1 所示。

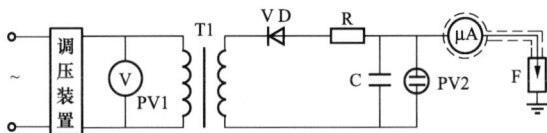

图 TYBZ01920007-1　电导电流试验接线图

T1—试验变压器；VD—高压硅二极管；R—保护电阻；C—滤波电容；

PV1—低压侧电压表；PV2—高压静电电压表；F—避雷器

需要指出的是，由于避雷器并联电阻的非线性，故整流电压的脉动对测量影响很大，一般要求电压的脉动≤±1.5%，因此图 TYBZ01920007-1 中滤波电容 C（0.01~0.1μF）是必不可少的；另外，由于该试验对电压的严格要求，需在高压侧测量电压。现在，现场均采用成套的直流高压发生器，此时可不用滤波电容；如果直流高压发生器经过电压校验，也可从低压侧读取电压。

测量阀型避雷器的电导电流试验所加直流电压标准如表 TYBZ01920007-1 所示。

表 TYBZ01920007-1　　　测量阀型避雷器的电导电流所加直流电压标准

项　　目	施加电压（kV）					
元件额定电压	3	6	10	15	20	30
试验电压 $U_1 = \dfrac{U_2}{2}$	—	—	—	8	10	12
试验电压 U_2	4	6	10	16	20	24

2. 非线性系数 α 的测量与计算

当避雷器是由多节带并联电阻的组合元件串联而成时（即避雷器由两节及以上组成），测量电导电流的同时应测量非线性系数。测量时，根据避雷器组合元件的额定电压按表 TYBZ01920001-1 中的试验电压 U_1 和 U_2 对各元件分别施压，同时测量相应的电导电流 I_1 和 I_2，然后按公式 $\alpha = \dfrac{\lg \dfrac{U_2}{U_1}}{\lg \dfrac{I_2}{I_1}}$ 计算 α。

三、判断标准

（1）电导电流应符合制造厂标准，并与历次试验数据比较，不应有明显变化。

（2）同一相内各串联组合元件的电导电流相差值 $\dfrac{I_{max} - I_{min}}{I_{max}} \times 100\% < 30\%$，而非线性系数 α 的差值不应大于 0.05。

【思考与练习】

1. 阀型避雷器非线性系数测量方法及判断标准。

2. 非线性系数 α 的计算方法。

第二十一章 输电线路工频参数测量

模块 1 测量的测试方法（TYBZ01921001）

【**模块描述**】本模块介绍输电线路工频参数测量的测试方法，通过要点归纳和对原理图的讲解，掌握输电线路绝缘电阻、相位核对、直流电阻、正序阻抗、零序阻抗、正序电容、零序电容、耦合电容、互感阻抗九个测试项目的测试目的和方法。

【**正文**】

输电线路是电力系统的重要组成部分，其参数的准确性关系到电网的安全稳定运行。

一、工频参数的内容

输电线路在投入运行之前，应检查线路绝缘和核对相位外，还进行线路工频参数的测量。应测的参数有直流电阻 R、正序阻抗 Z_1、零序阻抗 Z_0、相间电容 C_{12}、正序电容 C_1 和零序电容 C_0 等，对于同杆架设的多回路或距离较近、平行段较长的线路，还需测量耦合电容 C_m 和互感阻抗 Z_m。

二、工频线路参数测试方法

工频线路参数均指三相导线的平均值，即按三相线路通过换位后获得完全对称。对不换位线路，因其不对称度较小，也近似地适用。

1. 测量线路的绝缘电阻

测量绝缘电阻，是为了检查线路绝缘状况以及有无接地或相间短路等缺陷。一般应在沿线天气良好情况下（不能在雷雨天气）进行测量。首先将被测线路三相对地短接，以释放线路电容积累的静电荷，从而保证人身和设备安全。

测量时，应先测量各相对地是否还有感应电压（测量采用高内阻电压表或静电电压表），若还有感应电压，应采取措施消除，以保证测试工作的安全和测量结果的准确。测量线路的绝缘电阻时，将非测量的两相短路接地，用 2500～5000V 绝缘电阻表轮流测量每一相对其他两相及地间的绝缘电阻。

2. 核对相位

通常对新建线路，核对其两端相位是否一致，以免由于线路两侧相位不一致，在投入运行时造成短路事故。核对相位的方法很多，一般用绝缘电阻表和指示灯法。

（1）绝缘电阻表法。采用绝缘电阻表核对相位时，在线路的始端一相接绝缘电阻表的 L 端，而绝缘电阻表的 E 端接地，在线路末端逐相接地测量；若绝缘电阻表的指示为零，则表示末端接地相与始端测量相同属于一相，定出线路始、末两端的A、B、C 相。

（2）指示灯法。指示灯法是将线路的始端一相和指示灯串联测量，在线路末端逐相接地测量，若指示灯亮，则表示始、末两端同属于一相。

3. 测量直流电阻

测量直流电阻是为了检查输电线路的连接情况和导线质量是否符合要求。根据线路的长度、导线的型号和截面，初步估计线路电阻值，以便选择适当的测量方法和电源电压。一般采用电桥测量。

测量时，先将线路始端接地，然后末端三相短路。短路连接应牢靠，短路线要有足够的截面。逐次测量 AB、BC 和 CA 相，并记录电压值、电流值和当时线路两端气温。连续测量三次，取其算术平均值。

4. 测量正序阻抗

正序阻抗测量时，将线路末端三相短路（短路线应有足够的截面，且连接牢靠），在线路始端加三相工频电源，分别测量各相的电流、三相的线电压和三相总功率。按测得的电压、电流取三个数的算术平均值，功率为两个功率表代数和，计算线路每相每千米的正序参数，即正序阻抗、正序电阻、正序电抗和正序电感。正序阻抗测量原理接线图如图 TYBZ01921001-1 所示。

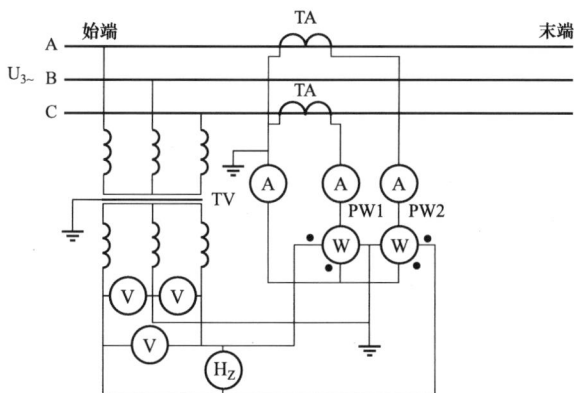

图 TYBZ01921001-1　正序阻抗测量原理接线图

计算公式如下

$$Z_1 = \frac{U_{av}}{\sqrt{3}I_{av}}\frac{1}{L}$$

（TYBZ01921001-1）

$$R_1 = \frac{P}{3I_{av}^2}\frac{1}{L} \qquad (\text{TYBZ01921001-2})$$

$$X_1 = \sqrt{Z_1^2 - R_1^2} \qquad (\text{TYBZ01921001-3})$$

$$L_1 = \frac{X_1}{2\pi f} \qquad (\text{TYBZ01921001-4})$$

式中 Z_1——正序阻抗，Ω/km；

       R_1——正序电阻，Ω/km；

       X_1——正序电抗，Ω/km；

       L_1——正序电感，H/km；

       P——三相总功率，W；

       U_{av}——三相线电压平均值，V；

       I_{av}——三相电流平均值，A；

       L——线路总长度，km；

       f——电源频率，Hz。

5. 测量零序阻抗

    测量零序阻抗时将线路末端三相短路接地，始端三相短路接单相交流电源。根据测得的电流、电压及功率，计算出每相每千米的零序参数，即零序阻抗、零序电阻、零序电抗和零序电感。零序阻抗测量原理接线图如图 TYBZ01921001-2 所示。

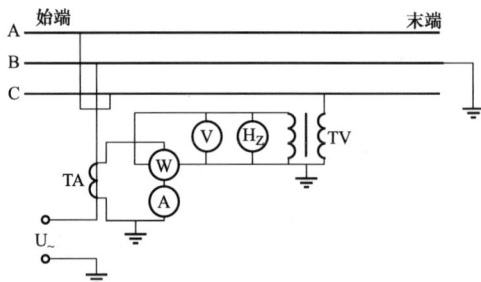

图 TYBZ01921001-2 零序阻抗测量原理接线图

计算公式如下

$$Z_0 = \frac{3U}{I}\frac{1}{L} \qquad (\text{TYBZ01921001-5})$$

$$R_0 = \frac{3P}{I^2}\frac{1}{L} \qquad (\text{TYBZ01921001-6})$$

$$X_0 = \sqrt{Z_0^2 - R_0^2} \qquad (\text{TYBZ01921001--7})$$

$$L_0 = \frac{X_0}{2\pi f} \qquad (\text{TYBZ01921001--8})$$

式中　Z_0——零序阻抗，Ω/km；

　　　R_0——零序电阻，Ω/km；

　　　X_0——零序电抗，Ω/km；

　　　L_0——零序电感，H/km；

　　　P——所测功率，W；

　　　U——试验电压，V；

　　　I——试验电流，A；

　　　L——线路总长度，km；

　　　f——电源频率，Hz。

6．测量正序电容

测量线路正序电容时，线路末端开路，首端加三相电源，两端均用电压互感器测量三相电压。计算正序参数时，电压取始末端三相的平均值，电流也取三相的平均值，功率取两功率表的代数和（用低功率因数功率表测量），计算每相每千米线路对地的正序参数，即正序导纳、正序电导和正序电纳。测量正序电容原理接线图如图 TYBZ01921001--3 所示。

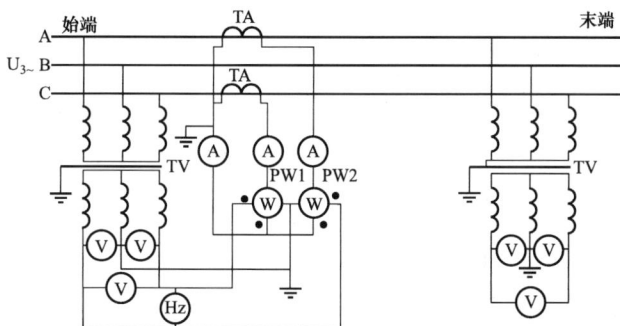

图 TYBZ01921001--3　正序电容测量原理接线图

计算公式如下

$$y_1 = \frac{\sqrt{3}I_{av}}{U_{av}}\frac{1}{L} \qquad (\text{TYBZ01921001--9})$$

$$g_1 = \frac{P}{U_{av}}\frac{1}{L} \qquad \text{（TYBZ01921001-10）}$$

$$b_1 = \sqrt{y_1^2 - g_1^2} \qquad \text{（TYBZ01921001-11）}$$

$$C_1 = \frac{b_1}{2\pi f}\times 10^6 \qquad \text{（TYBZ01921001-12）}$$

式中　y_1——正序导纳，S/km；

$\quad\quad g_1$——正序电导，S/km；

$\quad\quad b_1$——正序电纳，S/km；

$\quad\quad C_1$——正序电容，μF/km；

$\quad\quad P$——三相损耗总功率，W；

$\quad\quad U_{av}$——始末端三相线电压平均值，V；

$\quad\quad I_{av}$——三相电流平均值，A；

$\quad\quad L$——线路总长度，km；

$\quad\quad f$——电源频率，Hz。

7. 测量零序电容

测量线路零序电容时，线路末端开路，首端三相短路施加单相电源，在首端测量三相的电流，测量首末端电压平均值。计算每相每千米线路对地的零序参数，即零序导纳、零序电导、零序电纳和零序电容。零序电容测量原理接线如图 TYBZ01921001-4 所示。

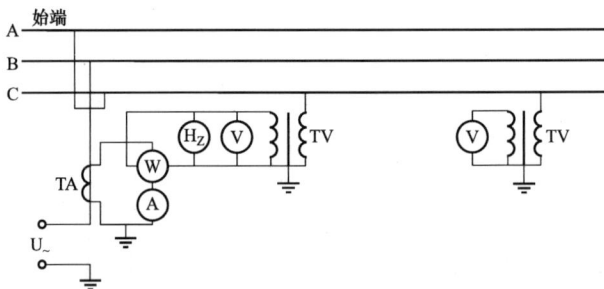

图 TYBZ01921001-4　零序电容测量原理接线图

计算公式如下

$$y_0 = \frac{I}{3U_{av}}\frac{1}{L} \qquad \text{（TYBZ01921001-13）}$$

$$g_0 = \frac{P}{3U_{av}^2}\frac{1}{L} \qquad \text{（TYBZ01921001-14）}$$

$$b_0 = \sqrt{y_0^2 - g_0^2} \qquad \text{(TYBZ01921001-15)}$$

$$C_0 = \frac{b_0}{2\pi f} \times 10^6 \qquad \text{(TYBZ01921001-16)}$$

式中　y_0——零序导纳，S/km；

　　　g_0——零序电导，S/km；

　　　b_0——零序电纳，S/km；

　　　C_0——零序电容，μF/km；

　　　P——三相的零序损耗，W；

　　　U_{av}——始末端电压的平均值，V；

　　　I——三相零序电流之和，A；

　　　f——电源频率，Hz；

　　　L——线路长度，km。

8. 测量耦合电容

对于两条平行的线路，当一条线路发生故障时，通过电容传递的过电压可能危及另一条线路所在系统的安全。分析电容传递过电压时，需用到两条线路之间的耦合电容。测量耦合电容，将线路 1、2 各自三相始端短路，并对线路 1 加压，线路 2 经电流表接地，读取电流、电压值，计算两线间耦合电容。耦合电容测量原理接线图如图 TYBZ01921001-5 所示。

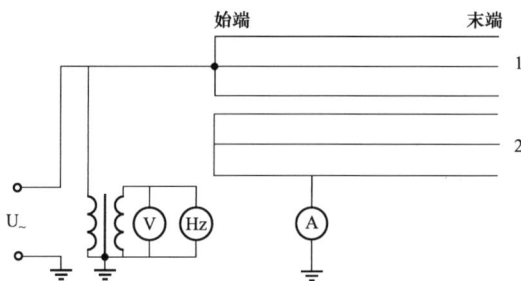

图 TYBZ01921001-5　耦合电容测量原理接线图

计算公式如下

$$C_m = \frac{I}{2\pi f U} \times 10^6 \qquad \text{(TYBZ01921001-17)}$$

式中　U——测量电压，V；

　　　I——测量回路电流，A；

　　　f——电源频率，Hz。

9. 测量互感阻抗

在两回平行的线路中，若其中一回线路中通过不对称短路电流，则由于互感作

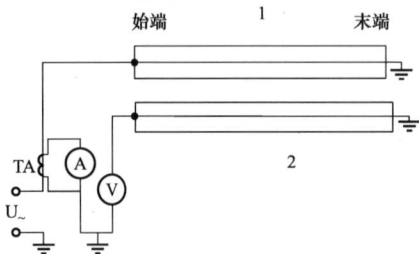

图 TYBZ01921001-6　平行线路互感参数
测量原理接线图

用，另一回线路将有感应电压或电流，有可能使继电保护误动作。因此，必须考虑互感的影响，测量平衡线路互感时，将 1、2 两回线路的始末端三相各自短路，并将末端接地。在其中一回线路加试验电压，并测量电流，在另一回线路用高内阻的电压表测量感应电压，计算互感参数，即互感阻抗和互感。平行线路互感参数测量原理接线图如图 TYBZ01921001-6 所示。

计算公式如下

$$Z_m = \frac{U}{I} \qquad\qquad (TYBZ01921001-18)$$

$$M = \frac{Z_m}{2\pi f} \qquad\qquad (TYBZ01921001-19)$$

式中　Z_m——互感阻抗，Ω；

M——互感，H；

U——非加压线路的感应电压，V；

I——加压线路电流，A；

f——电源频率，Hz。

【思考与练习】

1. 输电线路工频参数有哪几部分？

2. 怎样进行工频参数的测试？

模块 2　测量中的注意事项（TYBZ01921002）

【模块描述】本模块介绍输电线路工频参数测量注意事项。通过要点归纳，熟悉输电线路工频参数测量注意事项。

【正文】

输电线路工频参数进行测量时，应注意以下六个方面。

（1）测量前准备。测量工频参数前必须进行线路绝缘电阻测量及核相。

（2）试验电源的选取。输电线路参数测量中采用大容量的三相调压器（30kVA以上）作试验电源。采用隔离变压器，使试验电源与系统隔离，防止电源干扰，试

验时应选择 0.5 级及以上表计。试验时功率表、电压表的电压尽量从线路端子接线。

（3）平行线路的测量。当线路间存在着感应干扰电压时，可达几十伏，使线路参数的测量值产生严重误差。随着试验电压、电流的增大，测量值的误差相对较小，但这样势必要求调压器等试验电源的容量增大。在实践中，常利用三相电源分别作为试验电压，并改变三相试验电源相序的方法，得到准确的试验结果。

（4）线路参数试验接线工作必须在被试线路接地的情况下进行，必须连接牢靠，短路线截面积尽可能大，防止接地不良影响测量结果和感应电压触电。

（5）测量时当线路有感应电压时，试验电压应大于感应电压值。如果感应电压过高时（＞3000V），采取措施以降低感应电压。

（6）测试时保证通信顺畅，不可约时变更或拆除试验接线。

【思考与练习】

1. 输电线路工频参数测试注意事项有几部分？

2. 测量线路工频参数时对表计选用有何要求？

第二十二章 相序和相位的测量

模块 1 相序和相位及其测量的意义
（TYBZ01922001）

【模块描述】本模块介绍相序和相位的概念和测量的意义。通过概念介绍和要点归纳，掌握相序和相位的概念及测量的意义。

【正文】

一、相序和相位的定义

1. 相序的概念

在三相电力系统中，各相的电压或电流依其先后顺序分别达到最大值（以正半波幅值为准）的次序，称为相序。

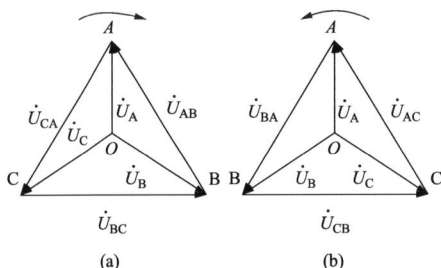

在三相电力系统中，规定以"A、B、C"标记区别三相的相序。当它们分别达到最大值的次序为 A、B、C 时，称作正相序；如次序是 A、C、B，则称为负相序。图 TYBZ01922001-1 为正、负相序向量图。

图 TYBZ01922001-1　正、负相序向量图
（a）正相序；（b）负相序

2. 相位的概念

三相电压（或电流）在同一时间所处的相对位置，就是相位，它们有一个夹角。通常对称平衡的三相电压（或电流）的相位互差为 120°。

二、测量相序和相位的意义

在电力系统中，发电机、变压器等的相序是否一致，是它们能否并列运行的必要条件。电动机的转动方向也与相序有关，相序的改变转动方向也发生改变。所以测量相序具有重要的意义。

定相是有电磁联系的同一系统进行并列或环接时（如主变压器的并列、新线路投入等）不可缺少的试验项目。定相包括相序的辨认和相位的确定，防止由于它们不一致造成不可允许的环流或短路。

【思考与练习】

1. 什么是相序和相位？

2. 测量相序和相位的意义是什么？

模块 2 测量相序的方法 (TYBZ01922002)

【模块描述】本模块介绍测量相序的方法。通过要点归纳，熟悉相序测量的方法，熟悉旋转式相序表和指示灯式相序表的工作原理和使用方法。

【正文】

测量相序时，一般采用相序表进行测量。对于 380V 及以下的系统，可采用量程合适的相序表直接测量；对于高压系统，应通过电压互感器在低压侧进行测量。常用的相序表有旋转式和指示灯式两种。

1. 旋转式相序表

旋转式相序表是一种最早的相序表。内部结构类似三相交流电动机，有三相交流绕组和非常轻的转子，可以在很小的力矩下旋转，而三相交流绕组的工作电压范围很宽，从几十伏到五百伏都可工作。测量时三相电压接入相序表的三个接线柱，观察其转动方向的不同，可判断正、负相序，即顺时针方向为正相序，反之为负相序。旋转式相序表外形如图 TYBZ01922002-1 所示。

2. 指示灯式

指示灯式相序表分为电容式和电感式。根据测量时相序表中指示灯亮暗程度来判断被测电压（或电流）的相序。使用时只要将 X、Y、Z 三根线接至三相电路，通过氖管的熄、亮可方便地辨明三相交流电的相序。如果氖管亮，则 X、Y、Z 接的分别是电源的 A、C、B 相。反之，如果氖管不亮，则 X、Y、Z 接的分别是电源的 A、B、C 相。指示灯式相序表如图 TYBZ01922002-2 所示。

图 TYBZ01922002-1 旋转式相序表外形图　　图 TYBZ01922002-2 指示灯式相序表外形图

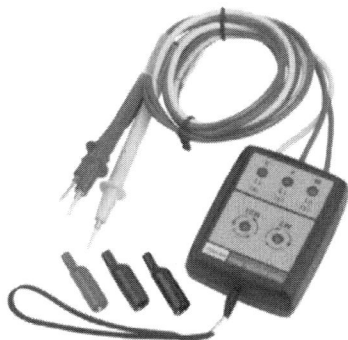

【思考与练习】

1. 常用的相序表有几种？
2. 旋转式相序表怎样测量相序？

模块 3　测量相位的方法（TYBZ01922003）

【模块描述】本模块介绍测量相位的方法。通过条文归纳和对原理图的讲解，掌握低压定相的试验接线和操作方法，掌握采用外接单相电压互感器、电阻杆高压定向的接线方式和操作方法，了解使用高压无线核相器的优点。

【正文】

相位测量一般采用低压定相和高压定相两种方法。

一、低压定相

（1）对于 220kV 以上系统一般采用低压定相，即通过电压互感器二次电压定相。一般是利用三相电压互感器低压侧测定高压端的相位。

需要确定双母线或分段母线的相位时，利用系统中装设的三相电压互感器测定高压侧相位，试验接线如图 TYBZ01922003-1 所示。在其低压侧用万用表依次测量 aa′、ab′、ac′、ba′、bb′、bc′、ca′、cb′和 cc′的电压。根据测量结果，电压接近于零或等于零者为同相，电压为线电压者是异相。据此，可判断对应端高压侧 A、B、C 和 A′、B′、C′的相位。测量时，两个电压互感器的变比、组别应相同。高压侧的电压应基本一致，互差应不大于 10%。经上述判断 A 和 A′，B 和 B′，C 和 C′同相位后，方可合上开关 K，两电源则并列运行。

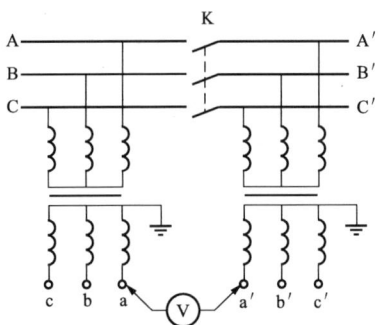

图 TYBZ01922003-1　电压互感器低压
侧定相试验接线

（2）对 380V 及以下电压的两段母线或两台变压器的相位测定，可利用万用表的电压档（或电压表）直接测量判断，其试验接线如图 TYBZ01922003-2 所示。分别测量 AA′、AB′、AC′、BA′、BB′、BC′、CA′、CB′和 CC′间电压，根据测量结果，电压接近零或等于零者为同相，电压为线电压者是异相。

二、高压定相

对于 220kV 及以下系统一般采用外接单相电压互感器、电阻杆或无线核相器高压定相。

1. 利用单相电压互感器测定高压侧的相位

在有电联系的系统中，用外接单相电压互感器，在高压侧直接测定相位。用 0.5 级交流电压表接于电压互感器低压侧，其接线如图 TYBZ01922003–3 所示。在高压侧依次测量 AA′、AB′、AC′、BA′、BB′、BC′、CA′、CB′和 CC′的电压。测量结果的判断同三相电压互感器低压侧定相一样。

测量时，必须注意以下事项：

（1）用绝缘棒将电压互感器高压端用引线接至被测的高压线端头，此时应特别注意人身和设备的安全；

图 TYBZ01922003–2　万用表定相试验接线

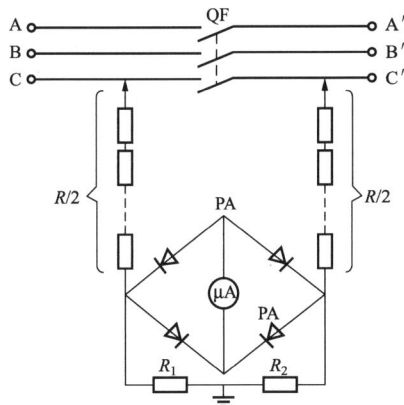

（2）所采用的电压互感器，事前应经与被测设备同等绝缘水平的耐压试验；

（3）电压互感器的外壳和二次侧的一端连接并接地；

（4）绝缘棒应符合安全工具的使用规定，引线间及其对地应具有足够的安全距离；

（5）操作和读表人员应站在绝缘垫上，所处位置与高压部分应有足够的安全距离，并在负责人的指挥和监护下工作。

2. 利用电阻杆（数显钳形电流表法）高压定相

电阻杆高压定相原理示意图如图 TYBZ01922003–4 所示。将需要并网运行的两端电压分别送至一隔离开关或断路器两侧，将定相杆分别接向两侧。由于两侧电压来自两个系统或受输电线路容升现象等的影响，两侧同相电压的幅值可能有一定差异，造成电流表 PA 有一定指示，不过与非同相时电流表指示相比较小，一般不超过异相 PA 指示数的 10%。因此如仪表指示近于零或为零，则是同相；如指示为线电压，则是异相。

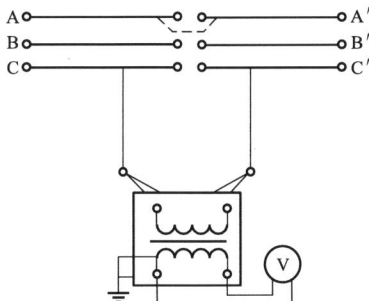

图 TYBZ01922003–3　利用单相电压
互感器高压定相

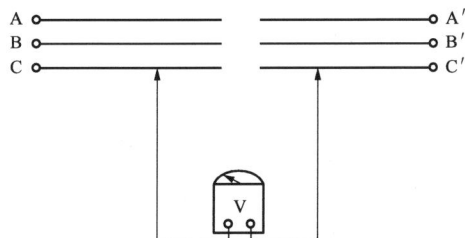

图 TYBZ01922003–4　电阻杆高压定相
原理示意图

测量时，必须注意以下事项：

（1）用电阻杆定相前，应用 2500V 绝缘电阻表检查电阻杆阻值是否符合产品要求值，防止在电阻受潮或有断裂情况下用电阻杆定相。

（2）电阻杆定相时应有专人监护，注意定相引线与带电部分距离是否足够，电阻杆顶端与带电部位接触是否良好。

3. 高压无线核相器定相

高压无线核相器采用最新电力电子检测技术和无线传输技术，操作安全可靠，使用方便，克服了有线核相器的诸多缺点。其优点主要表现在：

（1）去掉了连接两个电网（电源）两端的引线，可穿过围墙和隔墙（板），不受任何地形和设施构架的方式限制，提高了安全性。

（2）操作方便，只需一人操作一人监护。无线核相器外形如图 TYBZ01922003-5 所示。

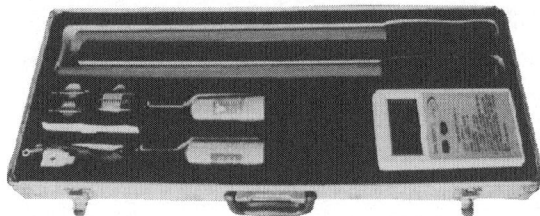

图 TYBZ01922003-5 无线核相器外形图

【思考与练习】

1. 相位测量有几种方法？

2. 电阻杆（核相器）高压定相时注意事项是什么？

第二十三章　电力电缆的故障探测

模块 1　电缆故障性质的分类（TYBZ01923001）

【模块描述】本模块介绍电缆故障性质的分类。通过概念介绍，熟悉电缆故障性质的分类，掌握开路故障、低阻故障及高阻故障的基本概念。

【正文】

电缆故障对供电安全可靠性的影响非常大，因此准确、迅速地探测电缆故障点的位置对保证故障电缆的及时修复具有重要意义。按电缆故障性质分类，电缆故障分为开路故障和接地故障两类。

一、开路故障

缆芯的连续性受到破坏，形成断线和不完全断线。

电缆相间或相对地的绝缘电阻值达到所要求的规定值，但工作电压不能传输到终端，或虽然终端有电压，但负载能力较差，这类故障称为开路故障。电缆故障示意图如图 TYBZ01923001–1 所示，在某相 H 点存在电阻，$R_K=\infty$ 的这种情况称为断线故障，这是开路故障的特殊情况。

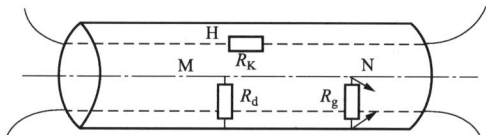

图 TYBZ01923001–1　电缆故障示意图

二、接地故障

缆芯之间或缆芯对外皮间的绝缘破坏，形成短路接地或闪络击穿。短路接地故障有低阻和高阻之分。

1. 低阻故障

电缆相间或相对地的绝缘受损，其绝缘电阻减小到一定程度，并能用低压脉冲法测量的故障称为低阻故障。如图 TYBZ01923001–1 所示，在电缆中某相 M 点对地绝缘电阻 $R_d<100\Omega$ 以下时，便认为是低阻故障。$R_d=0$ 的这一种情况称为短路故障，这是低阻故障的特殊情况。如果故障点在电缆终端头，则 R_d 小于电缆特性阻抗才认为是低阻故障。

2. 高阻故障

相对于低阻故障，若电缆相间或相对地的故障电阻较大，以致不能采用低压脉冲法进行测量的故障，通称为高阻故障，它包括泄漏性高阻故障和闪络性高阻故障。

进行电缆预防性试验时，泄漏电流随试验电压的升高而逐渐增大，且其值大大超过规定的泄漏值，这种故障为泄漏性高阻故障。在图 TYBZ01923001-1 中，泄漏性高阻故障，R_d 一般大于 150Ω。特殊情况下，终端高阻泄漏故障中的 R_d 大于电缆的特性阻抗。

闪络性高阻故障，其特点是故障点不但没有形成低阻通道，相反，绝缘电阻值却很大。做泄漏电流试验时，当电压升高到一定值时，泄漏电流突然增大。当电压稍降时，此现象消失。在图 TYBZ01923001-1 中，某相 N 点在高电压作用下，$R_g=0$，当高电压降低到某一数值后，R_g 趋于无穷大。

【思考与练习】

1. 电缆故障性质的分为几类？
2. 每类电缆故障性质的特点是什么？

模块 2 电力电缆故障性质的确定（TYBZ01923002）

【模块描述】本模块介绍电力电缆故障性质确定。通过步骤讲解和案例分析，掌握判定电缆故障性质的方法。

【正文】

一、判定电缆故障性质的方法

判断电缆故障性质的方法，可采用绝缘电阻表进行测量判断。即先在一端测量电缆各芯间和芯对地的绝缘电阻，再将另一端短路，测量有无断线，具体判断方法和操作步骤按下面程序进行。

将电缆脱离供电系统，按下列步骤测量：

（1）用绝缘电阻表测量每相对地绝缘电阻，如绝缘电阻指示为零，可用万用表进行测量，以判断是高阻还是低阻接地。

（2）测量两相之间的绝缘电阻。

（3）将另一端三相短路，测量其线芯直流电阻。特别注意的是这一步非常重要，如果疏忽，难以弄清故障性质，得不到结论。

（4）按上述步骤应分别在两端各做一次，并将测得的数据全面分析比较，确定故障性质。

二、电缆故障实例

例如，某 10kV、100m 电缆线路，型号和规格为 $ZQ_23\times70mm^2$，在运行中发生故障，按电缆故障性质的测定方法进行试验，相对地及相间绝缘电阻（MΩ）结果如图 TYBZ01923002-1 所示。

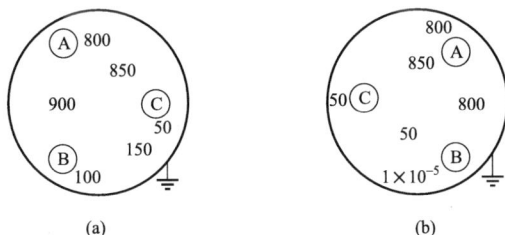

图 TYBZ01923002-1　电缆相间及相对地绝缘电阻示意图

（a）甲端头；（b）乙端头

解： 电缆故障类型测量记录如表 TYBZ01923002-1 所示。

表 TYBZ01923002-1　　　　电缆故障类型测量记录

测试地点		甲　端	乙　端	测试地点		甲　端	乙　端
相对地绝缘电阻（MΩ）	A	800	800	相间绝缘电阻（MΩ）	AB	900	800
	B	100	1×10^{-3}		BC	150	50
	C	50	50		CA	850	850

上述测试数据尚不能说明故障性质，所以仍需做缆芯回路直流电阻测试，缆芯回路直流电阻测量记录如表 TYBZ01923002-2 所示。

表 TYBZ01923002-2　　　　缆芯回路直流电阻测量记录

测　试　地　点		甲　端	乙　端
万用表测得数据（Ω）	AB	∞	∞
	BC	∞	∞
	CA	0.6	0.6

综合上述测试，可得如下结论：

（1）A 相正常；

（2）B 相断开，乙端有一低阻接地故障点；

（3）C 相有一高阻接地故障点，但导体完整。

通过电缆故障性质的判断，即有了准确的故障性质判定结论，可以进一步选择合适的探测仪器和确定测寻方法。

【思考与练习】

1. 判断电缆故障一般采用什么仪器？
2. 判定电缆故障性质的方法是什么？

模块 3 各类故障性质的特点及检测方法
（TYBZ01923003）

【模块描述】 本模块介绍各类故障性质的特点及检测方法。通过要点介绍，熟练开路故障、低阻故障及高阻故障的特点及其检测方法。

【正文】

电缆故障性质分为开路故障、高阻故障和低阻故障，这三种故障的特点和检测方法如下。

一、开路故障

开路故障有两种情况，一种为断线故障，特点是电缆的芯线或金属屏蔽层在某一处或多处断开，如实际中电缆被人为挖断、电缆被烧断、在电缆接头处、电缆芯线或电缆的两边屏蔽层没有连接上等。另一种为似断非断故障，特点是电阻大于电缆芯线的正常电阻，又小于无穷大。如电缆的芯线或金属屏蔽层某处似连非连、接头部分芯线或屏蔽线处理不好等。其中断线故障是开路故障的一个特例。具体检测方法有以下两种。

1. 欧姆表法

对于单芯电缆，在终端将芯线与金属屏蔽层短接，在始端用欧姆表测试缆芯到屏蔽层的电阻值，若测试电阻为无穷大，则为开路故障；若测试电阻小于无穷大，但大于两倍的电缆芯线的正常电阻，则为似断非断故障。

对于三芯电缆，若电缆有金属屏蔽层，在终端将三相与金属屏蔽层短接，用欧姆表在始端分别测试三相对屏蔽层以及三相间的电阻值，三相电阻应基本平衡，且三相对屏蔽层的电阻应满足小于电缆芯线的正常电阻的两倍的条件。若电缆缆芯任意两组数据与三相 R_A、R_B、R_C 任意一组数据中的电阻值为无穷大或大于两倍电缆芯线的正常电阻时，可判断为开路故障。若电缆无金属屏蔽层，可不测试相对地电阻，应测试相间电阻。判别时尽可能不要用绝缘电阻表。

2. 低压脉冲法

通过用脉冲法测试电缆的相对长度及脉冲反射波形来判断电缆是否存在开路故障，此时无需将电缆另一端短接。此方法对芯线及金属屏蔽层都能够非常有效地检测。

二、低阻故障

低阻故障的特点是电缆相间或相对地故障电阻小于 10kΩ 的故障。依据电阻电桥法或依据低压脉冲法，可检测电缆低阻故障。具体检测方法有以下两种。

1. 电桥法

用欧姆表或万用表测试电缆相间和相对地（或金属屏蔽层）的电阻值，若电阻值小于 10MΩ，可认为是低阻故障。

2. 脉冲法

采用低压脉冲法测试相间或相对地的波形，若波形中产生与仪器发射脉冲反极性的反射波形时，可判定电缆存在有低阻故障。一般低阻故障应小于几千欧。

三、高阻故障

高阻故障相当于低阻故障，特点是电缆间或相对地故障电阻大于 10kΩ 的故障。具体检测方法有以下几种。

1. 泄漏性高阻故障

相对于低阻故障，若用电阻电桥和脉冲法测试不了相间或相对地泄漏性故障，通常采用两种判别方法。

（1）绝缘电阻表或欧姆表法。采用绝缘电阻表或欧姆表测得相间或相对地电阻值远小于电缆正常的绝缘电阻值时，可判别为泄漏性故障。一般电阻值在数千欧至几十兆欧。

（2）直流耐压预试。在电缆的额定电压下分相施加直流电压，当电缆的泄漏电流值随预试电压的升高而连续增大，并远大于电缆的允许泄漏值时，即可判断电缆有泄漏性故障，其阻值可进一步通过绝缘电阻表来测试。

2. 闪络性高阻故障

闪络性故障几乎全在高阻状态，且阻值很高，通常稍低于或相等于电缆正常的绝缘电阻值。因此，在现场只有通过做预试这一种方法来判别。在电缆的允许额定试验电压下，当试验电压高于某一电压值时，泄漏电流值突然增大，而当试验电压下降后，泄漏电流值恢复正常，此时可判断电缆存在闪络性故障。

【思考与练习】

1. 对各类电缆故障性质检测采用什么方法？
2. 各类电缆故障性质检测时的试验数值的特征是什么？

模块 4　电缆故障波形图（TYBZ01923004）

【模块描述】本模块介绍电缆故障波形。通过对接线与波形图的讲解，掌握低压脉冲反射法和高压脉冲反射法两种测距方法的基本原理、接线方式和波形图。

【正文】

脉冲法应用行波理论，通过观测脉冲在电缆中往返所需时间来计算到故障点距离。主要有低压脉冲反射法和高压脉冲反射法。

一、低压脉冲反射法

低压脉冲法是向故障电缆相发射低压脉冲的测距方法，可以探测断线和低阻短路故障，低压脉冲法基本接线与波形如图 TYBZ01923004–1 所示。

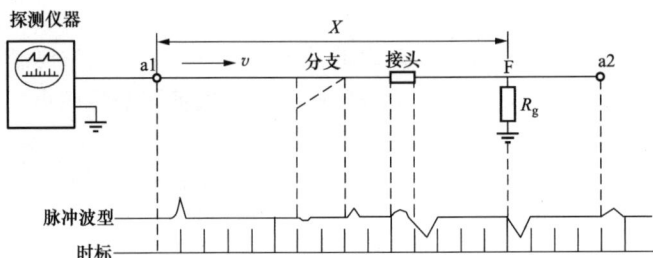

图 TYBZ01923004–1　低压脉冲法基本接线与波形图

低压脉冲法的主要缺点是不能测高阻性故障和闪络性故障，因此，低压脉冲法的使用受到了限制。

二、高压脉冲反射法

高压脉冲法可以探测高阻性短路、接地故障及闪络性故障，这些故障通常发生在中间接头或终端头。高压脉冲法是一种无烧穿故障点的测距方法，应用逐渐广泛。目前一般采用直流闪络法（直闪法）。

直流闪络法适用于闪络性故障和伴有闪络的高阻性故障，直流闪络法试验接线如图 TYBZ01923004–2 所示。

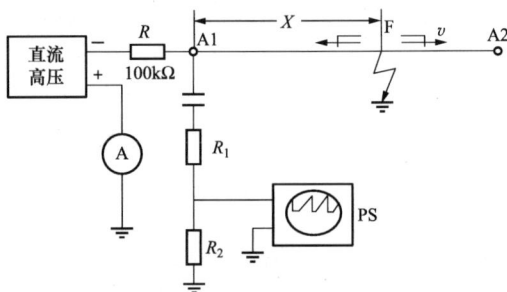

图 TYBZ01923004–2　直流闪络法试验接线图

测量时，在故障电缆芯上加负极性直流高压，当电压慢慢升到某一数值时故障点闪络。电缆芯电位由负值跃变到零，相当于在故障点产生一个正跃变电压。这一跃变电压沿电线向两端传播，形成两个跃变电压波，并分别在 FA1 和 FA2 间来回反射。直流闪络法测量波形如图 TYBZ01923004–3 所示。

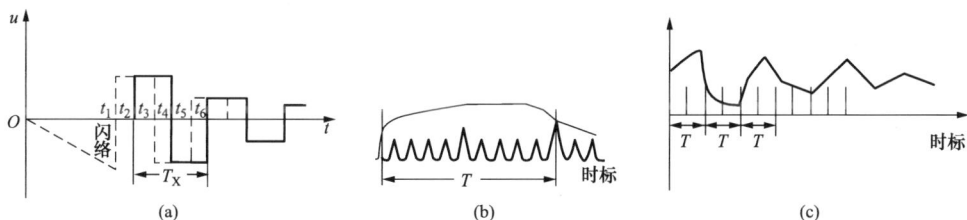

图 TYBZ01923004–3　直流闪络法测量波形图

（a）理想波形；（b）实测快扫描波形；（c）实测慢扫描波形

【思考与练习】

1. 高压脉冲法可以探测电缆哪些故障？

2. 直流闪络法试验如何接线？

模块 5　故障测寻接线图（TYBZ01923005）

【模块描述】本模块介绍电桥法、低压脉冲法、闪络法故障测寻接线图。通过不同原理图的知识讲解，熟悉不同电缆故障测寻接线图。

【正文】

电缆故障测寻主要有电桥法、低压脉冲法和闪络法，具体故障测寻和试验接线如下。

一、电阻电桥法

电阻电桥法适用于电缆的低阻和短路故障的测寻，通常采用惠斯通电桥测量电缆的低阻和短路故障，它主要是利用电阻的大小跟电缆的长度成正比，利用电桥原理测出故障相电缆的端部与故障点之间的电阻大小，并将它与无故障相做比较，进而确定故

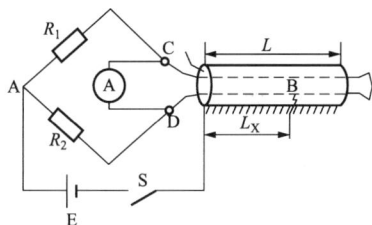

图 TYBZ01923005–1　电阻电桥测试接线图

障点距离其端部的原理进行的。电阻电桥测试接线图如 TYBZ01923005–1 所示。

二、低压脉冲法

低压脉冲法是向故障电线发射低压脉冲的测距方法，探测断线和低阻短路故障。测量原理是由仪器的脉冲发生器发出一个脉冲波送到故障电缆上，脉冲沿电缆线芯传播，当传播到故障点时，由于故障电缆的波阻发生变化，有一脉冲信号被反射回来，测试发送脉冲和反射脉冲之间的时间间隔，可计算出测试端距故障点的距离。低压脉冲法测量基本接线如图 TYBZ01923005–2 所示。

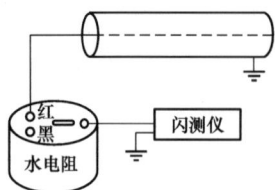

图 TYBZ01923005-2　低压脉冲法
测量接线图

三、闪络法

1. 直闪法

直闪法是给故障电缆加直流负高压，当电压升高到一定值时，故障点产生闪络，闪测仪即显示出测量端的波形，故障距离为波形的起始点到下降处拐点的实际时间间隔所对应的距离。直闪法适用于闪络性故障和伴有闪络的高阻性故障，直闪法测量线路及波形如图 TYBZ01923005-3 所示。

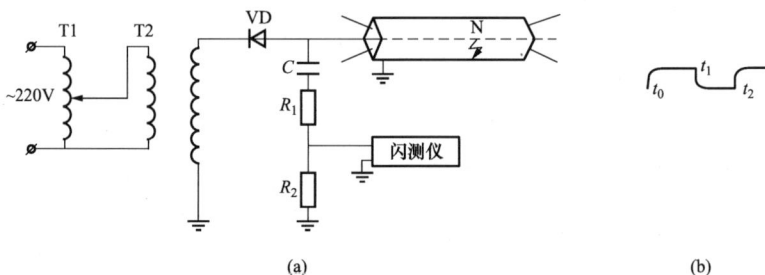

(a)　　　　　　　　　　　　　　　　(b)

图 TYBZ01923005-3　直闪法测量接线及波形图

（a）直闪法测量线路；（b）直闪法测量波形

C—耦合电容；R_1 和 R_2—水电阻

2. 冲闪法

冲闪法工作原理是当电源接通后，首先由直流高压给贮能电容 C 充电，当电容上的电压高到一定幅值时，球隙 Q 被击穿放电，在 t_0 时刻瞬间负高压加到电缆故障相，并传向故障点，继而故障点闪络放电。故障点放电时的短路电弧使沿电缆送去的电压波反射回去，从而在测量端和故障点之间产生如图（b）所示的波形，图中尖脉冲是由于电感 L 的微分作用所致。这一波形通过 R_1、R_2 电阻分压后加到仪器上。冲闪法适用于泄漏性高阻故障和闪络性高阻性故障，冲闪法测量线路及波形如图 TYBZ01923005-4 所示。

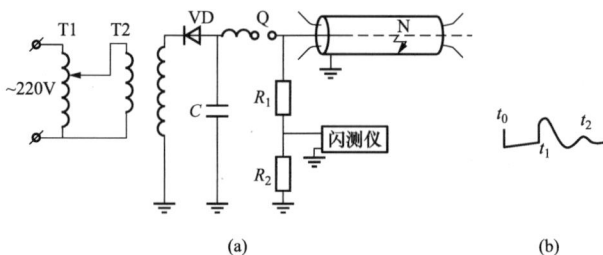

(a)　　　　　　　　　　　　　　　　(b)

图 TYBZ01923005-4　冲闪法测量接线及波形图

（a）冲闪法测量线路；（b）冲闪法测量波形

【思考与练习】

1. 电缆故障测寻接线图主要有哪几种？
2. 电阻电桥法如何试验接线？

模块6　测寻电缆故障的设备仪器的使用和维护
（TYBZ01923006）

【模块描述】本模块介绍测寻电缆故障设备仪器的使用和维护。通过要点归纳，了解电缆故障探测仪和地下电缆探测仪的基本使用方法及其维护注意事项。

【正文】

目前国内生产电缆探测仪较多，下面介绍常用的二种测寻电缆故障仪器。

一、电缆故障探测仪

电缆故障探测仪如图 TYBZ01923006-1 所示。

该电缆故障智能追踪仪可测试电力电缆的开路、短路和低阻故障。高阻闪络、泄漏性故障的精确定位。全套仪器由电缆故障测试仪主机、定位仪和路径仪三个主要部分组成。

电缆故障测试仪主机用于测量故障性质、全长及电缆故障点距测试端的大致位置。定点仪是在主机确定故障点的大致位置的基础上来确定故障点的精确位置。对于未知走向的埋地电缆，需使用路径仪来确定电缆的地下走向。若已知电缆的具体走向，可不使用路径仪。

图 TYBZ01923006-1　电缆故障探测仪

电缆故障测试仪主机可与笔记本电脑直接相连，便于管理与操作。整套仪器配合使用可以快速准确地找到各种电缆的故障点，广泛应用于 35kV 以下各种不同截面的铝芯、铜芯电力电缆、高频同轴电缆及市话电缆的低阻、短路、开路及各种高阻故障的探测，定位采用声磁同步技术，可同时显示声、磁变化情况，自动显示测试点到故障距离。

二、地下电缆探测仪

地下电缆探测仪如图 TYBZ01923006-2 所示。

该仪器能在不挖开覆土的情况下，方便而准确地查出地下通信电缆、电力电缆的走向和埋土深度。通过向地下管道发送出特定的电磁波信号，探测仪利用探头与磁力线地平面垂直相切时，收到的信号最小（几乎为零）的原理来测定埋地电缆的

走向和深度，具有自动保护功能；发射机功率大、效率高；检测误差小、抗干扰能力强；性能稳定可靠，对环境适应能力强。

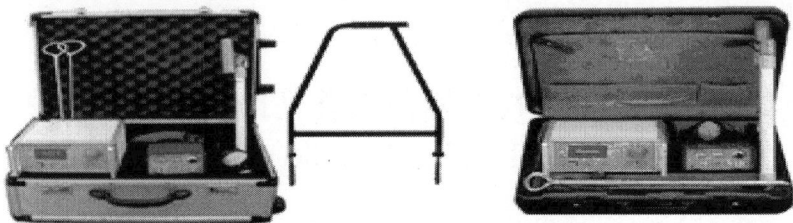

图 TYBZ01923006-2　地下电缆探测仪

（1）使用仪器前，按以下步骤检查仪器是否正常工作。

1）脉冲触发工作状态下，按下电源开键，液晶显示屏上将显示仪器主视窗口，检查是否有故障距离、波速、测量范围、比例等字样及数据。

2）按面板"□或□"键，仪器中间位置的活动光标将会移动，此时，故障距离数据相应变动。

3）调节增益电位器，仪器屏上显示的波形幅度将会增大或减小。

4）按照前述范围菜单操作步骤，改变测量范围，仪器显示屏上测量范围和发射脉冲宽度将发生相应变化，至此，表明仪器工作正常。

（2）故障种类的初步判断

测试前对故障原因和种类的分析是很必要的。可选用通用仪表如欧姆表、绝缘电阻表等结合现场情况和实际经验作初步分析判断。根据电缆故障性质选择触发工作方式，并将触发工作方式选择开关置于相应的位置。

三、维护注意事项

（1）测试时注意要甩掉局内所有设备，在最外线上进行测量。

（2）仪器触发工作方式位置开关与测试方法相一致。

（3）进行测试时，要注意人身安全及设备安全。必须接好地线。

（4）测试结束后，切断电源，拆除仪器与高压测试装置的连接线，再对高压电容器和电缆的所贮电荷进行放电。放电时，应先加限流电阻 R 限制放电电流以使电流缓慢放电，待电容器上电压降低后，再直接对地放电。如直接用接地线对高压电容器和电缆进行放电，流过接地线的瞬间放电电流可高达几百安培，将发生严重的设备或人身事故。

【思考与练习】

1. 电缆故障探测仪可检测什么故障？

2. 地下电缆探测仪的功能是什么？

模块 7　电力电缆故障点距离的测量（TYBZ01923007）

【模块描述】本模块介绍电力电缆故障点距离的测量。通过要点介绍，掌握低阻故障、高阻故障、开路故障以及特殊位置故障点的定点距离的测量方法。

【正文】

电缆的故障性质不同，定点距离的测量具体做法不同，针对不同性质的电缆故障主要有以下四种。

一、低阻故障定点法

用低压脉冲法对低阻故障进行故障点的粗测后，在粗测的范围内进行定点。由于这类故障电阻小，因此故障点的放电间隙也小，致使施加的冲击高压在不很高的情况下，故障点便发生闪络放电。低压故障定点接线如图 TYBZ01923007–1 所示。

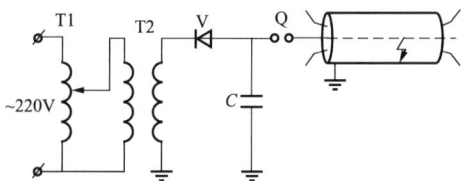

图 TYBZ01923007–1　低阻故障定点接线图　　图 TYBZ01923007–2　开路故障定点接线图

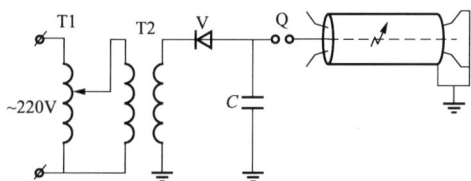

二、高阻故障定点法

高阻故障的定点方法和低阻一样，因这类故障的阻抗较高，定点时施加的冲击电压只有达到较高的幅度，故障点才会发生闪络放电，故放电声和由此而产生的冲击振动波一般说来都比较大，较便于收听、分析和辨别，因而相比之下就比较容易定点。

三、开路故障定点法

开路故障定点法在故障相的一端加冲击高压，而故障相的另一端及另外两相和电缆铅包连接后充分接地，利用定点仪在粗测的范围内进行定点。因开路故障类似于高阻故障，因此故障现象与高阻故障相类似。开路故障定点接线如图 TYBZ01923007–2 所示。

四、特殊位置故障点的定点

一般情况采用上述故障定点法测量，即故障点都远离测试端。如果故障点就在测试端附近，这时故障点的放电声会被球隙的放电声所淹没，因此故障点的放电声不易被测寻人员收听。因此，对于故障点测试端附近时，采用将球间隙放到远离测试端的另一端，并通过已知的正常相对故障相加电压，从而达到故障相闪络放电的目的。故障点在测试端附近的接线如图 TYBZ01923007–3 所示。

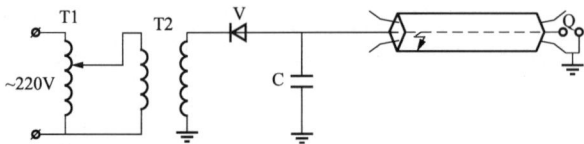

图 TYBZ01923007–3　故障点在测试端附近的接线图

T1—调压器；T2—试验变压器；V—硅堆；C—滤波电容

【思考与练习】

1. 电缆故障定点距离的测量有几种方法？
2. 开路故障定点距离的测量如何接线？

模块 8　电力电缆故障点的定点（TYBZ01923008）

【模块描述】本模块介绍电力电缆故障点的定点。通过要点归纳和对原理图的讲解，掌握声测法、音频电流感应法进行电缆故障点定点的基本原理、接线方式、测试方法及注意事项。

【正文】

实际检测电缆故障时要求精确地判定故障地点以减少挖掘量。因此，在开挖前要先定点，即用仪器在可疑地段寻测，确切判定故障的实际位置。测量的绝对误差应不大于 1m。定点的方法主要有声测法和音频电流感应法两种。

一、声测法

1. 声测法原理

声测法的原理就是利用放电的机械效应，即电容器储藏的能量在故障点以声能形式耗散的现象，在地表面用声波接收器探头接收震波，根据震波强弱判定故障点。声测法灵敏可靠，较为常用，除接地电阻特别低（小于 50Ω）的接地故障外，都能适用。电容放电声定点法原理接线如图 TYBZ01923008–1 所示。

定点时，当高压电容器 C 充电到一定电压时，球间隙击穿，电容器电压加在故障电缆上，

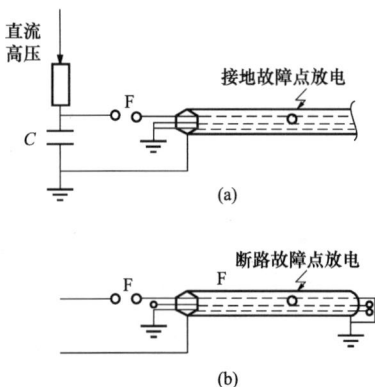

图 TYBZ01923008-1　电容放电声定点法原理接线图

（a）接地故障；（b）断路故障

使故障点与间隙之间击穿，产生火花放电，引起电磁波辐射和机械的音频振动。声波接收器由压电晶体拾音器、放大器和耳机组成。当放电能量足够大时，简单的振膜式听棒就可直接听音，而不受电磁干扰，且相当准确。测听时应仔细辨别声音大小，最响点就是故障点。

2. 声测法注意事项

（1）被试电缆应能承受所选的试验电压不致产生新的故障，试验设备应有足够容量。

（2）电容放电瞬间有冲击大电流从故障点流经护层，使护层电位瞬时抬高，除故障处放电外，在其他接地点处也会有杂散和寄生的放电，探听时应注意分辨。

（3）冲击放电产生的大电流，流过主地网引起的电压升高可能危及与地网相连的其他设备，所以变压器和电容器不但应可靠接地，而且要与电缆内护层直接相连。

（4）断线和闪络故障常发生在中间接头中，因此，在用脉冲法确定大致地段后，可用声测法定点，并着重检查中间接头。

二、音频电流感应法

音频电流感应法适于电阻较低的相间故障，包括两相短路、两相短路并接地、三相短路及三相短路并接地。但通常不能用于单相接地故障，因为电缆头金属护套一般均在两端接地，因此从信号发生器来的音频电流在故障点分成两边往回流，在接地点任一侧的信号都不发生变化。音频感应法定点原理如图 TYBZ01923008-2 所示。

音频感应测量设备包括音频振荡发生器、探测线圈、接收器、耳机或仪表等。感应法的原理主要基于电流的磁效应，通过检测电缆沿线磁场的起伏变化规律确定故障点。试验时，在故障电缆的两芯间通入音频电流，电流从一导体进，经故障点从另一导体返回。往返电流的磁效应趋于相互抵消。但由于线芯间有点距离，使两电流的合成磁场得以存在并随着线芯的扭绞而扭变。在地面上用探测线圈和接收器可检测出合成磁场，并在沿线前进时收到的信号将随线芯排列的位置不同而起伏变化。如在故障点后音频信号突然中断，则可确认故障点就在音频信号

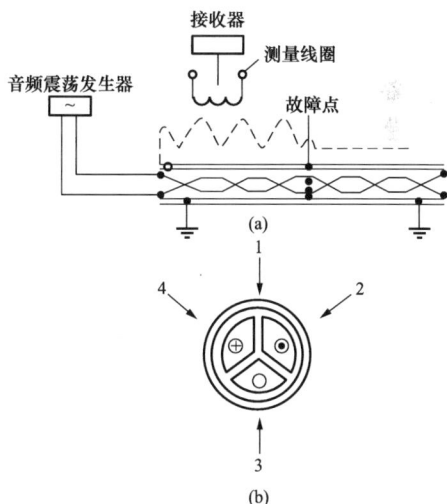

图 TYBZ01923008-2　音频感应法定点原理图

（a）两相短路并接地故障；

（b）两芯电缆的信号强度在各方面的变化

1、3—探测线圈信号最小；2、4—探测线圈信号最大

中断处。

【思考与练习】

1. 声测法原理是什么？
2. 音频电流感应法是什么？

模块 9　电缆故障原因的分析（TYBZ01923009）

【模块描述】本模块介绍电缆发生故障的原因。通过要点归纳，熟悉电缆在质量、外力或环境影响、试验过程、管理等方面导致故障的原因。

【正文】

电力电缆除在运行发生故障外，还可以通过不同的检查、试验等方法发现存在的故障，电力电缆故障发生的原因与以下因素有关。

一、电缆本身存在质量问题

1. 电缆生产质量问题

目前国内常用的中低压电缆的生产技术较成熟，因此电缆的产品质量问题不存在设计问题，主要存在生产管理和市场管理及工艺问题。

如一根 10kV 运行的 XLPE 电缆，出现故障时解体检查发现电缆中的铜屏蔽层不连续，甚至严重到了有一段电缆没有铜屏蔽层。一些生产的 XLPE 成品电缆没有半导电层、绝缘层不合格、导体芯线易扭断等质量问题。

2. 电缆施工质量问题

电缆在安装施工过程中，没有严格按照有关电缆的安装要求施工，如电缆的划伤、拉伤、扭曲、打折以及敷设时偷工减料等原因，造成电缆的机械损伤，引发电缆故障的发生。

如果电缆安装时造成的机械损伤或安装后靠近电缆路径作业造成的机械损伤比较轻微，这种轻微的损伤，在几个月甚至几年后也有可能发展成为铠甲铅皮穿孔，潮气侵入而导致损伤部位彻底崩溃形成电缆接地、相间短路等故障。

3. 电缆接头的制作问题

电缆的接头附件的质量问题是一个方面，主要是接头的制作工艺、质量等问题。

如不加屏蔽层或有屏蔽层，但接头两边连接不好等，引发电缆故障的发生；在潮湿的气候条件下作电缆接头，使接头封装物内混入水蒸气而耐不住试验电压往往形成闪络性故障。或者，在制作电缆中接头时，由于压接工艺不当或压接质量不高，导致接头在运行中发热，使电缆绝缘逐渐老化引起电缆接地、相间短路或断相等故障。或者，在制作电缆中间接头时，由于接头封装物填充工艺不当，使接头不能良好密封，电缆受潮引发电缆接地或相间短路。

二、外部原因导致电缆故障

1. 外力或环境影响

电缆受外力破坏以及恶劣环境等直接造成各种故障和形成故障隐患等。

（1）机械损伤。机械损伤多为电缆安装时工艺不良或安装后靠近电缆路径作业造成的，是造成电缆故障的常见原因。

（2）电缆外皮受电腐蚀。电力电缆埋设在附近有强力地下电场的地面（如大型行车、电力机车轨道附近），往往出现电缆外皮铅包电腐蚀至穿的现象，导致潮气侵入，绝缘降低发展为电缆绝缘破坏现象。

（3）化学腐蚀。电缆路径在有酸碱作业的地区通过，或煤气站的苯蒸气往往造成电缆铠甲和铅包大面积长距离被腐蚀。

（4）地面下沉导致电缆弯曲。电缆在穿越公路、铁路及高大建筑物时，由于地面的下沉而使电缆垂直受力变形。导致电缆铠甲、铅包破裂甚至折断而造成电缆接地、相间短路和断相等类型的故障。

（5）电缆绝缘物的流失。电缆敷设时地沟凹凸不平，或处在电杆上的户外头，由于电缆的起伏，高低落差悬殊，高处的电缆油流向低处而使高处电缆绝缘性能下降，导致电缆绝缘击穿故障发生。

（6）长期过负荷运行。由于过负荷运行，电缆的温度会随之升高，尤其在炎热的夏季，电缆的温升常常导致电缆薄弱处和对接头处首先被击穿。在夏季和秋季，此类电缆的故障率较高。

（7）震动破坏。铁路轨道下运行的电缆，由于剧烈的震动导致电缆外皮产生弹性疲劳而破裂，形成故障。

（8）环境潮湿。电缆长期在潮湿的环境中运行导致电缆绝缘层受潮，电缆绝缘性能降低，电缆绝缘层长期受电化腐蚀的作用引发电缆接地或相间短路。特别是有中间接头的电缆长期在潮湿的环境中运行很容易使水蒸气进入接头内部，引发电缆接地或相间短路。

2. 试验过程导致电缆故障

不合适的试验方法（如交联电缆直流耐压试验）或给电缆施压时间过长、电压过高等。

三、电缆管理不善导致电缆故障

电缆长期过负荷运行、电缆路径与热力管道交叉、长期工作在有腐蚀性的环境中（如浸在有腐蚀性的酸或碱性水中）等，造成电缆的绝缘老化，形成各种故障。

【思考与练习】

1. 造成电缆发生故障有哪几方面原因？
2. 电缆本身有哪几部分质量问题？

模块 9

TYBZ01923009

模块 10　测量接地电阻的基本原理（TYBZ01923010）

【模块描述】本模块介绍接地电阻基本原理。通过概念介绍和对原理图的讲解和分析，掌握接地电阻的基本概念及其测量原理，熟悉测量接地电阻的 0.618 法和 2D 补偿法。

【正文】

接地电阻就是电力设备的接地体对接地体无穷远处的电压与接地电流之比，即

$$R_{jd} = \frac{U_j}{I_j} \qquad (\text{TYBZ01923010–1})$$

式中　R_{jd}——接地电阻，Ω；

　　　I_j——接地电流，A；

　　　U_j——接地体对接地体无穷远处的电压，V。

在实际测量中，不可能在无穷远处测量电压，因此采用三极法测量接地电阻的办法。三极法测量接地电阻的原理接线如图 TYBZ01923010–1 所示。

理论推导证明，如果电流极不置于无穷远处，则电压极必须放在电流极与接地体两者之间，距接地体 $0.618d_{13}$ 处，由公式 $R_{jd} = \frac{U_{12}}{I}$ 即可准确求出接地体的接地电阻值，此方法也称作补偿法或 0.618 法。

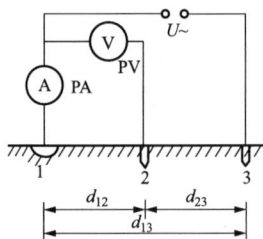

图 TYBZ01923010–1　三极法测量接地电阻的原理接线图

1—假想接地半球；2—电压板；3—电流极；d_{12}—1、2 电极间的距离；d_{13}—1、3 电极间的距离；d_{23}—2、3 电极间的距离

这一结论是在假设接地体是半球形，土壤电阻率均匀等条件下得到的，而实际情况并非如此。分析表明，增大 d_{13} 的距离，可减小测量误差，当 $d_{13}=2D$（D 为接地网直径）时，误差将在 1% 以下，基本满足工程上的要求，这种方法称为 2D 补偿法。

【思考与练习】

1. 什么是接地电阻？
2. 测量接地电阻如何接线？

模块 11　接地电阻的测量方法及接线（TYBZ01923011）

【模块描述】本模块介绍接地电阻的测量方法及接线。通过对原理图的讲解，掌握电流电压表法和接地电阻表法测量接地电阻的原理、方法及接线方式。

【正文】

测量接地电阻是接地装置试验的主要内容，现场一般采用电压电流表法或专用接地电阻表（俗称接地摇表）进行测量。

一、电流电压表法

电流电压表法适用于大面积发电厂或变电站接地网接地电阻的测量。用电流电压表法测量接地电阻的试验接线如图 TYBZ01923011-1 所示。

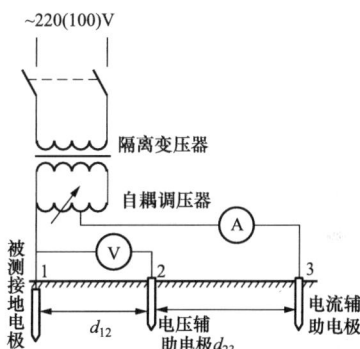

图 TYBZ01923011-1　用电流电压表法测量接地电阻的试验接线

图中的隔离变压器的作用，是考虑到一般低压交流电源由一火一地构成，有了隔离变压器，使测量所用电源对地是隔离的（即不和地直接构成回路）；若没有隔离变，则可能使火线端直接接到被测接地装置上，造成近似于调压器短路，被测试验电流很大。

接地电阻计算式为

$$R_{jd} = \frac{U}{I} \qquad\qquad (\text{TYBZ01923011-1})$$

式中　R_{jd}——接地电阻，Ω；

　　　I——接地电流，A；

　　　U——电压表测得接地极与电压极间电压，V。

根据接地电阻测量时电极的布置可分为电压电流极直线布置与三角形布置两种，测量接地电阻时电极布置如图 TYBZ01923011-2 所示。

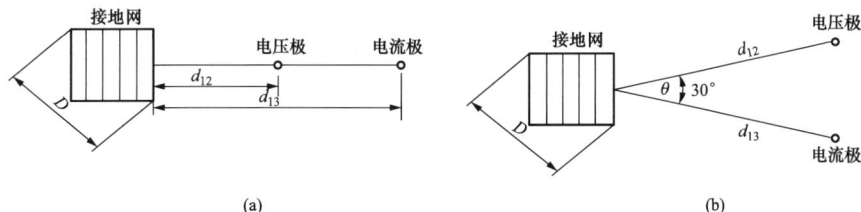

(a)　　　　　　　　　　　　　　　(b)

图 TYBZ01923011-2　测量接地电阻时电极布置图

（a）直线布置；（b）三角形布置

1. 电压电流极直线布置

一般选电流线 d_{13} 为接地网最大对角线长度 D 的 4～5 倍,电压线 d_{12} 为 $0.618d_{13}$ 左右。测量时,将电压极沿接地体和电流极连线方向移动 3 次。每次移动距离为 d_{13} 的 5%左右,若 3 次测得的电阻值差值小于 5%,取 3 个数的平均值即可;否则应查明原因。当取 d_{13} 为 4～5D 有困难时,在土壤电阻率均匀的地区,d_{13} 可取 2D;土壤电阻率不均匀的地区,d_{13} 可取 3D。

2. 电压电流极三角形布置

与直线布置法相比,电压电流极三角形布置具有引线间互感影响小等优点。此时,一般取 $d_{12}=d_{13}\geqslant 2D$,$\theta\approx 30°$。测量时也应将电压极前后移动再测两次,共测 3 次。

二、接地电阻表法

接地电阻表法一般适用于输电线路杆塔、独立避雷针、微波塔等小型接地装置接地电阻的测量。图 TYBZ01923011-3 所示为接地电阻表法测量接地电阻示意图。

接地电阻表的使用方法和原理类似于双臂电桥。使用时,C 端接电流极 C′引线,P 端接电压极 P′引线,E 端接被测接地体 E′。

需要指出的是,传统的接地摇表(如 ZC-8 型)

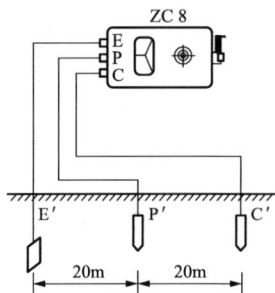

图 TYBZ01923011-3　接地电阻表法
测量接地电阻示意图

不适用于大面积接地网接地电阻的测量,但最近研制出的部分接地电阻表已经能够实现对大电网接地电阻的准确测量,具体情况应根据产品说明书进行。

【思考与练习】

1. 现场一般采用什么方法测量接地电阻?

2. 简述电压电流表法测量接地电阻。

3. 简述接地电阻表法测量接地电阻。

模块 12　接地电阻测量注意事项(TYBZ01923012)

【模块描述】本模块介绍接地电阻测量注意事项。通过要点归纳,掌握接地电阻测量时的注意事项。

【正文】

接地电阻测量时应注意以下几点:

(1)应避免在雨后立即测量接地电阻。

(2)测量时,被测接地装置应与避雷线断开。

（3）电流极、电压极应布置在与线路或地下金属管道垂直的方向上。

（4）采用电流电压表法时，电极布置宜采用三角形布置法；如采用直线布置，电压线与电流线应尽可能分开，不应缠绕交错。

（5）测量变电站、电厂接地网的接地电阻，通入电流一般不应低于10～20A；测量其他接地体的接地电阻，通入电流不小于1A即可。

（6）使用接地电阻表发现干扰时，可改变表的转动速度。

（7）通电测量时，电流极和接地体周围会产生很大的压降，因此应采取安全措施，在20～30m半径范围内不应有人或动物进入。

（8）在变电站进行现场测量时，由于引线较长，应多人进行，转移地点时，不得甩扔引线。

【思考与练习】

1. 接地电阻测量时通入电流为多大？

2. 接地电阻测量时应采取什么安全措施？

模块 13　测量土壤电阻率的方法（TYBZ01923013）

【模块描述】本模块介绍测量土壤电阻率的方法。通过对原理图的讲解，掌握三极法、四极法测量土壤电阻率的原理、接线及方法。

【正文】

接地电阻的大小与土壤电阻率有很大关系，土壤电阻率是接地网设计的重要数据。土壤电阻率测量方法有三极法和四极法。

一、三极法

用三极法测量土壤电阻率的基本原理是：在需要测量土壤电阻率的地方，埋入已知几何尺寸的接地体，用电流电压表法测出该接地体的接地电阻，然后由公式求出该处的土壤电阻率。

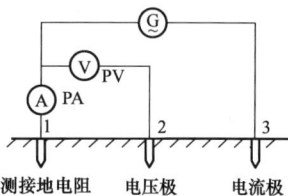

图 TYBZ01923013-1　三极法测量土壤电阻率原理接线图

三极法测量土壤电阻率的原理接线如图 TYBZ01923013-1 所示。测量时常采用的接地体为圆钢、钢管或扁铁，埋入深度为 0.7～1.0m。电压极距电流极和被测接地体 20m 左右即可。

（1）采用圆钢或钢管作为垂直接地体，计算公式为

$$\rho = \frac{2\pi l R_{jd}}{\ln \frac{4l}{d}} \qquad (\text{TYBZ01923013-1})$$

式中　ρ ——土壤电阻率，Ωcm；

　　　l ——圆钢或钢管埋入土中的长度，cm；

　　　d ——圆钢或钢管的外径，cm；

　　　R_{jd} ——测得的接地体接地电阻，Ω。

（2）采用扁铁作为水平接地体，计算公式为

$$\rho = \frac{2\pi l R_{jd}}{\ln \frac{l^2}{bh}}$$ 　　　　（TYBZ01923013–2）

式中　ρ ——土壤电阻率，Ωcm；

　　　l ——扁钢的长度，cm；

　　　b ——扁钢的宽度，cm；

　　　h ——扁钢中心线离地面的距离，cm；

　　　R_{jd} ——水平接地体的实测电阻，Ω。

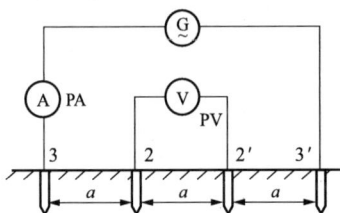

图 TYBZ01923013–2　四极法测量
土壤电阻率原理接线图

3、3′—电流极；2、2′—电压极；a—极间间距

采用三极法测量土壤电阻率，接地体附近的土壤起着决定性作用，即此方法主要反映接地体附近的土壤电阻率。

二、四极法

四极法测量土壤电阻率原理接线如图 TYBZ01923013–2 所示。测量时四根直径为 1.0～1.5cm，长为 0.5～1.0m 的圆钢作电极，极间距离为 20m 左右，电极埋入深度小于极间距离的 1/20。

则土壤电阻率计算公式为

$$\rho = 2\pi a \frac{U}{I}$$ 　　　　（TYBZ01923013–3）

式中　ρ ——土壤电阻率，Ωcm；

　　　a ——电极间距离，cm；

　　　U ——电极间的电压，V；

　　　I ——测量时流入电流极的电流，A。

相比三极法，四极法测量土壤电阻率有一个明显的优点，即电流极的接地电阻对测量结果没有什么影响。因此，测量变电站土壤电阻率宜选用四极法。

【思考与练习】

1. 土壤电阻率有几种测量方法？

2. 画出三极法测量土壤电阻率原理接线图。

3. 画出四极法测量土壤电阻率原理接线图。

模块 14 测量接触电压、电位分布和跨步电压 (TYBZ01923014)

【模块描述】本模块介绍接触电压、电位分布和跨步电压的测量。通过概念介绍和对原理图的讲解，掌握接触电压、电位分布和跨步电压的概念及其测量的原理、方法。

【正文】

电流流过接地装置时，在接地极周围会形成不同的电位分布。成人的跨步约为 0.8m，在接地体径向地面上水平距离为 0.8m 的两点之间电压，称为跨步电压。

如果取人手触摸设备的高度为 1.8m，而人脚离设备的水平距离为 0.8m，这两点之间的电位差，称之为接触电压。

当发生接地故障时，若出现过高的接触电压或跨步电压，可能危及人身安全，所以在做地网设计时要考虑此问题。对 1kV 及以上新投运的电气设备和地网，应测量其接触电压和跨步电压。

一般采用测量接地电阻的电流电压表三极法来测量接触电压、跨步电压和电位分布。

一、测量接触电压

测量接触电压接线如图 TYBZ01923014–1 所示。

测量时读取电流和电压表指示值，然后用公式

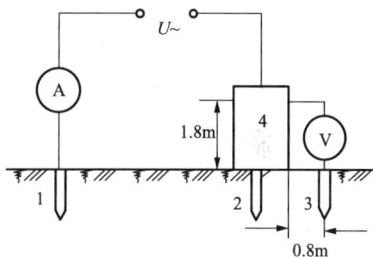

图 TYBZ01923014–1 测量接触电压接线图
1—电流极；2—接地体；3—电压极；4—电气设备

$$U_C = U\frac{I_{max}}{I} = KU \qquad (TYBZ01923014\text{–}1)$$

推算出当流过短路电流时的实际接触电压。

式中 U_C ——接地体流过短路电流 I_{max} 时的接触电压，V；

K ——系数，其值等于 I_{max}/I；

U ——接地体流过电流 I 时实测的接触电压，V。

二、测量电位分布和跨步电压

测量电位分布和跨步电压接线图如图 TYBZ01923014–2 所示。

238

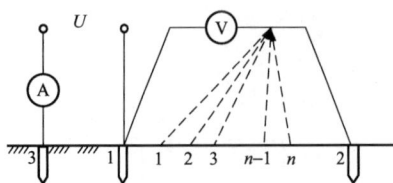

图 TYBZ01923014-2 测量电位分布
和跨步电压接线图

1—接地体；2—电压极；3—电流极

测量时流入接地体的电流为 I，将电压极插入离接地体 0.8、1.6、2.4、3.2、4.0、4.8m 和 5.6m，以后增加到 5m 移动一点，直至移动到接地网的边缘，依次测量各个点对接地体的电位。一方向完成后再在另一方向按上面的方法重复测量。一般对地网从四个方向测量，可根据试验数据作出地网各方位的电位分布图。

地网两点之间的最大电位差 U_{max} 乘以系数 K，可求出接地体流过最大电流 I_{max} 的实际电位差。在地网设计上，一般要求这个值不大于 2000V。

在电位分布图上可得到任意相距 0.8m 两点间的跨步电压为

$$U_a=K（U_n-U_{n-1}）\qquad\text{（TYBZ01923014-2）}$$

式中 　　U_a——任意相距两点间的实际跨步电压；

　　　　K ——系数，其值等于 I_{max}/I；

U_n-U_{n-1}——任意相距 0.8m 两点间测量的电位差。

【思考与练习】

1. 跨步电压和接触电压的定义是什么？

2. 如何测量接触电压？

3. 如何测量电位分布和跨步电压？

第二十四章　消弧线圈试验和系统有关参数测量

对于中性点不接地系统，在发生单相接地时，单相接地电流决定于另两相的电容电流。系统对地电容的大小决定电容电流的大小。当接地电流较大时，接地电流引起的电弧不易熄灭，导致健全相的绝缘损坏，使故障扩大化，造成设备损坏等事故。

采用中性点经消弧线圈接地方式。它的作用是补偿单相接地电流，从而促成电弧的熄灭，以防止发展成相间短路或烧伤导线等严重事故。

模块1　系统中性点不对称电压测量（TYBZ01924001）

【模块描述】本模块介绍系统中性点不对称电压的测量。通过要点归纳，掌握系统中性点不对称电压产生的原因及其测量方法和注意事项。

【正文】

一、系统中性点不对称电压产生的原因及减小措施

系统中性点不对称电压是由于系统三相对地电容不相等产生的。为了减少中性点不对称电压，线路在铺设时都要进行换位，以减小系统三相对地电容不平衡的程度。

二、系统中性点不对称电压的测量方法及注意事项

1. 测试方法

正常运行的 35kV 及以下系统，其中性点不对称电压一般比较低（几十至几百伏），可用适当量程的电压表直接测量。

2. 注意事项

（1）一般需先用同一电压等级的电压互感器接至被测变压器的中性点，并在互感器低压侧测量电压，证明系统没有接地故障，再用适当量程的电压表直接测量。

（2）为了保证安全，不得在大风、雨雾、雷电天气时测量。

（3）为防止测量过程中发生接地故障导致事故扩大，可在测量引线中串入熔断器。

（4）为了防止表计损坏，可并联放电间隙或真空放电管。

（5）必要时可接入示波器观察波形，对发电机中性点电压测量尤为必要。

【思考与练习】

1. 系统中性点不对称电压是如何产生的？

2. 系统中性点不对称电压如何测量？

模块 2　系统中性点位移电压测量（TYBZ01924002）

【模块描述】本模块介绍系统中性点位移电压测量。通过要点归纳，掌握系统中性点位移电压的概念及其测量方法和注意事项。

【正文】

一、中性点位移电压的定义

三相系统中性点接入导纳 Y_0（导纳 Y 为阻抗 Z 的倒数）时，这时的中性点电压称为位移电压。

二、中性点位移电压测量方法

系统中性点接入消弧线圈后的中性点电压（即位移电压）的测量方法、安全注意事项与不对称电压测量相同，但因位移电压较高，需用同一电压等级的电压互感器接至被测变压器的中性点，并在互感器低压侧测量电压。为了保证安全，不得在大风、雨雾和雷电天气时测量。

【思考与练习】

1. 什么是位移电压？

2. 如何测量位移电压？

模块 3　消弧线圈伏安特性试验（TYBZ01924003）

【模块描述】本模块介绍消弧线圈的伏安特性试验。通过对原理图的讲解，掌握消弧线圈的工作原理，掌握用不同的试验电源测量消弧线圈伏安特性的原理、接线方式和测量方法。

【正文】

一、消弧线圈的工作原理

消弧线圈是一个带铁心的可调电感线圈，接于中性点不接地系统中电力变压器或接地变压器的中性点与大地之间，中性点经消弧线圈接地系统电路如图

TYBZ01924003-1 所示。消弧线圈的作用是系统发生单相接地时补偿单相接地电流（电容电流），从而促成电弧熄灭，避免事故的发生。

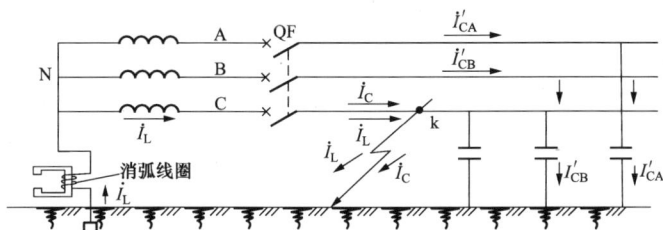

图 TYBZ01924003-1   中性点经消弧线圈接地电路图

当发生单相接地时，中性点电压升至系统相电压，若中性点接有消弧线圈，则有一个电感电流流经消弧线圈。由于流过消弧线圈的电感电流与流过故障点的电容电流相位互差 180°，则两个电流互相抵消，使通过故障点的总电流大大减少，电弧容易自行熄灭。适当选择消弧线圈的电感量，通过改变线圈匝数或调节电容，可使接地电流变得很小或等于零。

二、消弧线圈伏安特性试验

为使消弧线圈补偿系统的调谐正确，消弧线圈在投入运行前和大修后，须在工频电源下测量伏安特性 $U=f(I)$。所谓伏安特性，就是消弧线圈在不同分接时，线圈两端电压与其电流之间的关系曲线。

进行消弧线圈各抽头的伏安特性曲线方法如下：

试验电压在消弧线圈的额定电压 U_N 以下时，每升高 $0.2\sim0.3U_N$，读一次电压 U、电流 I、损耗 P 和频率 f；试验电压超过消弧线圈的额定电压 U_N 时，每升高 $0.05\sim0.1U_N$，读一次以上各值，最高试验电压升到 $1.3U_N$。若测量时电源频率不是额定频率，则应将测量电流折算为额定频率下的电流，折算公式为

$$I_L = \frac{f_N}{f} I \qquad (\text{TYBZ01924003-1})$$

式中　I_L——折算到额定频率的电流，A；

　　　I——试验电源频率为 f 时测得的电流，A；

　　　f——试验电源频率，Hz；

　　　f_N——消弧线圈额定频率，Hz。

然后绘制出如图 TYBZ01924003-2 所示消弧线圈的伏安特性曲线 $U=f(I)$。

消弧线圈容量一般都在数百千伏安以上，所需试

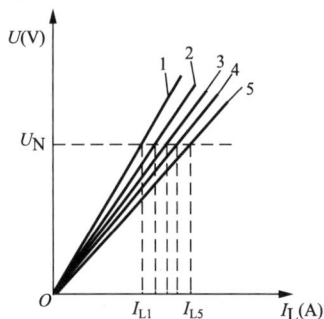

图 TYBZ01924003-2   消弧线圈的伏安特性曲线

1、2、3、4、5—分别是五个分接时的伏安特性曲线

验电源容量较大。下面根据不同的试验电源，简单介绍伏安特性的测量方法：

1. 用发电机作试验电源

若无容量合适的可调试验电源，可用适当容量的发电机作为试验电源。当消弧线圈额定电压高于发电机额定电压时，采用相应容量的变压器升压。接线图如图 TYBZ01924003-3 所示。

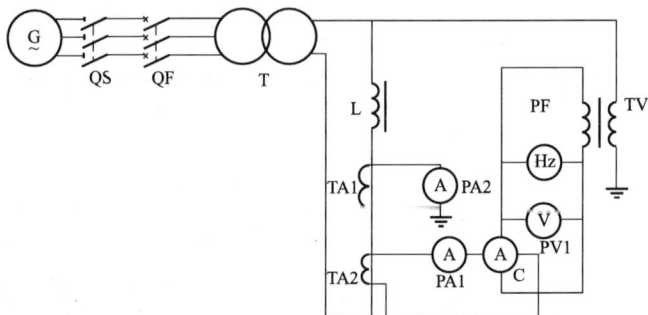

图 TYBZ01924003-3　发电机作电源测量消弧线圈伏安特性原理图

G—发电机；T—升压变压器；QS—三相隔离开关；QF—断路器；L—消弧线圈

2. 用电力变压器从系统取试验电源

利用变电站内主变压器作试验电源。如作 35kV 系统消弧线圈的伏安特性，其方法为：在作较低电压下的各点时，取低一级的电压（如 10kV）作试验电源；然后再改用 35kV 的相电压作试验电源，测量较高电压下的伏安特性，此时变压器 35kV 侧中性点应接地。测量时靠调整变压器的分接开关来改变试验电压。根据在额定频率时测得的电流和电压值，做出消弧线圈各分接的伏安特性曲线 $U=f(I)$。

这种试验方法的缺点是靠分接开关调压，电压变化是非连续性的，也不易达到 1.3 倍额定电压，测得的点数也有限，难以做出完整的伏安特性曲线。

3. 电容电感串并联补偿法

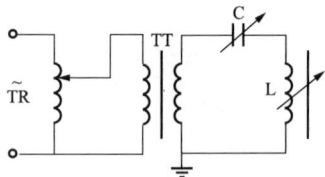

图 TYBZ01924003-4　串联补偿
电容接线原理图

TR—调压器；TT—升压变压器；
C—串联补偿电容；L—消弧线圈

大容量高电压的试验电源在现场不易实现，采用电容电感的串并联补偿法，可以减小对试验电源容量和电压的需求，这种方法在现场较易实现。根据现场试验电源情况，可分为以下几种方法：

（1）串联补偿法——适用于电源电压小于试验电压、电源电流满足试验电流，接线原理图如图 TYBZ01924003-4 所示（图中省略了测量及保护部分）。

（2）并联补偿法——适用于电源电压满足试验

电压、电源电流小于试验电流，接线原理图如图 TYBZ01924003-5 所示（图中省略了测量及保护部分）。

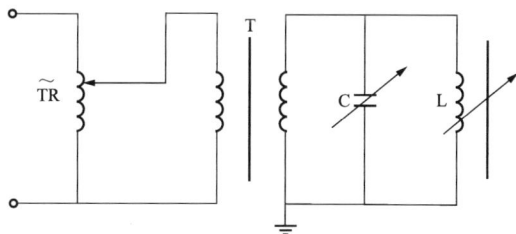

图 TYBZ01924003-5　并联补偿电容接线原理图

（3）串电容的串并联补偿法——适用于电源电压、电流均不满足试验要求，接线原理图如图 TYBZ01924003-6 所示（图中省略了测量及保护部分）。先将消弧线圈 L 与电容器 C_1 并联，并使 $X_{C1} > X_L$（即并联后回路呈感性），然后将剩余电感再与 C_2 串联，其全谐振公式为

$$\omega L = \frac{1}{\omega(C_1 + C_2)} \qquad (\text{TYBZ01924003-2})$$

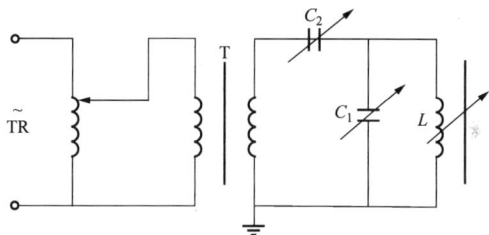

图 TYBZ01924003-6　串电容的串并联补偿法接线原理图

（4）串电感的串并联补偿法——适用于电源电压、电流均不满足试验要求，接线原理图如图 TYBZ01924003-7 所示（图中省略了测量及保护部分）。先将消弧线圈 L 与电容器 C 并联，并使 $X_C < X_L$（即并联后回路呈容性），然后将剩余电容再与 L_2 串联，其全谐振公式为

$$\frac{1}{\omega C} = \frac{\omega L_1 L_2}{L_1 + L_2} \qquad (\text{TYBZ01924003-3})$$

以上介绍了几种测量消弧线圈伏安特性的方法，使用时应根据消弧线圈的容量、试验电源和试验设备，综合考虑选择一种合适的试验接线。无论采用以上哪种试验方法，当试验电源的频率不是额定频率时，测得的消弧线圈电流都应折算为额定频率下的电流，然后根据折算后的电流和消弧线圈的电压绘制伏安特性曲线。

模块 3

TYBZ01924003

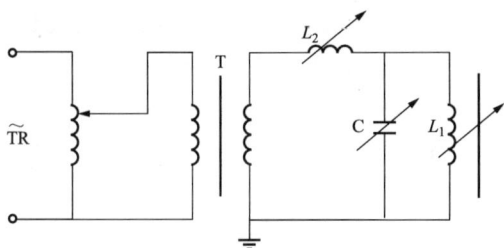

TYBZ01924003-7 串电感的串并联补偿法接线原理图

【思考与练习】

1. 简述消弧线圈的工作原理。

2. 简述消弧线圈伏安特性曲线的做法。

3. 简述电容电感串并联补偿法测量线圈伏安特性曲线。

模块 4 消弧线圈补偿系统的调谐试验 (TYBZ01924004)

【模块描述】本模块介绍消弧线圈补偿系统的调谐试验。通过概念介绍和步骤讲解，掌握消弧线圈的补偿方式，熟悉调谐试验的目的、接线方式和试验步骤，熟悉调谐曲线的作法。

【正文】

一、消弧线圈的补偿方式

消弧线圈补偿系统的运行状态根据消弧线圈的补偿电流 I_L 对接地电容电流 I_C 的补偿程度，可分为全补偿、欠补偿、过补偿三种方式。

1. 全补偿方式

当 $I_L = I_C$（$\omega L = \dfrac{1}{3\omega C}$，其中 C 为每相对地电容），即感抗与容抗相等，接地电流补偿达到零值时，称为全补偿方式。

2. 欠补偿方式

当 $I_L < I_C$（$\omega L > \dfrac{1}{3\omega C}$），即电感电流小于电容电流，接地点尚有未补偿的电容电流时，称为欠补偿方式。

3. 过补偿方式

当 $I_L > I_C$（$\omega L < \dfrac{1}{3\omega C}$），即电感电流大于电容电流，接地点具有多余的电感电流时，称为过补偿方式。电网一般采用这种补偿方式。

二、调谐试验的目的

要使消弧线圈在电网的各种运行方式下，都处于合理的补偿状态（即合理的过补偿状态），就需要将消弧线圈接入系统中，测量在不同运行方式下的系统调谐曲线，从而可以在各种运行方式下正确地调谐消弧线圈补偿状态，以利于系统的安全运行。调谐试验，实际上就是测量消弧线圈补偿系统的调谐曲线。

三、调谐曲线的做法

将消弧线圈接入系统中性点，根据估算的系统电容电流，从远离系统谐振点的过、欠补偿两侧，调整消弧线圈的抽头（即改变其电感 L），使其逐渐逼近系统谐振点，但又不能到达系统谐振点，否则可能造成事故。每调整一次消弧线圈的抽头，测量一次系统中性点的位移电压。根据所测的位移电压和在该电压下消弧线圈伏安特性曲线对应的电流值，做出系统的调谐曲线，消弧线圈补偿系统调谐特性曲线如图 TYBZ01924004–1 所示。

调谐曲线尖峰所对应的电流值即为被试系统的电容电流。可用分网或加减线路的方法，测得各种不同运行方式下的系统调谐曲线，从而得到各种不同运行方式下的系统电容电流，以供系统在各种运行方式下正确调谐使用。

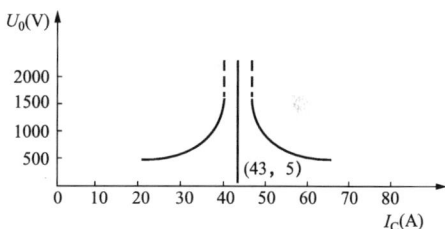

图 TYBZ01924004–1 消弧线圈补偿系统调谐特性曲线

四、调谐试验方法

消弧线圈补偿系统调谐试验原理接线如图 TYBZ01924004–2 所示。

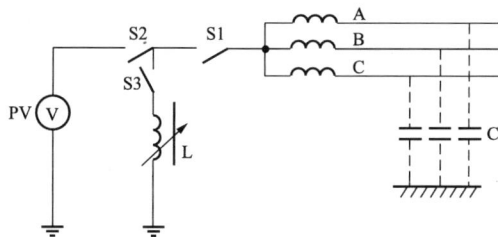

图 TYBZ01924004–2 消弧线圈补偿系统调谐试验原理接线图

C—系统三相对地电容；S1—中性点开关；S2—测量表计投入开关

试验操作步骤如下：

（1）开关 S1、S3 在断开状态下，合上 S2，读取系统不对称电压。

（2）合上 S1、S3，读取位移电压。

（3）试验结束，先断开 S3，然后断开 S2、S1。

（4）调节消弧线圈抽头，从系统的过、欠补偿两侧逐渐靠近谐振点，按上述操作顺序，依次测量系统在不同补偿状态下的位移电压。

【思考与练习】

1. 消弧线圈有几种补偿方式？
2. 消弧线圈调谐试验的目的是什么？
3. 如何进行消弧线圈调谐曲线？
4. 消弧线圈调谐试验操作步骤是什么？

模块 5　消弧线圈补偿系统的电容电流测量
（TYBZ01924005）

【模块描述】本模块介绍消弧线圈补偿系统的电容电流测量。通过概念介绍，了解消弧线圈补偿系统的电容电流的测量方法，熟悉电容电流测试仪的使用方法、特点及注意事项。

【正文】

系统电容电流是指系统在没有补偿的情况下，发生单相接地时通过故障点的无功电流。

系统电容电流的测量方法很多，传统的方法主要有单相金属接地法（投入消弧线圈和不投入消弧线圈两种）、中性点外加电容法、中性点外加电压法（投入消弧线圈和不投入消弧线圈两种）及中性点位移电压法等。这些方法在安全性、可操作性等方面都存在一定安全隐患。

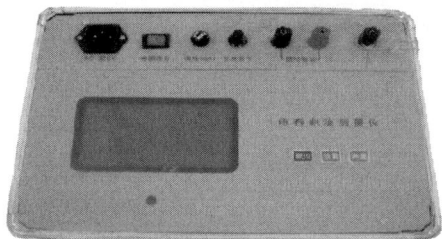

目前一般采用成套的系统电容电流测试仪，使用该仪器进行试验时不涉及高压部分，从母线 TV 开口三角取信号即可，能够方便、快捷、安全的测出电容电流值。需要注意的是，如果母线电压互感器中性点经消谐器接地，需将消谐器路接地后方可测试，否则测量结果将会有较大误差。电容电流测试仪如图 TYBZ01924005-1 所示。

图 TYBZ01924005-1　电容电流测试仪

【思考与练习】

1. 系统电容电流传统测量方法有哪几种？
2. 成套的系统电容电流测试仪从什么设备取信号？

第二十五章　局部放电试验

模块 1　局部放电特性及原理（TYBZ01925001）

【模块描述】本模块介绍局部放电特性及原理。通过要点介绍，掌握局部放电特性和绝缘材料内部放电、表面放电及高压电极的尖端放电的发生原因，掌握局部放电的主要参数。

【正文】

局部放电是指在绝缘介质电极间但并未贯通发生的放电。电极间介质中的局部放电常发生在电场强度较高，且介质强度较低的部位。局部放电的产生是由于绝缘材料或绝缘结构在制造过程中常常包含一部分比固体绝缘介质容易击穿的气隙或油膜。

一、局部放电特性

局部放电表现为绝缘内气体的击穿、小范围内固体或液体介质的局部击穿或金属表面的边缘及尖角部位场强集中引起局部击穿放电等。这种放电的能量很小，所以它的短时存在并不影响到电气设备的绝缘强度。但若电气设备绝缘在运行电压下不断出现局部放电，这些微弱的放电将产生累积效应，会使绝缘的介电性能逐渐劣化并使局部缺陷扩大，最后导致整个绝缘击穿。

二、局部放电的机理

局部放电既可能发生于两极板间的均匀电场中的某些薄弱环节，如固体绝缘的空穴中、液体绝缘的气泡中或不同介电特性的绝缘层间；也可能发生在极板边缘处电场集中的部位，如金属表面的边缘尖角部位。所以放电类型分为三类，即绝缘材料内部放电、表面放电及高压电极的尖端放电。

1. 内部放电

绝缘材料中含有气隙、杂质、油隙等，这时可能会出现介质内部或介质与电极之间的放电，其放电特性与介质特性及夹杂物的形状、大小及位置有关系。

在交流电压下，内部放电的原理及等效电路如图 TYBZ01925001-1 所示。

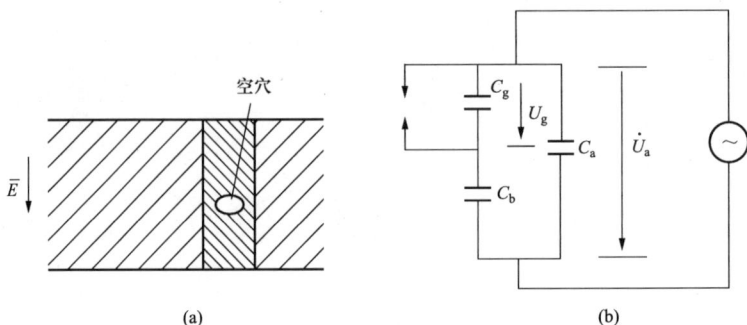

图 TYBZ01925001–1　在交流电压下，内部放电的原理及等效电路图

（a）介质内的空穴；（b）等效电路

C_g—空穴电容；C_b—绝缘介质与空穴串联部分的电容；

C_a—介质其余部分的电容；U_g—空穴电压；$\dot{U}_a$—绝缘介质的外施电压

当外施电压 U_a 上升，直到空穴电压达到空穴的击穿电压值 U_g 时，空穴开始放电，即发生局部放电。

2. 表面放电

在电场中介质表面的场强达到击穿场强时，则出现表面放电。表面放电可能出现在套管法兰处、电缆终端部、导体和介质弯角表面处。表面局部放电的波形与电极的形状有关，如电极为不对称时，则正负半周的局部放电幅值也不相等。

3. 电晕放电

电晕放电是在电场极不均匀的情况下，导体表面附近的电场强度达到气体的击穿场强时所发生的放电。在高压电极边缘，尖端周围由于电场集中造成电晕放电。电晕放电在负极性时较易发生，即在交流时它们可能仅出现在负半周。电晕放电是一种自持放电形式，发生电晕时，电极附近出现大量空间电荷，在电极附近形成流注放电。

在交流电压下，当高压电极存在尖端，电场强度集中时，电晕一般出现在负半周，或当接地电极也有尖端点时，则出现负半周幅值较大，正半周幅值较小的放电。

三、局部放电参数

局部放电几个主要参数如下：

1. 起始放电电压

当外施电压逐渐上升过程中，能看到局部放电超过某一规定值的最低电压，称为起始放电电压。

2. 熄灭放电电压

当外施电压逐渐降低过程中，局部放电量小于某一规定值的最高电压，称为熄灭放电电压。

3. 局部放电试验电压

施加在一规定的试验程序中的规定电压，在此电压下，试品不应出现超过规定数值的局部放电。

4. 视在放电量

局部放电时，其真实的放电量是无法测量的。可采用专门仪器，模拟实际放电的瞬变电荷注入试品施加外加电压的两端，出现的脉冲电压与局部放电时相同，则注入的电荷称为视在放电量 q，单位为 pC。

5. 放电重复率

放电时，每秒放电脉冲次数，称为放电重复率。

【思考与练习】

1. 局部放电的特性是什么？

2. 局部放电有哪几种放电类型？

3. 什么叫局部放电起始放电电压及熄灭放电电压？

模块 2　局部放电测试方法（TYBZ01925002）

【模块描述】本模块介绍局部放电的测试方法。通过要点介绍，了解超声波法、光检测法、热检测法、放电产物分析法等非电测法和无线电干扰测量法、放电能量法、脉冲电流法等电测法测量局部放电的基本原理和方法。

【正文】

局部放电对电气设备绝缘有着很大的危害，因此进行局部放电的测量，能够及时发现设备结构和制造工艺的缺陷，防止局部放电对绝缘造成破坏具有重要的意义。局部放电测量是利用电气设备产生局部放电时的各种物理、化学现象，如电荷的交换、发射电磁波、声波、发热、发光、产生分解物等进行测量。测量局部放电的方法分为非电测法和电测法两大类。

一、非电测法

1. 超声波法

利用超声波检测技术来测定局部放电的位置及放电程度。超声波就是一种振荡频率比通常人耳可听见的声波频率高一些的一种声波，用超声探头获得电气设备由局部放电引起的超声信号，进行局部放电的定位和程度的测量。

超声波法测量简单，不受环境条件限制，但灵敏度较低，不能直接定量测量，常用于放电部位确定及配合电测法的补充手段。超声波法可在试品外壳表面不带电的任意部位安置传感器，可较准确地测定放电位置，且接收的信号与系统电源没有

250

电的联系，不会受到电源系统电信号的干扰。因此进行局部放电测量时，以电测法和超声波法同时运用，两种方法的优点互补，则可得到很好的测量效果。超声波法一般多应用于带有金属外壳的电气设备。

2. 光检测法

绝缘介质是透明介质才能采用光检测法测量绝缘内部的局部放电。例如聚乙烯绝缘电缆芯通过水介质扫描用光电倍增管观察。光检测法灵敏度较低，局限性大，较适宜于检测暴露在外表面的电晕放电。

3. 热检测法

局部放电产生时会在放电点发热，当故障较严重时，局部热效应比较明显，利用预先埋入的热电偶来测量各点温升，从而确定局部放电部位。热检测法不灵敏且不能定量，在现场测量中一般不采用这种方法。

4. 放电产物分析法

绝缘介质是油纸绝缘材料，在局部放电作用下会分解产生各种气体，分析局部放电时产生的化学生成物，例如用色谱分析仪测量高压电气设备油中因放电产生的微量可燃性气体，推断局部放电的程度，从而判断故障类型。放电产物分析法在电力系统生产实际中已广泛应用，并取得较好的效果。油色谱分析中特征气体主要有甲烷、乙烷、乙烯、乙炔、氢、一氧化碳和二氧化碳等。

二、电测法

1. 无线电干扰测量法

局部放电产生的脉冲信号频谱很宽，从几千赫到几十兆赫。无线电干扰测量法利用无线电干扰仪，通过试品两端直接耦合，或天线等其他采样元件的耦合，测量试品产生的局部放电脉冲信号。此种方法对于气体中的放电检测有较高的灵敏度，但干扰较大。

2. 放电能量法

局部放电产生时伴随着能量损耗。放电能量法采用介损电桥测量一周期的放电能量或利用微处理机直接测放电功率，从而测量局部放电。

3. 脉冲电流法

利用局部放电时电荷交换产生的高频电流脉冲，通过与试品连接的检测回路检测电压脉冲，将此电压脉冲经过宽带放大器放大后由仪器测量或显示出来。这种方法灵敏度高，是电力系统目前广泛采用的局部放电测试方法。

【思考与练习】

1. 局部放电非电测量法有哪几种方法？

2. 局部放电电测法有哪几种方法？

模块 3　脉冲电流法测量原理及方法（TYBZ01925003）

【模块描述】本模块介绍脉冲电流法测量原理及方法。通过要点归纳和对原理图的讲解，熟悉利用脉冲电流法进行局部放电测量回路的组成元素，掌握并联回路、串联回路和平衡回路三种测试回路及其校正的目的和方法。

【正文】

目前国内电气设备电测法局部放电普遍采用脉冲电流法，该方法灵敏度和准确度较高，因此也是局部放电测试的最基本方法。

一、基本测量仪器和设备

利用脉冲电流法进行局部放电测量的回路主要有以下测量设备和仪器：

1. 测量仪器 M

局部放电测量仪器有模拟信号处理的脉冲显示仪器和数字分析仪两种。用模拟器件组成的电子仪器仅能观察脉冲，测量局部放电量的大小；而数字分析仪是由计算机控制的智能化仪器，能记录分析局部放电信号。

2. 测量（检测）阻抗 Z_m

检测阻抗是一个四端网络元件，具有阻止试验电源频率进入仪器的频率响应。主要分为 RC 型和 RLC 型二种。

（1）RC 型。RC 型由电阻和电容并联组成的检测阻抗。对 RC 型检测阻抗，当电容 C 较小时，检测阻抗上的波形与流过被试品的脉冲电流相似，但其频带较宽、噪声水平较大，被试品的工频充电电流大时使检测阻抗上工频分量不能完全滤除，易影响测量精度。

（2）RLC 型。RLC 型由电阻、电感、电容组成 RLC 调谐回路的检测阻抗，调谐回路的频率特性应与测量仪器的工作频率相匹配。RLC 型对局部放电脉冲检测有较高的灵敏度，而对被试品工频的充电电流呈现低阻抗，频带较窄、噪声水平较低。实际局部放电测量中普遍采用 RLC 型检测阻抗。

3. 同轴电缆

连接测量阻抗和测量仪器中放大单元的连接引线，通常采用带屏蔽同轴电缆。

4. 升压设备

对被试品施加局部放电测量电压的设备，如无局放升压器、谐振升压器或发电机组等。

5. 辅助设备

辅助设备包括耦合电容、标准校正电容、方波发生器、均压环、屏蔽帽、蛇皮管、滤波电容等设备。

二、局部放电测试回路

局部放电脉冲电流法测试回路有三种，分别为并联回路法、串联回路法和平衡回路法。

1. 并联回路法

并联回路法主要用于试品一端接地情况，适用于试品电容量较大及与地无法分开的设备。当试品的电容较大时，用并联法可以不需大容量的检测阻抗。并联回路法局部放电测量原理图如 TYBZ01925003-1 所示。

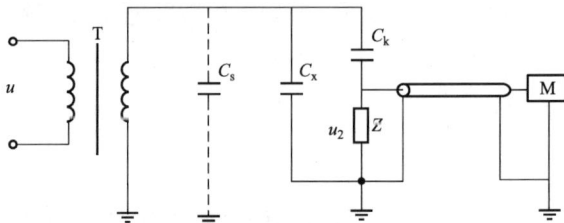

图 TYBZ01925003-1　并联回路法局部放电测量原理图

T—试验变压器；C_x—被试品；C_k—耦合电容；M—局放仪；

Z—检测阻抗；C_s—空间杂散电容

2. 串联回路法

串联回路法主要用于试品末端与地之间绝缘的情况，多用于试品电容较小的设备。串联回路法局部放电测量原理图如 TYBZ01925003-2 所示。

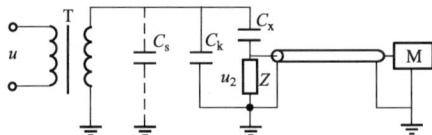

图 TYBZ01925003-2　串联回路法局部放电测量原理图

T—试验变压器；C_x—被试品；C_k—耦合电容；M—局放仪；

Z—检测阻抗；C_s—空间杂散电容

3. 平衡回路法

平衡回路法是利用电桥平衡原理将外来干扰信号平衡掉，该方法抗干扰能力强，但测量灵敏度略低于串联回路法和并联回路法。实际测量中常将两台试品相互作为耦合电容并平衡抑制干扰，或将电容值差别不大的另一电容器作为耦合电容。平衡回路法局部放电测量原理图如 TYBZ01925003-3 所示。

三、测量回路的校正

由检测阻抗两端测得的脉冲电压信号可在局放仪上显示出来，为了知道一定高度的脉冲信号代表多大放电量，需要进行校正。

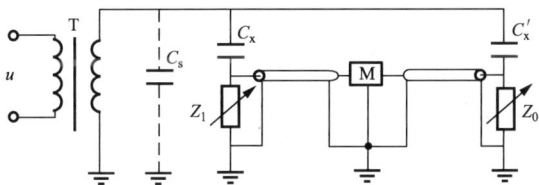

图 TYBZ01925003-3　平衡回路法局部放电测量原理图

T—试验变压器；C_x、C_x'—被试品；M—局放仪；

Z_0、Z_1—检测阻抗；C_s—空间杂散电容

现场多采用标准方波发生器直接在试品两端注入已知电荷 Q_0，假设这时测量系统响应为 L'。取下方波发生器，加试验电压，当试品内部有放电时，系统响应为 L。则试品的视在放电量为

$$Q = Q_0 \frac{L}{L'} \qquad\qquad （TYBZ01925003-1）$$

【思考与练习】

1. 局部放电测量设备和仪器有哪些？

2. 局部放电检测阻抗有几类及特点是什么？

3. 局部放电测试回路有几种并画出原理接线图？

模块4　互感器局部放电测量（TYBZ01925004）

【模块描述】本模块介绍互感器局部放电的测量。通过对原理图的讲解和要点介绍，掌握电流互感器、电压互感器局部放电的测量回路及测量方法。掌握使用平衡测量法的目的和作用。

【正文】

互感器在制造过程中，由于工艺问题，不同程度地包含一些分散性异物，如各种杂质、水分、气泡等，也有些是在运行中绝缘物老化、分解等过程中产生的。由于这些异物的电导和介电常数不同于绝缘物，在外施电压作用下，这些异物附近具有比周围更高的场强，产生局部放电，使设备绝缘老化、破坏，当发展到一定程度时，将导致绝缘物的击穿。因此通过局部放电测量判断互感器绝缘状况，防止互感器故障，保证电力系统安全运行，在实际应用中证明互感器局部放电的测量有较高检测有效性。

一、电流互感器局部放电测量回路

电流互感器局部放电测量采用外施高压法加压，采用串联或并联回路法测量。

电流互感器局部放电试验测量接线原理如图 TYBZ01925004-1 所示。

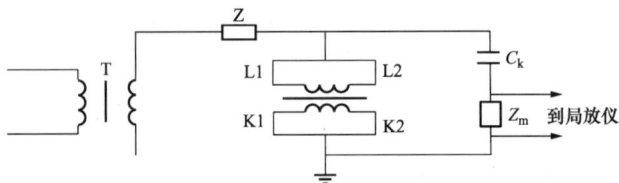

图 TYBZ01925004-1 电流互感器局部放电测量原理接线图

T—试验变压器；C_k—耦合电容；Z_m—检测阻抗；Z—滤波器

根据被试互感器的电容量加上耦合电容 C_k 的容量，按互感器局部放电试验电压标准，计算出试品所需的电流 $I=\omega CU$，耦合电容 C_k 选用 $500\sim6000pF$ 的高压电容。检测阻抗 Z_m 也可串接在电流互感器末屏接地端，但不管检测阻抗接在什么位置，校正方波要从试品两端注入。

二、全绝缘电压互感器局部放电测量回路

对于 35kV 及以下全绝缘电压互感器，局部放电测量应分别考虑主绝缘与纵绝缘的情况,全绝缘电压互感器局部放电试验测量接线原理如图 TYBZ01925004-2 所示。

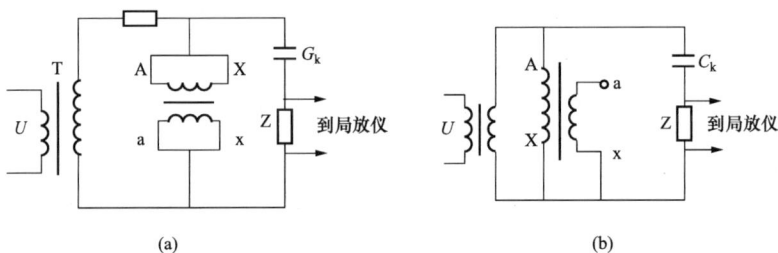

图 TYBZ01925004-2 全绝缘电压互感器局部放电试验测量原理接线图

（a）检验主绝缘情况； （b）检验纵绝缘情况

T—试验变压器；C_k—耦合电容；Z—检测阻抗

测量电压互感器主绝缘局部放电时，试验变压器可用普通工频无晕试验变压器，试验电压按标准选择。检验纵绝缘时，因试验电压远高于试品运行电压，过高的工频电压施加于试品 A 端时，会由过励磁产生大电流而损坏设备。因此不能采用工频电源供电，试验电源应采用三倍频电源。

三、串级式电压互感器局部放电测量回路

电压等级为 110kV 及以上的电压互感器一般都为分级绝缘的串级式结构，这种互感器要求的试验电压较高，现场试验时普遍采用三倍频电源，即在二次侧加压、一次侧感应出相应的试验电压值，进行局部放电测量。

测试中高压端部应加装均压装置，防止电晕产生。由于串级式电压互感器杂散电容较大，可利用杂散电容或专用耦合电容作为试验时耦合电容，在二次侧 ax 端接一支 100W 的灯泡，防止互感器在三倍频加压条件下发生谐振。

四、平衡测量方法

针对现场实际，进行互感器局部放电测量时由于局部放电标准要求值较小，电场和环境干扰较大，测试时干扰信号将淹没互感器内部的局部放电值。因此为解决干扰抑制的问题，采取桥式平衡回路高压滤波、屏蔽同时应用的方法，对各种干扰的抑制可达到预期的效果。这能提高互感器局部放电测量灵敏度，在现场能准确地测量出互感器局部放电水平。

由于局部放电平衡回路采用两只同类型的设备组成，设备的绝缘参数如介质损耗角正切、电容量很接近。桥式回路的平衡条件与频率无关，即在很宽的频率范围内各种频率的信号都能达到平衡，因此局部放电平衡回路具有很高的抗干扰水平，实际局部放电试验中采用平衡测量方法。

【思考与练习】

1. 电流互感器局部放电试验如何接线？
2. 全绝缘和串级绝缘电压互感器局部放电试验如何接线？

模块 5 电力变压器局部放电试验（TYBZ01925005）

【模块描述】本模块介绍电力变压器局部放电试验。通过对原理图的介绍和要点归纳，熟悉电力变压器局部放电的条件及试验要求，掌握试验的接线方式、试验的加压时间及步骤以及对试验结果的判断依据。

【正文】

局部放电试验是检验变压器制造质量和绝缘状态的一项有效方法，并且已作为衡量电力变压器质量的重要的检测手段。

一、变压器局部放电特点

电力变压器主要采用油—纸屏障绝缘，这种绝缘由电工纸层和绝缘油交错组成。由于电力变压器结构复杂、绝缘很不均匀，当设计不当造成局部场强过高、制造工艺不良导致残留气泡和较多水分、外界原因如遗留异物等因素造成内部缺陷时，在变压器内必然会产生局部放电，并逐渐发展最后造成变压器损坏。

（1）电力变压器内部发生局部放电时主要有以下几种情况出现：

1）绕组中部油—纸屏障绝缘中油通道击穿。

2）绕组端部油通道击穿。

3）紧靠着绝缘导线和电工纸（引线绝缘、搭接绝缘、相间绝缘）的油间隙击穿。

4）绕组间（匝间、饼间）纵绝缘油通道击穿。

5）绝缘纸板围屏等的树枝放电。

6）其他固体绝缘表面的爬电。

7）绝缘中渗入的其他金属异物放电等。

（2）电力变压器在以下几种情况下须进行局部放电试验：

1）变压器出厂前进行局部放电试验，检查变压器制造工艺质量。

2）新变压器投运前进行局部放电试验，检查变压器出厂后在运输、安装过程中有无绝缘损伤和是否遗留异物等。

3）对大修或改造后的变压器进行局放试验，以判断修理后的绝缘状况。

4）对运行中怀疑有绝缘故障的变压器作进一步的定性诊断，例如油中气体色谱分析有放电性故障，以及涉及到绝缘其他异常情况。

二、局部放电测试方法

1. 局部放电测量接线

（1）外接耦合电容接线方式。对于高压端子引出套管没有尾端抽压端或末屏的变压器，采用外接耦合电容测量方式。这种方式是通过高压耦合电容 C_k 来耦合放电信号，适用于高压套管是非电容型套管引出的绕组，要求 C_k 在试验电压下无局部放电。外接耦合电容测量接线方式如图 TYBZ01925005-1 所示。

（2）套管末屏接线方式。110kV 及以上的电力变压器进行局部放电测量时，高压端子的耦合电容一般采用套管代替。测量时将套管尾端的末屏端接入检测阻抗后接地。这种接线方式简便易行，是目前广泛应用的方法之一，但必须注意套管本身的放电量不能超过变压器标准规定值的 50%，它适用于电容套管有末屏抽头的变压器。电容式套管有电容抽头时局部放电测量接线方式如图 TYBZ01925005-2 所示。

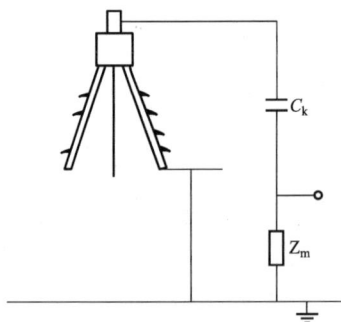

图 TYBZ01925005-1　外接耦合电容

测量实验接线图

C_k—耦合电容；Z_m—检测阻抗

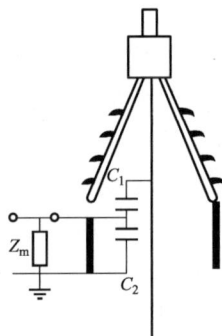

图 TYBZ01925005-2　利用电容型套管

进行局部放电测量接线原理图

C_1—套管主屏电容；Z_m—检测阻抗；C_2—套管末屏电容

2. 局部放电现场试验

电力变压器现场实际测量时，通常采用逐相试验法，逐相加压的方式有助于判别故障位置。试验电源一般采用串联谐振电源或 100～200Hz 倍频电源发电机组。加压方法采用低压侧加压，在高压侧感应获得试验电压。

三、试验的加压时间及步骤

电力变压器局部放电试验的加压时间及试验步骤国家标准均有要求，变压器局部放电试验的加压时间及步骤要求如图 TYBZ01925005-3 所示。

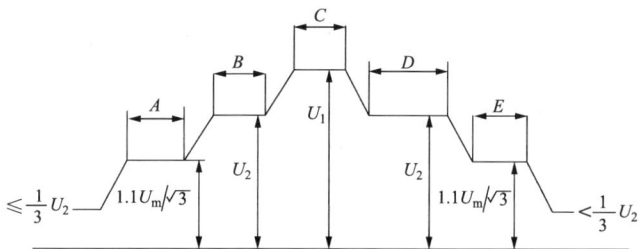

图 TYBZ01925005-3　变压器局部放电试验加压时间及步骤

注：A=5min；B=5min；C=试验时间；D≥60min（对于 U_m≥300kV）

或 30min（对于 U_m＜300kV）；E=5min

变压器局部放电试验时，在不大于 $U_2/3$ 的电压下接通电源；电压上升到 $1.1U_m/\sqrt{3}$，保持 5min，其中 U_m 为设备最高运行线电压；电压上升到 U_2，保持 5min；电压上升到 U_1，其持续时间为 $120\times\dfrac{\text{额定频率}}{\text{试验频率}}$（s），但不少于 15s；试验后立刻不间断地将电压降到 U_2，并至少保持 60min（对于 U_m≥300kV）或 30min（对于 U_m＜300kV），以测量局部放电；电压降低到 $1.1U_m/\sqrt{3}$，保持 5min；当电压降低到 $U_2/3$ 以下时，方可切断电源。除 U_1 的持续时间以外，其余试验持续时间与试验频率无关。

对地电压值应为

$$U_1=1.7U_m/\sqrt{3} \qquad （TYBZ201925005-1）$$

$$U_2=1.5U_m/\sqrt{3} \qquad （TYBZ201925005-2）$$

或

$$U_2=1.3U_m/\sqrt{3} \qquad （TYBZ201925005-3）$$

计算 U_2 时公式的选取视试验条件定。

试验前，记录所有测量电路上的背景噪声水平，其值应低于规定的视在放电量的 50%，在施加试验电压的整个期间，应连续观察放电波形，并按一定时间间隔记录放电量。局部放电量的读取，以相对稳定的最高重复脉冲为准，偶尔发生的较高的脉冲可忽略，但幅值特别大的应查明是外部干扰还是内部不稳定放电，并作好记录备查，在施加试验电压的前后，应测量所有测量通道上的背景噪声水平。

四、试验结果判断

GB 50150—2006《电气装置安装工程电气设备交接试验标准》明确规定,变压器局部放电试验时,在电压上升到 U_2 及由 U_2 下降的过程中,应记录可能出现的局部放电起始电压和熄灭电压。应在 $1.1U_m/\sqrt{3}$ 下测量局部放电视在电荷量;在电压 U_2 的第一阶段中应读取并记录一个读数。对该阶段不规定其视在电荷量值;在施加 U_1 期间内不要求给出视在电荷量值;在电压 U_2 的第二阶段的整个期间,应连续地观察局部放电水平,并每隔 5min 记录一次。

如果满足下列要求,则试验合格:

试验电压不产生忽然下降;在 U_2=1.5$U_m/\sqrt{3}$ 或 1.3$U_m/\sqrt{3}$ 下的长时试验期间,局部放电量的连续水平不大于 500pC 或 300pC;在 U_2 下,局放放电不呈现持续增加的趋势,偶然出现的较高幅值的脉冲可以不计入;在 $1.1U_m/\sqrt{3}$ 下,视在电荷量的连续水平不大于 100pC。

【思考与练习】

1. 电力变压器内部局部放电接线方式有哪些?
2. 变压器局部放电试验加压时间及步骤如何要求?
3. 变压器局部放电试验结果如何判断?

模块 6 局部放电波形分析及图谱识别 (TYBZ01925006)

【模块描述】本模块介绍局部放电波形分析及图谱识别。通过要点介绍,熟悉电气设备内部局部放电的类型,掌握识别和抑制电气设备现场局部放电试验干扰的方法,熟悉典型放电波形图谱。

【正文】

高压电气设备大部分内部放电都是产生在绝缘油中的。电气设备主要有悬浮金属、杂质、场强集中、绝缘中气泡水分等情况下的局部放电。

一、内部局部放电类型

1. 油中金属粒悬浮放电

在高压电极附近的悬浮金属放电、油中的场强集中放电及介质中金属粒放电特征是在电压较低时,放电波形不对称,负半周稍大,当电压继续升高,高压电极对最近的金属屑形成间隙击穿放电,放电量增大很多,波形与悬浮电极击穿放电时相同。

2. 油中悬浮电极放电

油中悬浮电极放电特征是当施加的电压较低时,油中的杂质等聚集尖电极间隙中,出现场强集中放电,放电波形与油中金属粒中电压低时的放电一样。当继续升高电压，则出现贯穿电极的间隙放电，放电个数多，能听到微弱放电声，每个周期放电时只有一次放电脉冲。继续升高电压后，则能保持持续地放电。

3. 油中杂质放电

变压器油中混入纤维杂质，加压时纤维在间隙中形成小桥，产生持续放电。当小桥没有形成时无放电，放电波形与场强集中放电类似。

4. 介质中金属放电

绝缘件中夹杂的金属放电特征是放电开始后，放电量较稳定，放电正负极极性对称，加压一定时间后金属粒附近的纸板形成碳化痕迹，进而导致击穿。放电的特点是起始电压低、放电持续时间长、放电量稳定、放电波形及频谱特性与受潮绝缘纸板放电相似。而绝缘纸板（受潮）放电起始电压较高，放电产生后放电量不稳定，能迅速发展使纸板碳化，进而产生击穿前的刷状放电，导致击穿。

5. 受潮绝缘纸板气泡和水分结合产生的放电

受潮绝缘纸板气泡和水分结合产生的放电特征是在较低电压下出现放电量较小的单极性放电，这种放电可能是电极端部场强中形成的。持续加压期间放电幅值不稳定，纸板呈黑色，已被局部放电烧坏而碳化。该类放电波形和频谱特性与介质中金属放电类似。

二、干扰识别与抑制

电气设备现场局部放电试验遇到的主要问题就是如何识别和抑制干扰。在试验中遇到的主要干扰有以下几种。

1. 高压端部和引线的电晕放电

高压端部和引线的电晕放电其波形特点是在试验电压的负半波出现刷状脉冲，第一个脉冲出现在负峰值。随着电压的升高，脉冲根数迅速增加，而幅值不变。对这种干扰的抑制方法是加大高压引线的直径，引线要光滑，消除毛刺，高压端部带均压罩。

2. 试验变压器和中间变压器的局部放电干扰

现场使用的试验变压器和中间变压器在其额定电压下，往往存在内部的局部放电，其放电波形与试品内部放电相同。避免这种干扰的措施首先可采用额定电压高于试验电压的变压器，一般试验电压不大于额定电压的 70%，就可避免电源变压器局部放电的干扰。

3. 悬浮放电干扰

导体的悬浮电位放电既可存在于高电位处，也可存在于低电位处，其波形特点是脉冲在电压峰值之前的正负半波出现，等幅值而间隙不等。电压增加时，脉冲根数增加、间隙缩小、幅值不变。有时悬浮放电脉冲成对出现。构成现场导体悬浮电位的有不接地的架空线、建筑物钢筋、脚手架等。排除悬浮放电的方法是清理现场，如变压器油箱顶部的金属杂物和脚手架应清理干净。不易搬走的较大金属物件以及变压器旁的架空线等应可靠接地，变压器旁的防火墙表面用网状接地导线覆盖进行屏蔽。高压端的均压罩用导线与接线端子连接，避免均压罩电位悬浮。

4. 火花放电、无线电、可控硅元件的干扰

火花放电、无线电、可控硅元件的干扰均与试验电压无关，且干扰的发生有时间性，因此选择周围环境时间或等待干扰消失后再加压试验。如干扰一直存在，可以在加电压前记住干扰脉冲在示波图上的相位和形状，加压后利用局部放电仪的开窗技术，将干扰排除在测试窗之外。

5. 充油套管表面放电

套管的法兰边沿处电场极强，在额定电压下就产生电晕放电并伴有放电声，其波形特点是正负半波脉冲不对称，正半周出现大的放电脉冲。排除这种干扰的方法是从法兰到第一伞裙之间的瓷表面上喷涂铝或半导体漆。

三、各种典型放电波形图谱

电气设备各种内部典型放电波形图谱如表 TYBZ01925006–1 所示。

表 TYBZ01925006–1　　　电气设备各种内部典型放电波形图普

波　　　形	分　　析
	电容型放电波形，可发生在油纸绝缘或固体绝缘的气泡中，油浸变压器中最常见，或在纸包绝缘、塑料填充绝缘中；放电幅值及脉冲个数都随电压升高而变大
	夹层介质内部放电，也可能出现于绝缘纸板的碳化放电、树枝爬电
	互相接触的绝缘介质的放电，油浸纸电容器中的放电也有该波形
	同一介质不同大小的气泡也可能形成这种图形，主要出现于环氧浇筑绝缘中，放电量随电压变化，如在电容器层间气隙，则放电量随加压时间变化

【思考与练习】

1. 电力设备内部局部放电类型有哪几种？
2. 如何识别和抑制电气设备局部放电干扰信号？

第二十六章 电气设备在线监测

模块 1 电气设备在线监测的必要性 (TYBZ01926001)

【模块描述】本模块介绍在线监测的必要性。通过要点介绍讲解，了解设备状态检测项目的有效性，了解状态检测的必要性。

【正文】

电气设备在电、热等环境或短路电流、过电压影响，使设备绝缘逐渐劣化，发展到一定程度，将发生绝缘击穿放电故障。随着电网电压的提高，为确保电力设备安全运行，研究和推广电气设备在线监测势在必行。

一、预防性试验

长期以来，DL/T 596《电力设备预防性试验规程》一直是电力生产实践及科学试验中一本重要的常用标准，为电力设备的安全运行发挥了积极的作用。我国电力系统一直运用绝缘预防性试验来诊断设备绝缘状况，起到了很好的效果，但由于预防性试验周期的时间间隔各省掌握的时间不同，以及预防性试验施加的电压低于设备额定电压，试验条件与运行状态相差较大，因此就不易诊断出被测设备在运行情况下的绝缘状况，也难以发现在两次预防性试验时间间隔之间发展的缺陷，这些都容易造成绝缘损坏故障。

二、状态检修

随着电力系统的快速发展和电力设备制造技术不断进步，新型结构和介质材料的电力设备不断出现，现场试验和检测新的方法和手段不断更新，DL/T 596 已不能完全满足当前生产的实际需要，突出表现在以下几个方面：

（1）试验周期短、项目多，停电试验周期长，导致设备可用率低、陪试率过高。根据河北南部电网统计，每年停电试验发现的各类缺陷只占被试设备的 2%左右，也就是说98%的设备是陪试。过高的陪试率，不仅增加了设备停电时间和维护成本，还常会产生一些负面的影响。

（2）随着电力系统的发展，变电站和输电线路的数量增长迅速，在相当多的地区，由于试验工作量大，重点不突出，试验项目和执行效果难以得到保证。

（3）近年来投运的一些新型设备和出现的一些新的试验方法，缺乏参考依据。

为了适应新的形势，根据国家电网公司规范、指导系统内状态检修工作的要求，国家电网公司编制出版了《输变电设备状态检修试验规程》。制定的目的在于在保证设备安全的基础上，为开展状态检修工作的单位提供一个明确的依据，改变以往不顾设备状态、"一刀切"地定期安排试验和检修，纠正状态检修概念混乱，盲目延长试验周期的不当做法。状态检修规程的制定，将为国家电网公司状态检修工作的开展提供强有力的技术保证。

三、国外状态检测情况

状态监测在美国、加拿大等西欧国家发展较快，主要有两方面的原因：

（1）欧洲的设备制造厂家生产的产品质量一致性较好，材质好，设备出现故障的概率很小；

（2）西欧国家劳动力价格高，如投入大量的试验人员进行预试，使试验费用等开支很大，相对来讲，投入设备的经费相对要低，因此发展在线测量就具有更大意义。

四、状态检测项目有效性

通过国内预防性试验检测项目有效性统计分析，对设备绝缘缺陷反映较为有效的试验有介质损耗角 $\tan\delta$、泄漏电流 I_c、全电流 I_g、泄漏电流的直流分量 I_R、局部放电测量及油中色谱分析等。通过大量的试验证明，只要准确测量介质损耗、局部放电和油中色谱组分，就能比较确切地掌握设备的绝缘状况。目前国内在线检测 $\tan\delta$、泄漏电流 I_c、全电流 I_g、泄漏电流的直流分量 I_R 已非常准确有效。设备局部放电在线测量也在不断研究和应用中。

五、状态检测的必要性

实施设备状态检修应具备三个方面的基本内容，第一是电气设备应具有较高的质量水平，也就是设备本身的故障率应很低；第二是应具有对监测运行设备状况的特征量的在线监测手段；第三是具有较高水平的技术监督管理和相应的智能综合分析系统软件。其中在线监测绝缘参数是状态监测的基本必备条件。

在我国电气设备绝缘在线监测技术的发展已有十多年的历史，技术上日臻完善。然而由于种种原因使得某些技术问题未能得到彻底解决，它们或者影响测量精度，或者影响对测量结果的分析判断，这在一定程度上影响在线监测技术的推广应用。这些技术问题有的是属于理论性的，例如在线监测和停电试验的等效性、测量方法的有效性、大气环境变化对监测结果的影响等。问题的解决是需要加强基础研究，积累在线监测系统的运行经验，并制定相应的判断标准。另一类则属于测量方法和系统设计方面的问题，例如通过传感器设计及数字信号处理技术来提高监测结

TYBZ01926001

模块 1

果的可信度，采用现场总线控制等技术提高监测系统的抗干扰能力，简化安装调试及维修工作等。妥善解决这些问题将有助于提高在线监测系统的质量和技术水平。随着计算机技术及电子技术的飞速发展，实现电气设备运行的自动监控及绝缘状况在线监测，并对电气设备实施状态监测和检修已成为可能，对于保证电力设备的可靠运行及降低设备的运行费用都具有较大意义。

【思考与练习】

1. 设备状态检测有哪些项目比较有效？
2. 开展设备状态检测有什么必要性？

模块 2　避雷器在线监测（TYBZ01926002）

【模块描述】本模块介绍避雷器在线监测。通过要点介绍，熟悉阀式避雷器、金属氧化物避雷器在线监测的项目及其方法，熟悉影响金属氧化物避雷器泄漏电流测试结果的因素。

【正文】

避雷器是变电运行、防止雷击事故的重要保护装置，而避雷器自身的好坏，也涉及变电站的运行安全。避雷器在线监测在电力系统应用比较成熟，并且应用效果好，通过在线监测及时有效发现避雷器的绝缘劣化缺陷。

一、阀式避雷器

阀式避雷器在线监测是测量交流电导电流，仅需测量多元件组成的阀型避雷器的最下一节的电导电流。当任何一节避雷器发生并联电阻老化、变质、断裂或进水受潮等缺陷时，其电阻值将发生变化，从而使测量的交流电压下的电导电流发生变化。现场可以根据电导电流的大小、历次测量结果的变化以及三相间电流的差别来分析运行中避雷器的绝缘缺陷，或者决定是否应在停电的条件下进行常规的预防性试验。

二、金属氧化物避雷器（MOA）

金属氧化物避雷器（MOA）由于阀片老化或受潮所表现出来的电气特征均是阻性电流增大，因此测量运行电压下的交流泄漏电流是金属氧化物避雷器在线监测的主要内容，而测量其阻性电流是关键。

1. 测量全泄漏电流

目前国内运行单位多采用避雷器在线监测器，即毫安表与计数器为一体，串联在避雷器接地回路中。监测器中的毫安表用于监测运行电压下通过避雷器的泄漏电流峰值，有效地检测出避雷器内部是否受潮或内部元件是否异常等情况；计数器则记录避雷器在过电压下的动作次数。

2. 测量阻性电流

目前国内测量 MOA 避雷器阻性电流在线测量按其工作原理分有容性电流补偿法和谐波分析法两种。

（1）容性电流补偿法。MOA 中氧化锌电阻片的等值电路可表示为非线性电阻与电容的并联，流经电阻片的总电流可分为阻性电流和容性电流两部分，而导致电阻片发热的有功损耗是阻性电流分量，容性电流分量产生的无功损耗不发热。因此，要有效地监视电阻片的老化情况就要监视泄漏电流中的有功分量——阻性电流的变化。带电测量阻性电流有同相电容试品电流信号和电压信号作标准两种，为同相电容试品电流信号作标准或电压信号作标准，在线检测 MOA 阻性电流。

（2）谐波分析法。由于运行电压是工频正弦波，MOA 在运行电压下其等值回路中的电阻为非线性电阻，所以其阻性电流不但含有基波，还含有三次、五次或更高次谐波，其中以三次谐波为主，而容性电流中只含基波不含谐波量，所以阻性电流的谐波量是总电流的谐波量。

3. 影响 MOA 泄漏电流测试结果的因素

金属氧化锌避雷器因自身电容量较小，相邻设备和线路的杂散电容会导致在线结果失真，影响 MOA 泄漏电流测试结果主要有以下因素：

（1）MOA 两端电压中谐波含量的影响。利用谐波法测量的阻性电流的数据偏大，利用容性电流补偿法的测量数据无明显影响。

（2）MOA 端电压波动的影响。电力系统的运行情况是不断发生变化的，特别是系统电压的变化对 MOA 的泄漏电流值影响极大。当系统电压向上波动 5%时，其阻性电流变化一般增加 13%左右。因此，在对 MOA 泄漏电流进行横向或纵向比较时，应详细记录 MOA 端电压值，这关系到能否精确反映 MOA 运行状况的重要指标，否则就失去了测试数据的纵向可比性。

（3）运行中三相 MOA 的相互影响。由于运行中三相 MOA（一字形排列），相邻相 MOA 通过杂散电容的影响，使得两边相 MOA 底部的总电流的相位发生变化。中间 B 相的避雷器受两个边相母线或线路的电场干扰基本相抵消，可得到正确的阻性电流测试结果。但两个边相的测试结果受相间干扰的影响，使 A 相测试结果偏大、B 相测试结果偏小。

（4）温度对 MOA 阻性电流的影响。MOA 避雷器中的 ZnO 电阻片在小电流区域具有负的温度系数，且 MOA 的内部空间较小、散热条件较差，有功损耗产生的热量会使电阻片的温度高于环境温度，这些都会使 MOA 的阻性电流增大。

（5）MOA 外表面污秽的影响。MOA 避雷器外表面的污染，除了对电阻片柱电压分布的影响而使其内部泄漏电流增加外，其外表面的泄漏电流对其测试精度的影响也不可忽视。

【思考与练习】

1. MOA 避雷器阻性电流在线测量按其工作原理分为几种？
2. 影响 MOA 泄漏电流测试结果的因素有什么？

模块 3　变压器在线监测（TYBZ01926003）

【模块描述】本模块介绍变压器在线监测。通过要点介绍，掌握变压器在线监测的项目及其测量原理、信号取样及抑制干扰的方法。

【正文】

变压器的绝缘材料中存在着气隙和油隙，当介质的电场强度达到一定程度时；它们将被击穿而发生局部放电。局部放电逐步发展必将导致绝缘损坏，造成停电事故甚至变压器的解体，给国家带来巨大的经济损失。

变压器局部放电检测是在线检测较有效的方法之一。变压器正常运行中局部放电量较小，近年生产的 110kV 及以上变压器出厂局部放电量都控制在 100pC 以下。当变压器发生绝缘劣化或绝缘击穿故障前期，变压器局部放电量会成十、成百的增加。利用廉价而简化的在线监测设备监测变压器局部放电量的变化并进行绝缘故障监测报警，如发现有报警后，结合其他试验进行综合故障分析，准确分析变压器绝缘状况，有效地起到应有的监测作用。

一、在线监测测量原理

变压器局部放电在线测量时，为避免现场干扰信号的影响，监测采集所需信号在不改变原设备的运行接线状态下，将信号取样点选择在变压器铁心接地引出线、中性点引出线和高压套管末屏引出线处，采用高频同轴电缆传送到监控室，经计算机控制幅值，脉冲鉴别仪器分析工频和高频信号，并根据设定的阀值进行记录，当故障信号超过设定幅值和脉冲频率时，即自动发出声和光的报警。

二、信号取样及干扰抑制

变压器局部放电脉冲信号一般是通过线圈耦合取得的，因此线圈在设备接地末端串入，它不影响变压器设备的正常运行及保护。同时在检测阻抗上得到工频信号及局部放电高频信号，检测阻抗选用的材料能保证频率特性。

1. 铁心采样的特点

变压器铁心引出端串入线圈获得局部放电脉冲信号有较多的优点。首先铁心对高、低压绕组有较大的电容，因此，不管局部放电信号是产生于高压或低压绕组，在铁心取样都有较好的响应。另外，还有利于抑制干扰，现场一般采用中性点作为平衡匹配信号，可起到较好的平衡抑制干扰的效果。

2. 干扰抑制

干扰信号主要包括载波通信等周期性干扰、外部放电、可控硅等脉冲型干扰。由于各种干扰的影响，会使测量灵敏度大为降低，因此变压器局部放电在线测量，抑制干扰是关键问题之一。要有效的抑制这些干扰，检测出所需的局部放电信号必须采用数字信号处理方法。在实际测量中，对于电晕放电及载波调幅的干扰，常采用在线测量范围在 40～120kHz 之间，可有效地抑制无线电调幅波干扰。

【思考与练习】

1. 变压器局部放电在线监测原理是什么？
2. 铁心采样的优点是什么？

模块 4　发电机在线监测（TYBZ01926004）

【模块描述】本模块介绍发电机在线监测。通过要点介绍，熟悉发电机局部放电监测的项目及在线监测系统，掌握发电机局部放电特性。

【正文】

发电机的在线监测主要是进行局部放电监测来判断绝缘状况。

一、发电机局部放电特性

运行电压下发电机局部放电量较大，一般可达 5000～10 000pC，由于发电机的电容量较大，发电机云母绝缘中的放电在停电测量时与加压时间关系较大，在线测量则是在运行工况下的实际数据，测得的局部放电数据没有电容效应的影响。发电机在线测量发现局部放电量较大时，就应停电进行分相测量，判断有缺陷绕组部位。

发电机如果由于绕组焊接不良或绝缘不良引起的放电一般在几个月后会导致故障，而线圈端部由于污秽造成的放电及端部电晕放电一般要 5～10 年才能导致故障，但槽口的绝缘损伤或由水气等造成的表面放电会很快造成故障。

二、发电机在线监测系统

发电机局部放电在线测量系统一般采用高灵敏度固化传感器及抗干扰抑制单元，能有效地检测绝缘缺陷，同时对测取的信号作局部放电波形分析和检测诊断零序电流，通过智能化分析软件，分析发电机绝缘状况相关参数，分辨出各相放电电压、脉冲个数及放电能量，当超过设定值启动报警并显示记录。通过发电机绝缘在线监测，能可靠地发现发电机定子绝缘的早期故障，避免在运行中突发故障。

【思考与练习】

1. 发电机局部放电特性是什么？
2. 发电机局部放电在线监测系统主要结构是什么？

模块 5 少油式电气设备在线监测（TYBZ01926005）

【模块描述】本模块介绍少油式电气设备在线监测。通过要点介绍，熟悉带电检测仪的工作原理，熟悉采样装置信号的采集方法，掌握电容型设备介质损耗在线测量的方法。

【正文】

电流互感器、电压互感器、变压器套管等是少油式设备。这类设备如果发生绝缘故障往往引起爆炸事故，影响电网安全运行。开展少油式设备的在线监测，能提高设备运行可靠性，减少设备的检修、预检停运时间。

一、带电检测仪工作原理

少油式电气设备带电检测仪定期对运行设备测量介质损耗等绝缘参数，可以及时发现绝缘劣化趋势和缺陷。便携式检测仪器，操作方便、快捷、安全，适合现场应用。

带电检测仪的测试电压是设备运行电压，与预防性试验相比，周围电磁环境有些差异，会导致在线测试结果与停电预防性试验结果之间有一些差别，但测试电压高于停电预防性试验电压，获得设备绝缘更加真实可靠，通过设备本身测量数据的纵向比较和相关设备测量数据的横向比较判断出运行设备的绝缘状况。对于绝缘完好的设备，一般在线测量与停电测量的数据差异不大，仍可用相关的预试标准判断。

少油式电气设备带电检测仪在进行带电测试时，一般采用母线电压互感器二次电压作为参考相位，用二次电压作为标准，测出的绝缘参数与停电测量值基本一致。但当母线上有断路器分开，设备没在同一母线上运行时或由于现场温度变化差异较大时，则选用多台同相试品相互作为参考标准电容测量，对比相互之间绝缘参数的变化，因为多台设备的绝缘测试不可能同时、同程度发生一致的劣化。采用多台设备进行互为标准相关测量，利用相关关系、横向比较和本身的纵向比较，使判断效果比单台测量更为有效。

二、信号采集方法

为了减小变电站强电场的干扰影响，一般采样装置采用输入阻抗极低的电流传感器取样方式，信号采集方法一般有两种，具体如下：

1. 电容型设备末屏电流信号

传感器一次引线直接串接在被测设备末屏引出线采集信号。传感器采用高灵敏度固化电流传感器，不改变设备的正常接线及运行方式，既可保证现场使用的安全，又不会影响信号的检测精度。

带电测量时，测试端子通过测量电缆与检测仪的电流输入端相连，测量电缆采用双绞双屏蔽电缆，防止电磁场干扰。对耦合电容器进行在线检测时，在耦合电容器与结合滤波器之间连接信号取样单元。

2. 标准电压取样信号

采用电压互感器二次电压信号作为标准比较源时，测定的数据可与停电时测量数据比较作为基准参数。电压互感器二次侧电压信号直接在测量绕组的非接地端串接取样电阻，通过电阻的电流信号引入取样端子箱。

取样电阻直接安装在电压互感器二次测量绕组的非接地端子上，即使信号引出线发生对地短路，也不会造成电压互感器二次绕组短路，比较安全。

三、电容型设备介质损耗在线测量

电容型设备主要包括电流互感器、套管及耦合电容器等并有电容屏的电气设备。在线测量电容型设备的介质损耗有两种测量方法。

1. 相对测量方式

现场有两个及以上的同相的电容型设备，根据测得的电容量比值及介质损耗值的变化趋势，来判断设备的绝缘状况。该测量方式能减弱因相间电场干扰造成的影响，可得到较为真实的测试结果。

2. 绝对值测量方式

电容型设备介质损耗在线测量需要准确测量设备的电容量 C_x 和介质损耗绝对值，采用电压互感器二次电压信号作为标准电压进行测量。

在线测量易受到现场强电场的干扰，测量系统采用数字采样、相关数字鉴相技术及频谱分析处理，有较强的自检校验功能，有利于排除现场干扰造成的影响。

【思考与练习】

1. 设备在线检测信号采集方法有哪几种？
2. 电容型设备介质损耗在线测量有哪几种方式？

模块 6　油中溶解气体在线监测（TYBZ01926006）

【模块描述】本模块介绍油中溶解气体在线监测。通过要点介绍，掌握油中溶解性气体的现场脱气方法和气体定量检测方法，熟悉油中溶解气体在线监测系统及其工作原理。

【正文】

电力变压器在运行过程中，其绝缘油在过热、放电、电弧等作用下会产生故障特征气体，故障特征气体的成分、含量及增长速率与变压器内部故障的类型及故障的严重程度有密切关系。因此，通过监测变压器油中溶解的故障特征气体，可以实现对变压器内部故障的在线监测。

油中溶解气体在线监测，能够连续监测油浸式变压器内部绝缘油中所溶解的氢、油分解气体和水的含量，及时发现变压器的绝缘状况、早期故障和其发展趋势，从而减少或避免非计划停电和灾难性事故的发生，为设备检修提供科学依据。油中溶解气体在线装置能够连续监测运行变压器油中的甲烷、乙烷、乙烯、乙炔等气体组分的含量，并可实现自动点火、在线自动脱气、自动控制操作程序等技术，自动化程度高，分析速度快，用油量少，便于维护。

一、油中溶解性气体的现场脱气方法

在现场实际应用中，油中脱出气体的方法目前应用较多的主要有两类：

（1）利用某些合成材料薄膜，如聚烯亚胺、聚四氟乙烯、氟硅橡胶等的透气性，或利用热虹吸原理使油中气体经氟硅橡胶膜透出，对变压器油中所溶解的气体经过此薄膜透析到气室里进行气体组分分析。

（2）采用小泵对油样吹气，经过一定时间后，油面上的某气体的浓度与油中该气体的浓度达到徘徊状态，将原溶于油中的气体替换，进行气体组分分析。

二、气体定量检测方法

溶解气体经脱气从油中分离后，对其定量检测的方法主要有两类。

（1）一类是采用色谱柱将不同气体分离开，利用 PTFE 毛细管束从变压器油中萃取因变压器过热、冲击等原因而形成的氢气、乙炔、乙烯、一氧化碳、甲烷、乙烷、氧气等气体的混和气体。通过自动气体进样模块，气体随着载气一起进入色谱柱内，在色谱柱内完成混和气体的分离，最终送入传感器进行定量检测。这种检测方法可定期监测油中氢气、乙炔、乙烯、一氧化碳、甲烷、乙烷等气体成分的含量；实时分析并诊断变压器的工作状态；通过油中气体组分的三比值法计算对变压器进行综合判断。

（2）另一类不用色谱柱，采用仅对某种气体敏感的传感器进行定量检测，主要是油中氢气和水分进行定量检测，它易于制成可携带型。

油浸式电力变压器的所有故障都产生氢气，其在绝缘油中的含量是变压器各种故障的可靠标志，氢气在油中的低溶性和高扩散性使它在较低浓度时就检测到。绝缘油中的水分含量是评价其绝缘性能的主要指标，当其含量超过正常值时，会引起绝缘性能的严重恶化乃至引起事故。溶解氢和水的在线监测，检测器连续和全面的接触变压器油，及时的检测油中溶解的氢和水，能提供最早的故障预警，从而防止设备故障并延长变压器寿命。

三、油中溶解气体在线监测系统

油中溶解气体在线监测系统由色谱数据采集器、数据处理器、应用软件、载气及通信电缆等组成。监测系统在微处理器的控制下，进行气体采集、流路切换与清洗、柱箱和检测器的恒温控制、样气的定量与进样、基线的自动调节、数据采集与处理、定量分析与故障诊断等分析流程，并定期进行自动校准。其工作原理如下：

　　溶解在变压器油中的故障特征气体经特制的油气分离装置分离后，在内置微型气泵的作用下，进入电磁六通阀的定量管，定量管中的故障特征气体在载气作用下流过色谱柱，然后气体检测器按气体出峰顺序分别将油中组分气体变换成电压信号。色谱数据采集器将采集到的电压信号上传给安装在控制室的数据处理器，数据处理器根据仪器的标定数据进行定量分析，计算出各组分和总烃的含量以及各自的增长率，再由故障诊断专家系统对变压器故障进行诊断，从而实现变压器故障的在线监测。

【思考与练习】

1. 油中溶解性气体的现场脱气方法有哪几种？
2. 气体定量检测方法有哪几种方法？

第二十七章 绝缘工器具试验

模块 1 绝缘安全用具试验（TYBZ01927001）

【模块描述】本模块介绍绝缘安全用具试验方法，通过步骤讲解和要点归纳，掌握绝缘杆（棒）、验电器、绝缘靴、绝缘手套、绝缘隔板的试验方法及其注意事项。

【正文】

电气绝缘安全用具是指工作人员使用的轻便电气防护用具，其作用是保护工作人员人身安全，防止工作人员触电。如绝缘杆、验电器、绝缘手套、绝缘靴、绝缘隔板等。

绝缘工具一般采用胶纸、环氧树脂、电木、橡胶或其他绝缘材料组成，这些材料受温度、湿度、脏污、老化等影响时，绝缘强度就会降低。因此，为防止使用中的绝缘工具的性能改变或缺陷导致使用中发生事故，必须定期进行试验。

一、绝缘杆（棒）试验

绝缘杆直接用来操作高压隔离开关和跌落式熔断器、装设和拆除临时接地线及电力设备验电、测量、试验等工作。绝缘杆一般由工作部分、绝缘部分和握手部分组成。绝缘杆外形如图 TYBZ01927001-1 所示。

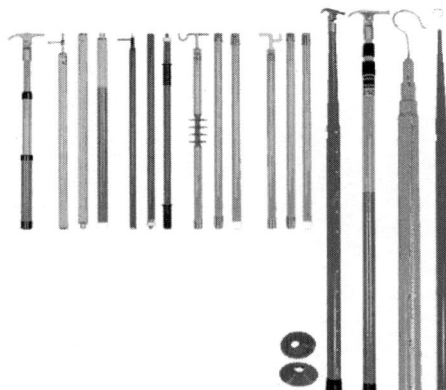

图 TYBZ01927001-1 绝缘杆外形图

1. 试验方法

绝缘杆的试验项目为交流耐压试验，绝缘杆交流耐压试验接线如图 TYBZ01927001-2 所示。

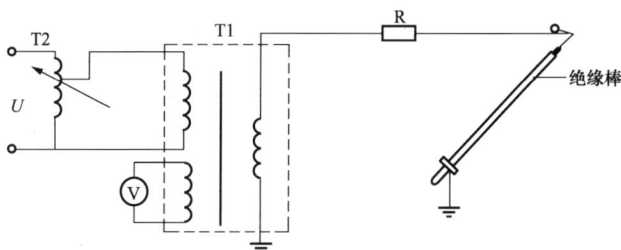

图 TYBZ01927001-2　绝缘杆交流耐压试验接线图

试验电压加在工作部分和握手部分之间。若试验变压器的输出最高电压达不到试验电压值时，可采用分段试验的方法，最多分四段，分段试验电压 $U = 1.2 \times \dfrac{U_{总}}{4}$（$U_{总}$ 为整体试验电压）。绝缘杆的试验项目、周期和要求见表 TYBZ01927001-1。

表 TYBZ01927001-1　　　绝缘杆的试验项目、周期和要求

项　目	周期（年）	要　　求			
		额定电压（kV）	试验长度（m）	工频电压（kV）	
				1min	5min
工频耐压试验	1	10	0.7	45	
		35	0.9	95	
		63	1.0	175	
		110	1.3	220	
		220	2.1	440	
		330	3.2		380
		500	4.1		580

2. 试验注意事项

（1）外观检查合格后方可进行交流耐压试验。外观检查绝缘杆表面应光滑平整、无裂纹、无划痕或烧灼痕迹，绝缘漆层应完好。

（2）应保证试验有效长度，高压试验电极和接地极之间的长度为试验长度。

（3）可同时对多根同电压等级的绝缘杆进行交流耐压试验。若发现其中一根发生闪络或放电，应立即停止试验，剔除异常的绝缘杆后，对其余绝缘杆继续试验；绝缘杆之间应保持一定距离；若绝缘杆有多节串联组成，应使绝缘杆中间连接的金

属部分对齐，防止发生悬浮电位放电。

（4）接地极和高压试验电极，应以宽 50mm 的金属箔或导线包绕。

（5）试验时应缓慢匀速升压，同时观察仪表上的读数，0.75 倍试验电压后以每秒 2%试验电压的升压速度升到规定值，保持规定时间，然后降压。切忌冲击分、合闸。

（6）降压后应立即用手触摸绝缘杆全部，看是否有发热现象，如果发热或微热说明绝缘杆不合格。

二、验电器试验

验电器是通过检测流过验电器的杂散电容中的电流检验设备、线路是否带电的装置，一般由信号装置和绝缘杆两部分组成。

1. 试验方法

（1）验电器的启动电压试验。试验时将验电器的接触电极与试验变压器的高压电极相接触，逐渐升高高压电极的电压，当验电器发出"电压存在"信号时，如"声光"指示等，记录此时的动作电压。

试验时，在高压电极 1m 的范围内不应放置其他物体，高压电极应为金属球形。

（2）绝缘杆试验参考绝缘杆试验部分。

2. 试验注意事项

（1）启动电压不高于额定电压的 40%，不低于额定电压的 15%时认为合格。

（2）绝缘杆试验注意事项参考绝缘杆试验部分。

三、绝缘靴试验

绝缘靴由特殊的橡胶制成，主要用来加强人体和地面的绝缘。

1. 试验方法

绝缘靴试验为工频交流耐压试验，绝缘靴试验电路示意如图 TYBZ01927001-3 所示；智能式辅助绝缘工器具耐压装置试验仪器如图 TYBZ01927001-4 所示。

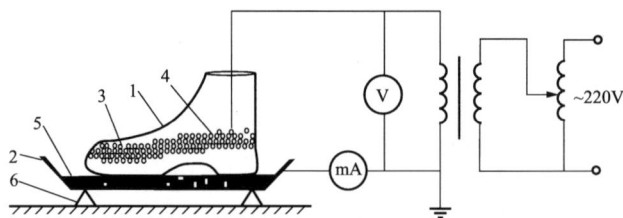

图 TYBZ01927001-3　绝缘靴试验示意图

1—被试靴；2—金属盘；3—金属球；

4—金属片；5—海绵和水；6—绝缘支架

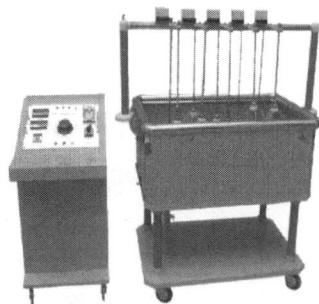

图 TYBZ01927001-4　智能式辅助绝缘工器具耐压装置试验仪器

做一个与被试绝缘靴一样大小的金属片电极放入绝缘靴中,并在金属片上铺满直径大于 4cm 的金属球,其高度不小于 15cm;并外接导线焊接一片直径 4cm 的铜片埋入金属球内,做为内电极。外电极为一金属盘,内为浸水海绵。

试验时应缓慢匀速升压,同时观察仪表上的读数,75%试验电压后以每秒 100V 试验电压的升压速度升到规定值,保持 1min,记录泄漏电流值。

绝缘靴的试验项目、周期和要求见表 TYBZ01927001-2。

表 TYBZ01927001-2　　　绝缘靴的试验项目、周期和要求

项　目	周期（年）	要　求		
工频耐压试验	半	工频电压（kV）	持续时间（min）	泄漏电流（mA）
		15	1	≤7.5

2. 试验结果的分析判断

在规定的电压下,所测泄漏电流≤7.5mA 时认为合格。

四、绝缘手套试验

绝缘手套也是用特殊的橡胶制成的,也是为了加强工作人员的绝缘,防止工作人员触电。

1. 试验方法

绝缘手套试验是工频耐压试验,试验电路图如图 TYBZ01927001-5 所示。

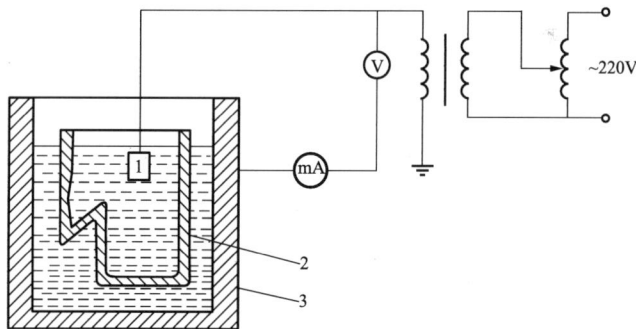

图 TYBZ01927001-5　绝缘手套耐压试验电路图

1—电极;2—试样;3—盛水金属器皿

试验时,手套内注入自来水,然后浸入盛有水的特制金属桶中,并使手套内外水平面高度相同,手套的上端露出水面的部分必须擦拭干净,高压电极接于绝缘手套的内部水中,接地极接于盛水的金属容器上。试验时应缓慢匀速升压,同时观察仪表上的读数,待升到规定值,保持 1min,读取泄漏电流数值,然后降压。绝缘手

套的试验项目、周期和要求见表 TYBZ01927001-3 所示。

表 TYBZ01927001-3 绝缘手套的试验项目、周期和要求

项 目	周期（年）	要 求			
工频耐压试验	半	电压等级	工频电压（kV）	持续时间（min）	泄漏电流（mA）
		高压	8	1	≤9
		低压	2.5	1	≤2.5

五、绝缘隔板试验

绝缘隔板一般由环氧树脂、胶木等绝缘材料制成，用于隔离带电部件，限制工作人员活动范围的绝缘挡板。

1. 试验方法

绝缘隔板试验有表面工频耐压试验和体积耐压试验。

（1）表面工频耐压试验，用金属板作为电极，金属板长为 70mm，宽为 30mm，两极之间为 300mm。在两极之间施加电压，持续时间为 1min。

（2）体积工频耐压试验，试验电路图如图 TYBZ01927001-6 所示。

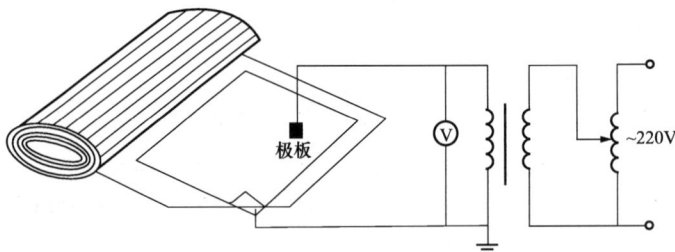

图 TYBZ01927001-6 绝缘隔板体积工频耐压试验电路图

试验前，在绝缘隔板上下铺上湿布或金属箔作为试验电极，尺寸应比绝缘隔板四周小 200mm，绝缘隔板上电极加压，下电极接地，连续均匀升压至规定电压，保持 1min。绝缘隔板的试验项目、周期和要求见表 TYBZ01927001-4。

表 TYBZ01927001-4 绝缘隔板的试验项目、周期和要求

项 目	周期（年）	要 求			说 明
表面工频耐压试验	1	额定电压（kV）	工频电压（kV）	持续时间（min）	电极间距 300mm
		6～35	60	1	
体积工频耐压试验	1	额定电压（kV）	工频电压（kV）	持续时间（min）	
		6～10	30	1	
		35	80	1	

2. 试验结果分析判断

表面和体积耐压试验，如果试验过程中无闪络、击穿，无过热和灼伤则认为合格。

【思考与练习】

1. 简述绝缘靴的试验项目、周期和方法。
2. 绝缘杆试验中如何判断其是否合格？
3. 在对验电器试验中，验电器的启动电压是如何规定的？

模块 2　母线试验（TYBZ01927002）

【模块描述】 本模块介绍母线试验。通过方法介绍和要点归纳，掌握母线试验的项目及其方法，掌握母线耐压试验的注意事项。

【正文】

母线是电力系统的重要设备，起着汇集与分配电能的作用。母线事故往往造成比较严重的停电事故，尤其是特大型发电厂或中枢变电站母线事故的后果更为严重。

一、母线试验的项目

（1）检查连接部分的接触情况，在运行条件下还可采用示温蜡片观察连接处是否发热来判断接触情况。示温蜡片既可以用绝缘杆支撑在运行条件下进行带电测试，也可以事先在停电时贴好，由运行人员巡视时监视。目前红外成像测温技术已大量用于监测接头处温度，精度很高，定位准确，正逐步取代试温蜡片观察法。

（2）在停电条件下对母线进行交流耐压试验，目的是考验母线支持绝缘子及部分辅助设备（如隔离开关支座等）对地绝缘能力。许多检修单位在试验设备容量足够时，对母线进行耐压试验时一般连同母线所带断路器、电流互感器，隔离开关一起进行。母线交流耐压试验电压见表 TYBZ01927002–1。

表 TYBZ01927002–1　　　　母线交流耐压试验电压

系统额定电压（kV）	试验电压（kV）	
	纯瓷绝缘	固体有机绝缘
6	32	26
10	42	38
35	100	90

二、母线耐压试验时应注意的问题

（1）交流耐压试验时所有非试验人员应退出配电室，通往邻近高压室门闭锁，而后方可加压，母线通至外部的穿墙套管等加压处应作好安全措施，派专人监护。

（2）母线耐压试验时，母线所带电压互感器、避雷器等设备应当与母线断开，并保证有足够的安全距离。

（3）对有两段母线且一段运行或母线所带线路一侧仍带电的情况，做母线耐压试验时应注意母线与带电部位距离是否足够。二者距离承受电压应按交流耐压试验电压与运行电压之和考虑。间隔距离不够时应设绝缘挡板或不再进行耐压试验，耐压前后对母线用 2500V 绝缘电阻表进行绝缘电阻试验。

（4）母线耐压时间为 1min，无击穿、无闪络、无异常声响则认为合格。

【思考与练习】

1. 10、35kV 母线的工频耐压要求值是多少？

2. 母线试验时应注意哪些问题？

模块 3　消谐器的试验（TYBZ01927003）

【模块描述】本模块介绍消谐器试验。通过以表单形式列举要点，掌握消谐器的工作原理，掌握消谐器试验的项目及要求。

【正文】

消谐器有 RXQ 系列和 LXQ 系列，是安装在 6～35kV 电磁式电压互感器一次绕组 Y_0 接线中性点与地之间的一种非线性电阻器，起阻尼与限流的作用。可以起到良好的限制电压互感器铁磁谐振的效果。消谐器外形如图 TYBZ01927003-1 所示。

图 TYBZ01927003-1　消谐器外形图

一、消谐器消谐原理简述

消谐器是一种非线性电阻。正常运行时电阻很小，但在大电流通过时（电网单相接地时）阻值急剧增加，从而限制了流过电压互感器高压绕组的过电流，避免了铁心过饱和产生的铁磁谐振过电压。

二、消谐器试验项目与要求

RXQ 型消谐器的试验项目与要求见表 TYBZ01927003-1，LXQ Ⅱ型消谐器的试验项目与要求见表 TYBZ01927003-2。

表 TYBZ01927003-1　　　RXQ 型消谐器的试验项目与要求

型　　号		RXQ-6～10	RXQ-35
非线形系数 α		0.4～0.54	0.4～0.5
残压（直流电流下，kV）		15mA 时为 1.45～1.65	42mA 时为 3.85～4.0
外绝缘 1min 工频耐受电压（kV）		8	20
热容量	持续工频电流为 250mA	10min	10min
	持续工频电流为 20mA	1h	1h
	试验前后残压变化率	U_{250mA} 直流残压≤10%	U_{250mA} 直流残压≤10%

表 TYBZ01927003-2　　　LXQ Ⅱ型消谐器的试验项目与要求

试 验 项 目		试 验 要 求			
		LXQⅡ-10（6）型	LXQ（D）Ⅱ-10（6）型	LXQⅡ-35 型	LXQ（D）Ⅱ-35 型
消谐器通过 AC0.5mA（峰值）电流时的电压及阻值	$U_{AC0.5mA}$（V）	180±30	180±30	600±80	600±80
	$R_{AC0.5mA}$（kΩ）	＞420	＞420	＞1450	＞1450
消谐器通过 AC5mA（峰值）电流时的电压及阻值	U_{AC5mA}（V）	550±100	550±100	1600±200	1600±200
	R_{AC5mA}（kΩ）	＞120	＞120	＞400	＞400
是否限制消谐器两端工频电压		不限制	限制 3kV 以下	不限制	限制 3kV 以下
功率（W）		800		10 000	
热容量		2h 通过 100mA（有效值）10min 通过 500mA（有效值）			

【思考与练习】

1. 消谐器是怎样工作的？

2. 消谐器试验项目有哪些？

第二十八章 高压电气设备的事故案例分析

模块 1 变压器互感器的事故案例分析（TYBZ01928001）

【模块描述】本模块介绍变压器、互感器的故障分析和处理。通过要点介绍和典型案例分析，熟悉变压器、互感器各类故障及其产生原因和处理方法。

【正文】

油浸式电力变压器常见故障主要有过热故障、绝缘故障、绕组变形故障、受潮故障、套管故障、有载分接开关故障等，无论变压器发生哪种故障，都将影响变压器的正常运行。因此，对于变压器故障分析应首先收集直接或间接表征变压器状态的各类信息，包括试验数据以及声音、图像、现象等。利用收集到的设备各类状态信息，依据相关标准，确定设备状态和发展趋势，并通过进一步检查、试验与分析，判断变压器缺陷或故障产生的原因、发生的部位以及故障性质，提出相应处理措施。

一、变压器

1. 过热性故障

变压器发生过热性故障主要有以下原因：铁心多点接地、铁心短路、导电回路接触不良、多股导线间的短路、油道堵塞、导电回路分流、悬浮电位接触不良、结构件或电磁屏蔽在铁心周围形成短路环、油泵滚动磨损、漏磁回路的涡流、有载开关绝缘筒渗漏等，故障现象为油色谱异常、温升超标。因此在判断变压器过热性故障时，应根据油色谱、直流回路电阻、红外测温、铁心接地电流等试验数据进行综合分析。

2. 放电性故障

变压器发生放电性故障主要有以下原因：油泵内部放电、悬浮电位放电、油流带电、有载分接开关绝缘筒渗漏、导电回路及其分流接触不良、不稳定的铁心多点接地、金属尖端放电、气泡放电、分接开关拉弧、绕组或引线绝缘击穿油箱磁屏蔽接触不良等，故障现象为变压器油中 H_2 或 C_2H_2 含量异常升高。因此在判断变压器放电性故障时，应根据油色谱、局部放电、超声放电等试验数据进行综合分析和定位。

3. 绕组变形故障

变压器发生绕组变形故障的主要原因有运输中受到冲击、短路电流冲击等。故障现象为短路阻抗发生明显变化、绕组电容量发生明显变化、频响试验异常等。因此在判断变压器绕组变形故障时，应综合分析变压器运行状况，根据短路电流大小及次数，结合油色谱、短路阻抗、绕组电容量试验数据及频响曲线等进行综合分析。

4. 绝缘受潮故障

变压器发生绝缘受潮的主要原因有外部进水，故障现象为油中含水量超标、绝缘电阻下降、泄漏电流增大、介质损耗因数增大和油耐压下降等。

二、互感器

1. 电容式电压互感器

电容式电压互感器的常见故障有 CVT 二次电压异常、过热和绝缘劣化等，故障原因主要有电磁单元内部元件故障、耦合电容器受潮或老化、二次电压波动、二次连接松动、分压器低压端子未接地或未接载波线圈、电容单元被间断击穿、铁磁谐振等。故障现象表现为红外检测发现 CVT 电磁单元过热、CVT 耦合电容器介损严重超标、CVT 二次电压异常等。

2. 电流互感器

电流互感器的常见故障包括过热、油色谱异常、介损超标、局部放电、受潮等。故障原因主要有一次端子接头松动、一次过负荷、产品密封不良使绝缘进水受潮、产品工艺不良或运行中承受过电压、过电流造成绝缘受损等。故障现象表现为红外检测发现电流互感器过热、绕组绝缘电阻下降、介损超标或绝缘油指标不合格、含水量大、油色谱异常、局部放电量超标等。

三、案例分析

1. 案例一

[问题说明] 一变压器运行中发现铁心接地电流为 2A，是否有故障？若有，可能是何种故障？会引起什么后果？采取何种手段做进一步的诊断？

[问题分析] 因变压器运行时，铁心正常接地电流一般不超过 0.1A，所以可能是铁心存在多点接地故障。可能导致的后果为：

（1）铁心局部过热，使铁心损耗增加，甚至烧坏；

（2）过热造成的温升，使变压器油分解，产生的气体溶解于油中，引起变压器油性能下降，油中总烃大大超标；

（3）油中气体不断增加并析出（电弧放电故障时，气体析出量较之更高、更快），可能导致气体继电器动作发信号甚至使变压器跳闸。

[结果评价] 根据上述表现特征，进行油中溶解气体色谱检测和空载损耗试验，做进一步诊断。

2. 案例二

[问题说明] 某电厂一台厂用变，ST_1—560/3 型，560kVA，3kV/380V，在预试中测量直流电阻（低压侧），$R_{0a}=0.001\,682\Omega$，$R_{0b}=0.001\,642\Omega$，$R_{0c}=0.003\,763\Omega$，计算其三相不平衡率。是否有故障？若有可能是何种故障？如何处理？

[问题分析] 因为 $\Delta R=(R_{0c}-R_{0b})/(R_{0a}+R_{0b}+R_{0c})/3=129\%>4\%$，故判断不合格。可能的故障及处理方法：

（1）分接开关接触不良。需反复研磨分接开关，然后再测量，若合格即为该故障，若仍不合格，可能是铜帽螺丝未拧到位，松动。

（2）连接螺丝松动。将 C 相猫抓及铜帽拆下，检查铜帽螺丝是否拧到位，松动，且猫抓与导电杆接触是否良好，内面是否光洁，是否有油漆渗入，经处理后，再测量直流电阻是否合格？若不合格，有可能是套管引线故障。

（3）套管引线故障。

[结果评价] 吊芯处理，不连接套管，直接测量各相直流电阻。

3. 案例三

[问题说明] 某变电站一台电容型电流互感器，66kV，在预试中 $\tan\delta$ 和 C_X 的测试值如表 TYBZ01928001-1 所示。

表 TYBZ01928001-1   预试中 $\tan\delta$ 和 C_x 的测试值

相别	绝缘电阻（MΩ）	$\tan\delta$（%）		C_X（pF）		
		上次	本次	上次	本次	增长率（%）
A	25	<2.5	3.28	100	1670.75	16.7 倍
C	25	<2.5	3.28	100	1695.75	16.9 倍

从测试数据判断故障类型。

[问题分析] 从测试数据可见，绝缘电阻明显降低为 25MΩ，一般不应低于 1000MΩ；$\tan\delta$（%）也明显增大，特别是电容量较正常值增长 16 倍以上。分析原因，内部可能存在电介系数较大的介质（如水），因为绝缘油的电介系数为 2.2～2.5，而水的电介系数为 81，而电容量和电介系数成正比。

[结果评价] 在检修中，从互感器内部放出了大量的积水，这是由于端部密封不良，进水所致。

4. 案例四

[问题说明] 一台双绕组变压器交接试验，上层油温 32℃时测得的 $\tan\delta$ 和电容

值如表 TYBZ01928001-2 所示，出厂试验上层油温 15℃时测得的 $\tan\delta$ 和电容值如表 TYBZ01928001-3 所示，判断变压器的 $\tan\delta$ 是否合格，如有缺陷，可能在何部位？

表 TYBZ01928001-2　双绕组变压器交接试验，上层油温 32℃时测得的 $\tan\delta$ 和电容值

加压部位	接 地	C（pF）	$\tan\delta$（%）
高压绕组	低压、铁心及外壳	3400	0.9
低压绕组	高压、铁心及外壳	5000	1.1
高压、低压绕组	铁心及外壳	3800	1.35

表 TYBZ01928001-3　变压器出厂试验上层油温 15℃时测得的 $\tan\delta$ 和电容值

测 量 部 位	C（pF）	$\tan\delta$（%）
高压–地	1120	0.4
低压–地	2710	0.6
高压–低压	2320	0.35

设低压对地电容为 C_1，高低压绕组间的电容为 C_2，高压对地电容为 C_3，高压对低压、铁心及地的电容为 C_H，低压对高压、铁心及地的电容为 C_L，高低压绕组对铁心及地的电容为 C_{H+L}。

[问题分析] 比较交接和出厂的 $\tan\delta$，则出厂试验时：

低压对高压、铁心及地的电容和 $\tan\delta$ 为

$$C_L = C_1 + C_2 = 2710 + 2320 = 5030\text{pF}$$

$$\tan\delta_L(\%) = \frac{C_1\tan\delta_1 + C_2\tan\delta_2}{C_L} = \frac{2710\times0.6 + 2320\times0.35}{5030} = 0.485$$

高压对低压、铁心及地的电容和 $\tan\delta$ 为

$$C_H = C_3 + C_2 = 1120 + 2320 = 3440\text{pF}$$

$$\tan\delta_H(\%) = \frac{C_3\tan\delta_3 + C_2\tan\delta_2}{C_H} = \frac{1120\times0.4 + 2320\times0.35}{3440} = 0.366$$

高低压绕组对铁心及地的电容和 $\tan\delta$ 为

$$C_{H+L} = C_1 + C_3 = 1120 + 2710 = 3830\text{pF}$$

$$\tan\delta_{H+L}(\%) = \frac{C_1\tan\delta_1 + C_3\tan\delta_3}{C_{H+L}} = \frac{2710\times0.6 + 1120\times0.4}{3830} = 0.542$$

换算到 32℃ 的介损为

$$\tan\delta_L(\%) = \tan\delta_L(\%)\times1.3^{(t_2-t_1)/10} = 0.485\times1.3^{(32-15)/10} = 0.758$$

交接试验与之比较 1.1/0.758=1.45>1.3，超出交接标准要求。

$$\tan \delta_H (\%) = \tan \delta_H (\%) \times 1.3^{(t_2 - t_1)/10} = 0.366 \times 1.3^{(32-15)/10} = 0.572$$

交接试验与之比较 0.9/0.572=1.57>1.3，超出交接标准要求。

$$\tan \delta_{H+L} (\%) = \tan \delta_{H+L} (\%) \times 1.3^{(t_2 - t_1)/10} = 0.542 \times 1.3^{(32-15)/10} = 0.847$$

交接试验与之比较增大了

$$\frac{1.35 - 0.847}{0.847} \times 100\% = 59\%$$

[结果评价] 根据这些试验结果判断，可能是高低压绕组绝缘受潮。

5. 案例五

[问题说明] 某 220kV 变电站 2 号主变（型号 SFPSZ9–180000/220，额定电压比为 220±8×1.25%/121/38.5），运行中重瓦斯动作切除变压器三侧开关。35kV 断路器在进行操作时，由于开关存在质量问题，在切断电容电流时发生重燃，产生重燃过电压，引发 B、C 相间短路故障，进而发展为三相短路故障并扩展至母线。引起主变重瓦斯动作，跳开主变三侧开关。

[问题分析] 现场检查发现主变轻、重瓦斯保护动作，跳开三侧开关，主变 110kV 侧压力释放器喷油，电容器开关柜内开关烧毁。故障后进行变压器直阻试验，其中低压一相电阻值是其他相的两倍；变压器油色谱分析 C_2H_2（乙炔）含量上千 μL/L，根据气体含量变化分析判断，绕组存在短路；绕组变形试验，110kV 绕组相间差值超标，低压绕组相间差值超标。通过钻入变压器本体内进行检查，证明低压 C 相绕组在内部已经断线。

[结果评价] 故障短路电流冲击是诱因。变压器在运行过程中，不可避免地要遭受各种短路故障电流的冲击，特别是变压器出口或近距离短路故障，巨大的短路冲击电流将使变压器绕组受到很大的电动力，并使绕组急剧发热。在较高的温度下，导线的机械强度变小，电动力更容易使绕组破坏、变形。

6. 案例六

[问题说明] 某变电站 110kV 电压互感器爆炸运行中爆炸，现场检查电容器芯子散落一地；上法兰连同引线坠落在地。变电站监控记录发现，二次电压上升至额定电压的 1.7 倍持续 2h，直至故障发生。

[问题分析] 电压互感器二次侧电压升高，说明一次侧电容器分压比已发生变化，由于电容分压器电容芯子存在绝缘薄弱点，电容元件部分击穿，剩余元件过压运行发生贯穿性击穿。

[结果评价] 导致分压电容器内部压力骤增，电容分压器瓷套爆炸。

【思考与练习】

1. 变压器故障主要有哪几种类型？
2. 产生变压器绕组变形故障的原因和故障现象是什么？
3. 电流互感器故障主要有哪几种类型？
4. 电容式电压互感器故障主要有哪几种类型？

模块2　高压断路器的故障案例分析（TYBZ01928002）

【模块描述】本模块介绍断路器的故障分析与处理。通过要点介绍和典型案例分析，熟悉 SF_6 断路器、少油断路器各类故障及其产生原因和处理方法。

【正文】

电力系统目前大部分采用的高压断路器为 SF_6 断路器和少油断路器。SF_6 断路器常见故障主要有密封失效、绝缘闪络击穿、操作失灵、绝缘拉杆断裂、导电回路接触不良等。少油断路器的常见故障包括本体泄漏油、油击穿电压低、泄漏电流超标、导电回路电阻超标、接头过热、提升杆闪络爆炸以及拒动、误动等。无论断路器发生哪种故障，都将影响断路器的正常运行。因此，对于断路器故障分析应首先收集直接或间接表征断路器状态的各类信息，包括试验数据以及声音、图像、现象等。利用收集到的设备各类状态信息，依据相关标准，确定设备状态和发展趋势，并通过进一步检查、试验与分析，判断断路器缺陷或故障产生的原因、发生的部位以及故障性质，提出相应处理措施。

一、SF_6断路器

1. 密封失效故障

SF_6 断路器发生密封失效故障主要原因有密封垫加工工艺不良、有尘埃或微小异物、密封圈老化、紧固螺栓松动造成密封不严引起渗漏；焊缝渗漏、管路接头、密度继电器接口、压力表等部件渗漏以及瓷套与法兰连接处渗漏；零部件、材料上吸附的水分扩散析出等。故障现象表现为 SF_6 气体渗漏、SF_6 湿度超标和操动机构频繁打压等。

2. 闪络击穿

SF_6 断路器发生绝缘闪络击穿故障主要原因是罐式断路器内部有脏污或金属性杂质，引起均压环等内部放电。

3. 操作失灵

SF_6 断路器发生操作失灵故障主要原因有机构卡涩、部件变形移位、轴销松断导致拉杆与金属接头松脱、分合闸铁心卡涩、锁扣失灵、分合闸线圈烧损、接触器故障、操作电源故障以及二次回路故障、液压机构故障、弹簧操动机构故障等。二次回路故障有端子排受潮绝缘降低而放电短路、二次元件质量差、二次电缆破损、最低操作电压低而在外界干扰下误动，继电保护装置误发动作信号等；液压机构故障有阀体装配质量差、阀体紧固不够、清洁度差等导致密封圈损坏，造成泄漏油或机构泄压，导致强跳或闭锁；弹簧操动机构故障有操动机构分（合）闸挚子尺寸调整不合适以及弹簧预压缩量不当，机构无法保持，引起自分或自合等。故障现象表现为断路器拒动或误动。

二、少油断路器

1. 本体泄漏油

少油断路器发生本体泄漏油主要原因是三角箱或底座焊缝制造质量不良、密封垫老化或装配不正确等。

2. 油击穿电压低和泄漏电流超标故障

少油断路器发生油击穿电压低和泄漏电流超标故障主要原因是密封不严，断路器进水引起绝缘油和提升杆受潮和绝缘油老化，严重时发生提升杆闪络、爆炸等。

3. 导电回路电阻超标和接头过热故障

少油断路器发生油导电回路电阻超标和接头过热故障的主要原因是操作频繁导致导电回路接触不良、静触头座螺栓松动、接头或回路接触不良等，故障现象表现为导电回路电阻超标、红外测温发现有过热点等。

三、案例分析

1. 案例一

[问题说明] 测量 110kV 及以上少油断路器的泄漏电流时，有时出现负值？如何消除？

[问题分析] 所谓"负值"，在这里是指在测量 110kV 及以上少油断路器直流泄漏电流时，接好试验线路后，加 40kV 直流试验电压时，空载泄漏电流比在同样电压下测得的少油断路器的泄漏电流还要大。产生这种现象的主要原因是高压试验引线的影响。

现场测试也证明了这一点：当线端头呈刷状时，测量均为负值；当线端头换为小铜球时，均为正值。其次，升压速度的快慢及稳压电容充放电时间的长短，也是可能导致出现负值的一个原因。少油断路器对地电容仅为几十 pF，而与之并联的稳压电容器一般高达 0.1～0.01μF。若升压速度快，当升到试验电压后又较快读数，会因电容器充电电流残存的不同，引起负值或各相有差值。

[对策] 可采用下列措施来消除负值现象：

（1）引线端头采用均压措施。如用小铜球或光滑的无棱角的小金属体来改善线端头的电场强度，可减小电晕损失。

（2）尽量减小空载电流，把基数减小。如在高压侧采用屏蔽、清洁设备、接线头不外露等。增加引线线径，比增加对地距离还好。

（3）保持升压速度一定，认真监视电压表的变化，对稳压电容器要充分放电或每次放电时间大致相同。

（4）尽可能使试验设备、引线远离电磁场源。

（5）采用正极性的试验电压。

2. 案例二

［问题说明］SW4–110 断路器在雷雨季节检修时常发生下瓷套和三角箱内的绝缘油不合格，经用合格油冲洗及长时间使用压力滤油机过滤后，油样耐压仍达不到标准是什么原因？

［问题分析］少油断路器中的油量较少，油中稍有污染（水分、杂质等）对油的品质影响极为敏感，对于 SW4–110 断路器在雷雨季节注油不易合格的现象，要根据具体情况采取措施。

［结果评价］对于断路器内部轻度受潮，一般可在常温下通过循环滤油处理，循环次数一般按耐压标准确定。有条件时，最好测定油中微量水分。大修后水分含量不大于 30×10^{-6}。如果效果不好，可将油加热，以提高效率，但不论加热与否，所用的滤纸必须采用事先经过良好焙烘的干燥纸。

对于断路器内部严重受潮，只采用上述方法往往难以奏效。在这种情况下，通常要先将内部绝缘部件，如灭弧室、绝缘提升杆等，进行彻底焙烘干燥后，再进行循环滤油处理才能奏效。

进行绝缘油处理与现场天气情况大有关系。由于干燥的油和滤油纸特别容易吸收潮气，潮湿天气使处理后的油和滤纸以及所取的油样又吸收潮气，以致往往耐压不合格。因此，原则上讲，要避开在雷雨季节或高湿度天气下对油进行处理。

3. 案例三

［问题说明］某变电站 220kV 断路器检修预试，恢复运行中，断路器主保护动作，故障断路器型号为 LW12–220，额定电流 3150A，短路开断电流 50kA/3s。现场对 287 断路器 A 相检查发现 A 相灭弧室底部线路侧外壳接地点处有烧蚀痕迹，其他两相无异常；A 相罐体线路侧套管 TA 升高座部位导电棒对屏蔽罩放电；A 相静触头均压罩对罐体底部放电；A 相罐体底部发现平铺一块方形胶皮，表面有胶带纸粘贴痕迹及大量碳黑。

［问题分析］当断路器正常运行时，电流通过导电部分流动，并不流过罐体接地点，只有当断路器外绝缘或内绝缘被破坏，发生对地闪络故障时，该接地点才会流过故障电流造成烧蚀现象。现场检查断路器外绝缘完好，可判断断路器内部发生绝缘击穿故障，罐体接地点流过故障电流，造成烧蚀现象。罐体内部发现的绝缘胶皮在断路器运输时包裹于导电棒上，用于保护导电棒，安装时应予拆除，该胶皮遗

留在断路器内部是当时安装时工作疏忽造成的。

[结果评价] 断路器内部安装时遗留绝缘胶皮是发生本次故障的根本原因。

【思考与练习】

1. SF_6 断路器故障主要有哪几种类型？

2. 少油断路器故障主要有哪几种类型？

模块 3 　其他设备的事故案例分析 （TYBZ01928003）

【模块描述】本模块介绍电力系统变电除变压器和断路器设备外其他设备的故障分析与处理，通过要点介绍和典型案例分析，熟悉电力电缆、电容器、避雷器等设备的各类故障及其产生原因和处理方法。

【正文】

电力系统变电除变压器和断路器设备外，还有电力电缆、电容器和避雷器等设备，这些设备一旦发生故障，也将影响电力系统的正常运行。因此，对于这些设备故障分析应首先收集直接或间接表征状态的各类信息，包括试验数据以及声音、图像、现象等。利用收集到的设备各类状态信息，依据相关标准，确定设备状态和发展趋势，并通过进一步检查、试验与分析，判断缺陷或故障产生的原因、发生的部位以及故障性质，提出相应处理措施。

一、电力电缆

电力电缆发生故障主要原因有绝缘劣化、机械损伤和进水受潮等，故障现象表现为单相接地、相间短路、终端头、中间接头爆炸和铜屏蔽接地等。

二、电容器

并联电容器装置常见故障有严重渗漏油、外壳鼓肚变形、温度过高、表面闪络放电、单台熔丝熔断、爆炸起火等。故障原因主要有内部局部放电使介质分解而析出气体、外部闪络、部分电容元件击穿或极对外壳击穿、法兰焊接处裂缝、瓷套焊接处损伤、产品制造缺陷等。故障现象表现为运行中异常声响、外壳鼓肚变形、渗漏油、过热、短路击穿、爆炸着火、单台熔丝熔断等。

三、避雷器

金属氧化物避雷器主要故障原因是运行中受潮以及因参数选择不当造成阀片的老化。故障现象表现为运行电压下全电流、阻性电流和75%泄漏电流超标以及本体温升超标等。

四、案例分析

1. 案例一

[问题说明] 某变电站避雷器在线监测的数据如表 TYBZ01928003-1 所示，试

分析该组避雷器是否存在故障。

表 TYBZ01928003–1　　　　某变电站避雷器在线监测数据的数据

全电流测试（mA）						
试验日期	全　电　流			阻　性　电　流		环境温度（℃）
	A	B	C	A	B	C	
2003–7–12	600	600	600	50	50	50	30
2004–4–15	650	650	625	50	50	50	20
2005–5–20	650	660	640	60	60	60	20
2006–4–21	650	660	640	60	150	60	22
2006–4–22	660	780	650	60	160	60	21

[问题分析] 由表 TYBZ01928003–1 分析，B 相的阻性电流明显增大，阻性电流值较上次超出 1 倍，初步怀疑为避雷器阀片受潮或老化，应停电检查。原因如下：

在工频电压作用下，避雷器相当于一台有损耗的电容器，其中容性电流的大小仅对电压分布有意义，并不影响发热，而阻性电流则是造成的金属氧化物电阻热的原因。良好的金属氧化物避雷器虽然在运行中长期承受运行电压，但因流过的持续电流通常非常小，引起的热效应极微小，不致引起避雷器性能的改变。而在避雷器内部出现异常时，主要是阀片严重劣化和内壁受潮，此时避雷器阻性电流分量将明显增大，并可能导致热稳定破坏，造成避雷器损坏。

[结果评价] 测量避雷器全电流能监测避雷器是否受潮，但是避雷器阀片劣化时阻性电流感受最灵敏，而阻性电流占全电流的比重比较小，全电流反应不是很灵敏，因此需要监测避雷器的阻性电流，但这个持续电流阻性分量的增大一般是经过一个过程的，通过监测金属氧化物避雷器持续电流的阻性分量可以发现避雷器受潮或者劣化。

2. 案例二

[问题说明] 一额定电压为 200kV 的金属氧化物避雷器，出厂报告提供数据上节直流 U_{1mA} 电压为 146.6kV，$0.75U_{1mA}$ 直流电压下电流为 9μA，下节直流 U_{1mA} 电压为 146.9kV，$0.75U_{1mA}$ 直流电压下电流为 11μA。现场定期试验数据上节直流 U_{1mA} 电压为 144.8kV，$0.75U_{1mA}$ 直流电压下电流为 12μA，下节直流 U_{1mA} 电压为 145.1kV，$0.75U_{1mA}$ 直流电压下电流为 13μA。判断该避雷器是否合格。

[问题分析] 该避雷器上、下节直流 U_{1mA} 电压值与出厂值比较差值分别为

$\Delta K_{上}$＝（144.8－146.6）/144.8＝－1.22%，不超规程±5%的要求；

$\Delta K_{下}$＝（145.1－146.9）/144.8＝－1.24%，不超规程±5%的要求；

上下两节的 $0.75U_{1mA}$ 直流电压下电流均不超规程的 $50\mu A$；

但是，上、下两节的直流 U_{1mA} 电压之和为 289.9kV，小于规程规定的下限值 290kV。

[结果评价] 因此，该避雷器不合格。

3. 案例三

[问题说明] 分析预防性试验合格的耦合电容器会在运行中发生爆炸的原因。

[问题分析] 从耦合电容器的结构可知，整台耦合电容器是由 100 个左右的单元件串联后组成的。就电容量而言，其变化 $+10\%$，在 100 个单元件如有 10 个以下的元件发生短路损坏，还是在允许范围之内。此时，另外 90 个左右单位元件电容要承担较高的运行电压，这对运行中的耦合电容器的绝缘造成了极大的危害。

造成耦合电容器损坏事故的主要原因，多数是由于在出厂时就带有一定的先天缺陷。有的厂家对电容芯子烘干不好，留有较多的水分，或元件卷制后没有及时转入压装，造成元件在空气中的滞留时间太长，另外，还有在卷制中碰破电容器纸等。个别电容器由于胶圈密封不严，进入水分。此时一部分水分沉积在电容器底部，另一部分水分在交流电场的作用下将悬浮在油层的表面，此时如顶部单元件电容器有气隙，它最容易吸收水分，又由于顶部电容器的场强较高，这部分电容器最易损坏。对损坏的电容器解体后分析得知，电容器表面已形成水膜。由于表面存在杂质，使水膜迅速电离而导电，引起了电容量的漂移，介电强度、电晕电压和绝缘电阻降低，损耗增大，从而使电容器发热，最后造成了电容器的失效。所以每年的预防性试验测量绝缘电阻、介质损耗因数并计算出电容量是十分必要的。既使绝缘电阻、介质损耗因数和电容量都在合格范围内，当单元件电容器有少量损坏时，还不可能及早发现电容器内部存在的严重缺陷。

电容器的击穿往往是与电场的不均匀相联系的，在很大程度上决定于宏观结构和工艺条件，而电容器的击穿就发生在这些弱点处。电容器内部无论是先天缺陷还是运行中受潮，都首先造成部分电容器损坏，运行电压将被完好电容器重新分配，此时每个单元件上的电压较正常时偏高，从而导致完好的电容器继续损坏，最后导致电容器击穿。

[结果评价] 为减少耦合电容器的爆炸事故发生，对运行中的耦合电容器应连续监测或带电测量电容电流，并分析电容量的变化情况。

4. 案例四

[问题说明] 某变电站电容器（BFF5 $11/\sqrt{3}$ 34 −1W）运行中电容器内部故障，同相其他电容器对故障点放电，造成断路器跳闸，进行故障分析。

[问题分析] 某变电站发出主变保护动作信号，断路器"零序过压保护"和"低电压保护"动作跳闸。现场检查其中某电容器发现电熔器熔断，电容器套管出线端、

电容器箱体上面板有轻微放电痕迹。分析故障原因为 A3 电容器内部故障后引起 A4 电容器熔断，熔断后脱出的尾线反弹对其正上方的母线支持绝缘子法兰（固定母线处）放电起弧。当电容器内部故障时，电容器组零序电压保护动作，主变低压侧也感受到了零序电压，因此主变低压侧保护与电容器组保护均动作。

［结果评价］电容器的熔断器熔断，尾线反弹对其正上方的母线支持绝缘子法兰放电是本次故障的直接原因。

【思考与练习】

1. 电容器故障主要有哪几种类型？
2. 避雷器故障主要原因是什么？

第二十九章　试验记录及报告的编写

模块 1　试验记录、试验报告编写标准（TYBZ01929001）

【**模块描述**】本模块介绍试验记录、试验报告的编写标准。通过要点归纳，掌握正确编写试验记录、试验报告应包含的要项。

【**正文**】

一、试验记录编写标准

试验记录的内容应包括以下几部分：

（1）安装地点、运行编号、试验日期、温度（变压器还应注明上层油温）、湿度、天气。

（2）设备铭牌（包括设备型号、额定电压、出厂序号、生产厂家、出厂日期等必要的参数值）。

（3）试验数据及简单数据处理。

（4）使用仪器名称、编号。

（5）试验人员。

二、试验报告编写标准

试验报告的内容应包括以下几部分：

（1）标题。

（2）安装地点、运行编号、试验日期、温度（变压器还应注明上层油温）、湿度、天气。

（3）试验目的。

（4）试验依据。

（5）试验性质。

（6）设备铭牌（包括设备型号、额定电压、出厂序号、生产厂家、出厂日期等必要的参数值）。

（7）试验内容（体现试验方法及接线图）。

（8）试验数据及数据处理（如需换算的应进行换算）。

（9）结论（包括判断标准）。

（10）使用仪器名称、编号。

（11）试验单位、试验人员签字（盖章）。

【思考与练习】

1. 试验记录的编写标准是什么？

2. 试验报告的编写标准是什么？

模块 2　试验项目计算和温度、湿度换算

（TYBZ01929002）

【模块描述】本模块介绍基本试验项目的计算和温湿度换算。通过计算公式的介绍，掌握不同温度下的绝缘电阻值、变压器绕组电阻值和 $\tan\delta$ 值的换算方法，掌握不同频率下感应耐压时间的计算方法。

【正文】

由于试验结果判定的需要，经常要把某一类数值换算到相同试验条件下进行比较，本节就几种常用的换算公式进行介绍。

一、绝缘电阻换算

不同温度下的绝缘电阻值一般可按下式（TYBZ01929002–1）换算

$$R_2 = R_1 \times 1.5^{(t_1-t_2)/10} \qquad\qquad (\text{TYBZ01929002–1})$$

式中　R_1、R_2——温度为 t_1、t_2 时的绝缘电阻值。

二、变压器绕组电阻值换算

变压器绕组不同温度下的电阻值按下式（TYBZ01929002–2）换算

$$R_2 = R_1 \left(\frac{T + t_2}{T + t_1} \right) \qquad\qquad (\text{TYBZ01929002–2})$$

式中　R_1、R_2——分别为在温度 t_1、t_2 时的电阻值；

　　　　T ——计算用常数，铜导线取 235，铝导线取 225。

三、$\tan\delta$ 值换算

不同温度下的 $\tan\delta$ 值一般可按下式（TYBZ01929002–3）换算

$$\tan\delta_2 = \tan\delta_1 \times 1.3^{(t_2-t_1)/10} \qquad\qquad (\text{TYBZ01929002–3})$$

式中　$\tan\delta_1$、$\tan\delta_2$——温度为 t_1、t_2 时的 $\tan\delta$ 值。

四、感应耐压时间

感应耐压试验的频率 f 为 150Hz 及以上时，试验持续时间 t 按下式（TYBZ01929002–4）

计算

$$t=\frac{60\times100}{f} \qquad (\text{TYBZ01929002-4})$$

式中，t 不应小于 15s，且 f 不应大于 300Hz。

【思考与练习】

1. 试验电压为 200Hz 的感应耐压试验持续时间是多长？
2. 怎样换算不同温度下变压器绕组的电阻值？

参 考 文 献

[1] 李建明，朱康主. 高压电气设备试验方法. 北京：中国电力出版社，2001

[2] 江苏省电力工业局，江苏省电力试验研究所编. 电气试验技能培训教材. 北京：中国电力出版社，1998

[3] 陈化刚. 电力设备预防性试验问答：北京：中国水利水电出版社，1998

[4] 李一星. 电气试验基础. 北京：中国电力出版社，2000

[5] 中国电力企业家协会供电分会. 全国供用电工人技能培训教材（初级工，中级工、高级工），北京：中国电力出版社，2001

[6] 陈天翔，王寅仲. 电气试验. 北京：中国电力出版社，2005

[7]《火力发电职业技能培训教材》编委会. 电气试验. 北京：中国出版社，2004

[8] 国家电网公司. 国家电网公司电力安全工作规程（变电部分）. 北京：中国电力出版社，2009

[9] 国家电力企业联合会. 电气装置安装工程电气设备交接试验标准（GB 50151—2006）.北京：中国计划出版社，2006

[10] 国家电网公司生产技术部. 设备状态检修规章制度和技术标准汇编. 北京：中国电力出版社，2009